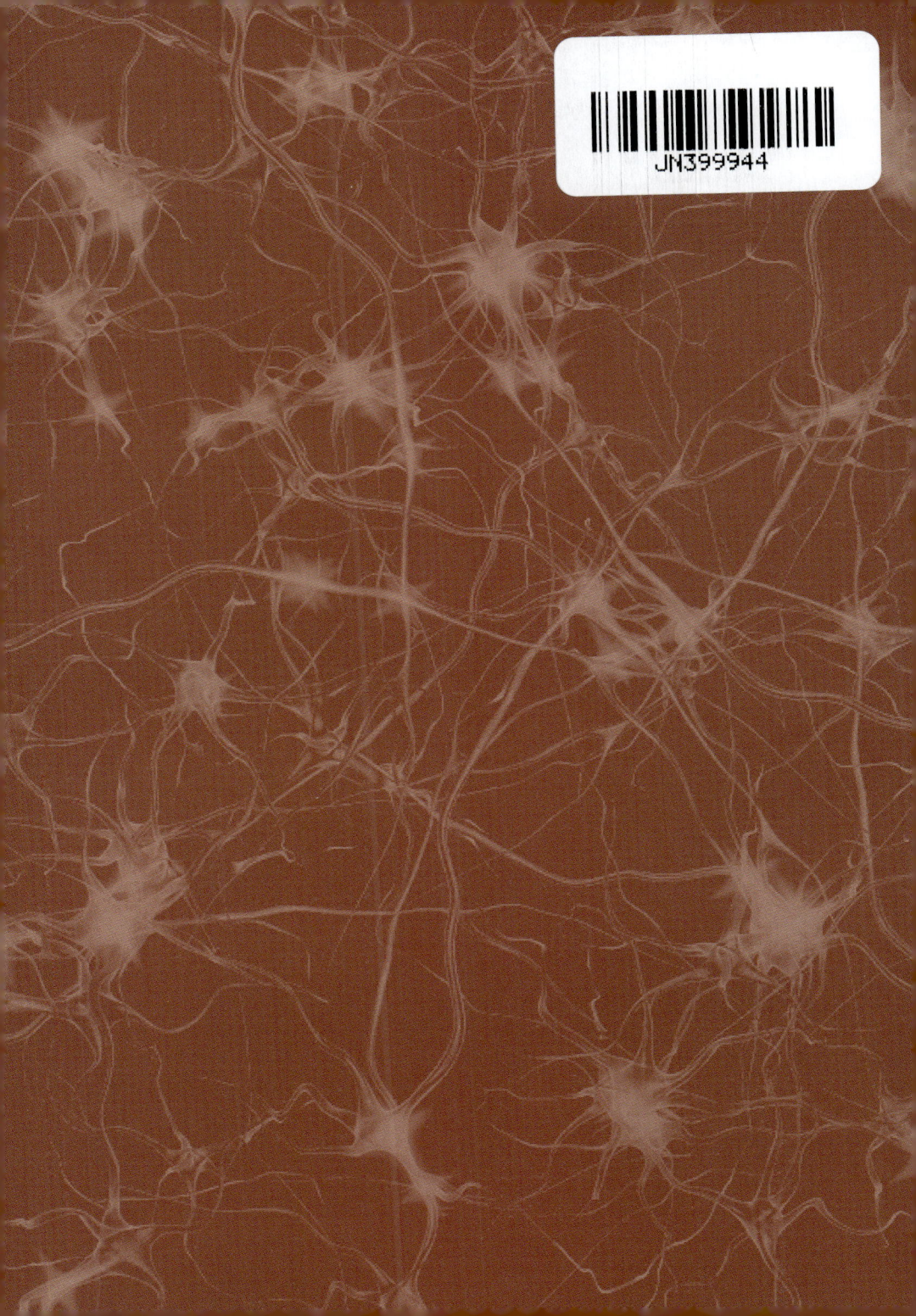

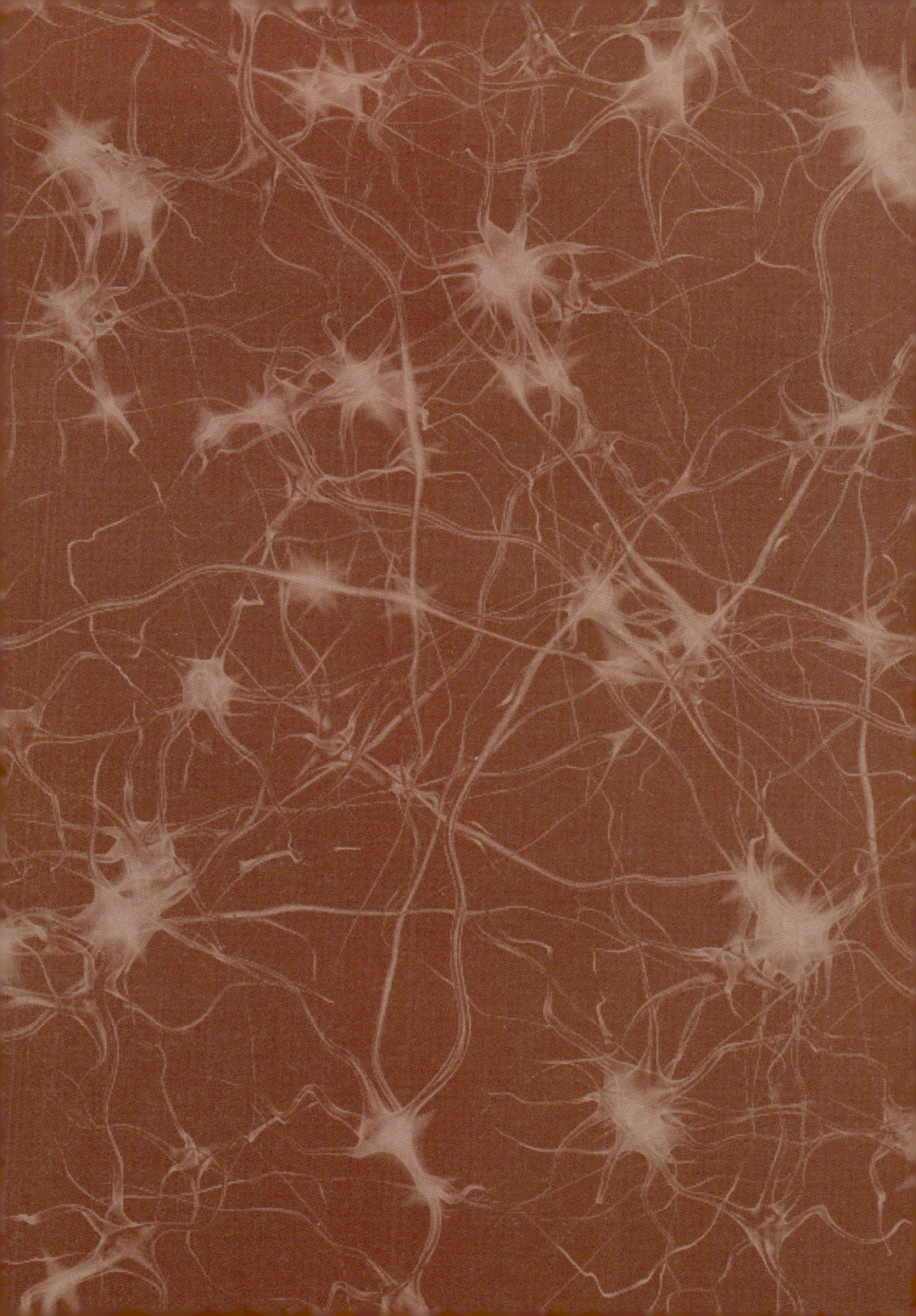

미술관에
간
뇌과학자

| 일러두기 |

- 본문에 등장하는 인명의 영문명 및 생몰연도를 첨자 스타일로 국문명과 함께 표기하였다.
  (예 : 레오나르도 다빈치Leonardo da Vinci, 1452-1519)
- 미술작품은 〈 〉로 묶고, 단행본은 『 』, 논문이나 정기간행물은 「 」로 묶었다.
- 본문 뒤에 '작품 찾아보기(색인)'를 두어, 작가명(가나다 순)으로 작품을 찾아볼 수 있도록 하였다.
- 인명, 지명의 한글 표기는 원칙적으로 외래어 표기법에 따랐으나, 일부는 통용되는 방식을 따랐다.
- 미술작품 정보는 '작가명, 작품명, 제작연도, 기법, 크기, 소장처' 순으로 표시하였다.
- 작품의 크기는 '세로×가로'로 표기하였다.

WHEN NEUROSCIENTIST MET MUSE

화가의 뇌가 그린 내면의 풍경들
미술관에 간 뇌과학자

송주현 지음

어바웃어북

| 머리말 |

그림이 당신의 뇌에 말을 걸어 올 때

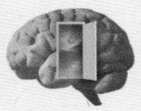

미술관에 가면 여러분의 뇌는 어떻게 반응할까요? 그림은 눈으로 보는 게 아니라 뇌로 감상하는 것이지요. 어떤 그림을 보고 '아름답다'라고 느끼는 순간, 이미 뇌 안에는 수십억 개의 신경세포들이 춤을 춥니다.

신경해부학과 뇌과학 연구자인 필자는 실험실에서 현미경으로 신경세포(뉴런)를 들여다보고, 강의실에서 의대생들에게 뇌 구조와 기능을 가르칩니다. 그리고 실험실과 강의실을 나오면 서양화가가 되어, 내면의 감정을 캔버스에 담아내지요. 과학자와 예술가의 삶을 함께 살아온 셈이지요.

이처럼 뇌 연구와 작품활동을 병행하다 보면, 종종 과학자의 사고와 예술가의 시선이 충돌합니다. 순간 제 머릿속은 다양한 궁금증들로 채워집니다. '이 그림에 이런 색을 칠한 화가의 뇌는 어떻게 작동한 걸까?', '도대체 이 조각상을 보면 왜 이토록 마음이 흔들릴까?' 의문부호는 마치 풀리지 않는 뫼비우스의 띠 같습니다. 결국 스스로 궁금증을 해결하기 위해 자료를 찾아 읽고 목록을 만들어 글로 정리해 나갔지요. 그렇게 모인 글들이 노트북의 폴더 밖으로 나와 책으로 묶여 여러분을 만납니다.

이 책은 모두 네 개의 챕터로 구성됩니다. 첫 번째 장에서는 뇌과학과 미술의 밀월관계를 다뤘습니다. 모네의 루앙대성당 및 수련 연작에서 색과 형태의 변화를 화가의 뇌를 통해 분석했고, 칸딘스키와 클레의 그림에 나타난 시네스테지아(synesthesia), 즉 공감각을 신경과학의 '다감각 융합현상'으로 풀어냈습니다. 앙리 루소의 기상천외한 상상력이 빚어낸 걸작들에서 뇌의 '디폴트 모드 네트워크' 원리를 소개했고, 칼로의 고통스런 작품들에서 후각이 불러오는 불편한 기억을 다루기도 했습니다.

두 번째 챕터에서는 화가들을 괴롭힌 뇌 관련 질환이 그림에 어떤 영향을 미쳤는지 살펴봤습니다. 고흐와 실레의 우울증, 웨인과 대드의 조현병, 호퍼의 불면증, 카라바조와 젠틸레스키의 트라우마에 이르기까지, 화가들이 위대한 작품의 대가로 지불한 정신적 고통을 뇌과학적으로 분석했지요.

세 번째 챕터에서는 뇌를 통해 분비되는 신경전달물질들을 여러 그림들에 적용해봤습니다. 르누아르의 햇빛과 멜라토닌, 카사트의 모성본능과 옥시토신, 다비드의 권력욕과 테스토스테론, 페르메이르의 행복감과 엔도르핀, 제리코의 생존본능과 노르에피네프린, 고야의 검은 그림들과 도파민 등이 여기에 해당합니다.

그리고 마지막 챕터에서는 화가의 늙어가는 뇌와 그들의 후기 작품세계를 조명했습니다. 미켈란젤로의 미완성 유작 〈론다니니 피에타〉의 거친 조형미에서 알 수 있듯이, 뇌가 노화하면서 거장들의 운동신경 둔화가 그들의 작품에 어떻게 나타났는지 살펴봤지요. 노년에 이르러 화가들은 비록 전성기의 섬세하고 화려한 기법은 잃었지만, 비움의 가치를 터득해 작품에 깊이를 더했습니다. 이러한 현상은 늙을수록 자기성찰을 담당하는 뇌 회로가 활성화되고, 인지결핍을 단순성과 반복성으로 전환하는 뇌의 선택적 전략에 기인합니다. 뇌의 노화가 반드시 퇴화가 아님을 노년기 거장들의 걸작들을 통해서 규명한 것이지요.

언젠가 마르셀 뒤샹은 "예술작품을 완성하는 것은 결국 감상자의 뇌다"

라고 말했습니다. 그렇습니다. 뇌는 그림을 그리는 행위 뿐 아니라 감상하는 경우에도 매우 많은 역할을 합니다. 그것은 뇌가 가진 가장 근원적인 능력, 즉 지각하고 해석하고 공감하고 상상하는 기능이 한꺼번에 작동하는 복합적인 과정이지요. 순간 뇌는 오케스트라와 같습니다. 뇌 각각의 부위는 악기가 되어 신경세포와 시냅스를 음표와 리듬 삼아 협연을 해나갑니다.

먼저 시각피질은 음을 섬세하게 다루는 현악기 같습니다. 눈으로 들어온 빛은 단순히 색깔이나 형태로만 처리되지 않습니다. 1차시각피질(V1)에서는 선과 색, 명암 같은 기본요소를 해석하고, V2·V3·V4 등 고차원 단계로 갈수록 복잡한 구성과 형태까지 인지합니다. 가령 인상주의 그림에서 햇빛의 미묘한 변화가 시각피질의 단계를 통해 포착됩니다.

측두엽은 오케스트라의 웅장한 관악기처럼 공간을 채우는 소리를 담당합니다. 제아무리 미술이 시각예술이라 하더라도 작품을 감상하는 뇌는 다중감각적으로 작동합니다. 가령 그림 속 폭풍우는 청각피질에서 상상 속 빗소리를 불러오지요. 또한 측두엽 깊숙이 위치한 해마는 기억을 저장하고 소환하는 곳으로, 그림을 보면서 '나도 폭풍우 속을 걸었던 적이 있었지'라며 회상을 이끌어 냅니다.

'감정의 뇌'로 불리는 변연계는 오케스트라의 타악기처럼 그림에 색상을 입혀 감정을 불어넣습니다. 그림에서 밝은 햇살이 행복감을, 먹구름이 우울감을 자아내는 까닭입니다.

전두엽은 사유·판단·해석을 통해 그림을 전반적으로 해석합니다. 가령 그림에서 '아름답다'는 단순해석을 넘어, '화가는 왜 이런 구도를 선택했을까?'처럼 한걸음 더 들어가, 예술을 감각에서 사유로, 이미지에서 의미로 끌어올리는 역할을 하지요.

두정엽은 공연장을 설계하는 무대감독과 같습니다. 그림에서 원근법을 통한 입체감, 균형 잡힌 안정감, 형태를 왜곡해 긴장감을 일으키는 효과는 모두 두정엽을 통해서 발현되지요. 실제로 관람자가 그림에 과도하게 몰입한 나머지 화면 속으로 들어간 것 같은 착각을 일으키는 순간, 두정엽이 강하게 활성화된다는 연구결과도 있습니다.

흥미로운 건 이러한 뇌의 각 영역이 따로따로 작동하지 않고, 서로 협응하며 조율해 나간다는 사실입니다. 즉 그림이 시각피질을 통해 뇌로 들어오면, 해마가 기억을 소환하고, 변연계가 감정을 일으키며, 전두엽은 그림 전체에 대한 가치를 판단합니다. 여기에 신경전달물질인 도파민이 '보상의 쾌감'을, 세로토닌이 '차분한 안정감'을, 옥시토신은 '따뜻한 친밀감'을 불러와 그림이 주는 감동을 배가시키지요. 한 점의 그림은 뇌의 여러 영역이 동시에 연주하는 교향곡과 같습니다.

뇌과학자가 인체의 곳곳을 누비는 신경회로를 연구한다면, 화가는 그 회로가 불러오는 감정을 캔버스에 투영합니다. 이처럼 뇌과학과 미술은 서로를 비추는 거울처럼 언제나 맞닿아 있습니다. 둘은 전혀 다른 길을 걷는 것처럼 보이지만, 결국 '인간'이라는 바다로 수렴하지요.

화가가 그린 점·선·면·색, 심지어 조각가가 빚어낸 조형과 질감은 모두 뇌가 가장 본능적으로 반응하는 언어입니다. 빛과 색상, 공간과 형상은 뇌의 감각회로를 자극하고, 이는 곧 감정을 일으켜 생각으로 확장되며, 때때로 행동으로 이어지기도 하지요.

미술관은 그림을 조용히 감상하는 공간만은 아닙니다. 그곳은 뇌의 신비를 해부하는 실험실이자, 인간의 감정을 기록한 도서관이며, 동시에 우리의 삶을 비추는 거울의 방이지요. 이 책은 뇌과학이라는 열쇠로 지금까지 누구도 들어가 보지 못한 미술관의 내밀한 전시실을 열어줍니다.

CONTENTS

| 머리말 | 그림이 당신의 뇌에 말을 걸어 올 때   004

Chapter 1 | 그림을 그리는 뇌, 감상하는 뇌, 분석하는 뇌

시간의 색깔을 그린 화가

색을 잃어버린 모네의 뇌   016

왜곡된 색채로 탄생한 걸작들

노랗게 물든 고흐와 드가의 뇌   028

소리를 그린 화가들

감각의 경계를 허문 화가의 뇌   042

냄새를 그린 화가들

후각을 시각화한 화가의 뇌   054

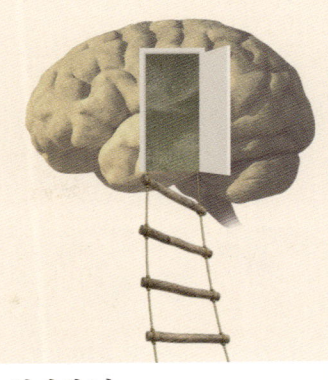

멍 때리는 화가의 뇌

**그림에 새겨진
디폴트 모드 네트워크의 흔적들**　　066

뇌가 새겨진 예술을 찾아서

인문주의자들이 그린 뇌 해부도　　076

화가의 뇌에 숨겨진 수학적 회로

**수학적 뇌와 미술적 뇌에 얽힌
오해와 진실**　　088

화가의 뇌가 직조한 풍경들

예술하는 뇌의 해부학　　100

미술관에서 당신의 뇌가 춤을 출 때

감상하는 뇌의 해부학　　114

Chapter 2 | 상처 받은 뇌가 그린 명화들

캔버스에 써내려간 우울한 편지들

우울증에 빠진 화가들의 뇌　　134

조율을 거부한 광기의 예술

**조현병 화가들의 그림에 새겨진
뒤틀린 뇌 회로**　　150

그들의 밤은 낮보다 아름답다

불면의 밤을 그린 화가들의 뇌　　166

참을 수 없는 자기애의 초상

**나르시시스트의 뇌가
해체하고 재구성한 세계**　　180

뇌마저 붕괴한 상처는
어떻게 예술이 되었나

화가의 트라우마가 투영된 그림들　　194

예술은 중독된 삶을
구원할 수 있을까

중독된 뇌가 그린 공허한 풍경　　208

Chapter 3 | 캔버스에 흐르는 신경전달물질과 호르몬의 흔적

햇살이 뇌를 비출 때면 르누아르의 그림을 봐야 한다
햇빛에 반응하는 신경전달물질의 마법   222

뇌를 보듬는 엄마의 초상화
옥시토신이 만든 모성의 색   232

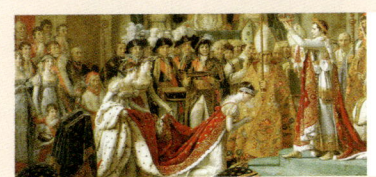

나폴레옹 대관식에 흐르는 호르몬
테스토스테론과 에스트로겐의 분비로 탄생한 걸작들   244

잿빛 캔버스 앞에서 묵상하는 뇌
자기성찰의 스위치를 켠 그림들   258

루브르의 대작 앞에서 깨어난 뇌의 생존본능 회로
노르에피네프린이 물들인 푸른 뇌의 진실   270

자율신경계를 비추는 여인들의 광채
감정을 조율하는 세로토닌의 빛   282

'소확행'을 그린 화가의 뇌

엔도르핀 분비를 촉진하는 그림감상법   294

어둠에 갇힌 화가의 뇌

도파민 과잉이 불러온 광기의 그림들   306

Chapter 4 | 늙어가는 뇌, 깊어지는 예술 그리고 영원한 걸작들

늙을수록 깊어지는 예술가의 뇌

뇌의 노화와 마티스의 후기 작품세계   320

두 번의 인생, 두 가지 예술 그리고 두 개의 뇌

인생의 뒤안길을 반추하는 화가의 뇌 회로   330

가장 위대한 자서전을 그린 화가의 뇌

렘브란트의 자화상에 나타난 뇌과학적 변화   342

'미완성의 미학'을 조각한 뇌

미켈란젤로의 3개의 피에타에 담긴 뇌과학적 함의   352

뇌는 노화할 뿐 퇴화하지 않는다

예측가능성과 반복성으로 탄생한 세잔의 걸작들   362

무뎌진 뇌신경, 왜곡된 선과 색

그림에 나타난 뇌신경 노화의 흔적들   372

위대한 유작을 그린 주름진 뇌

늙은 화가의 뇌가 선택한 전략   386

| 작품 찾아보기 | 396
| 참 고 문 헌 | 402

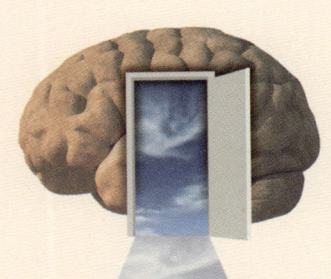

When Neuroscientist met Muse

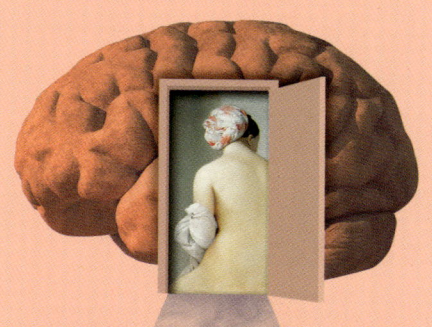

When Neuroscientist met Muse

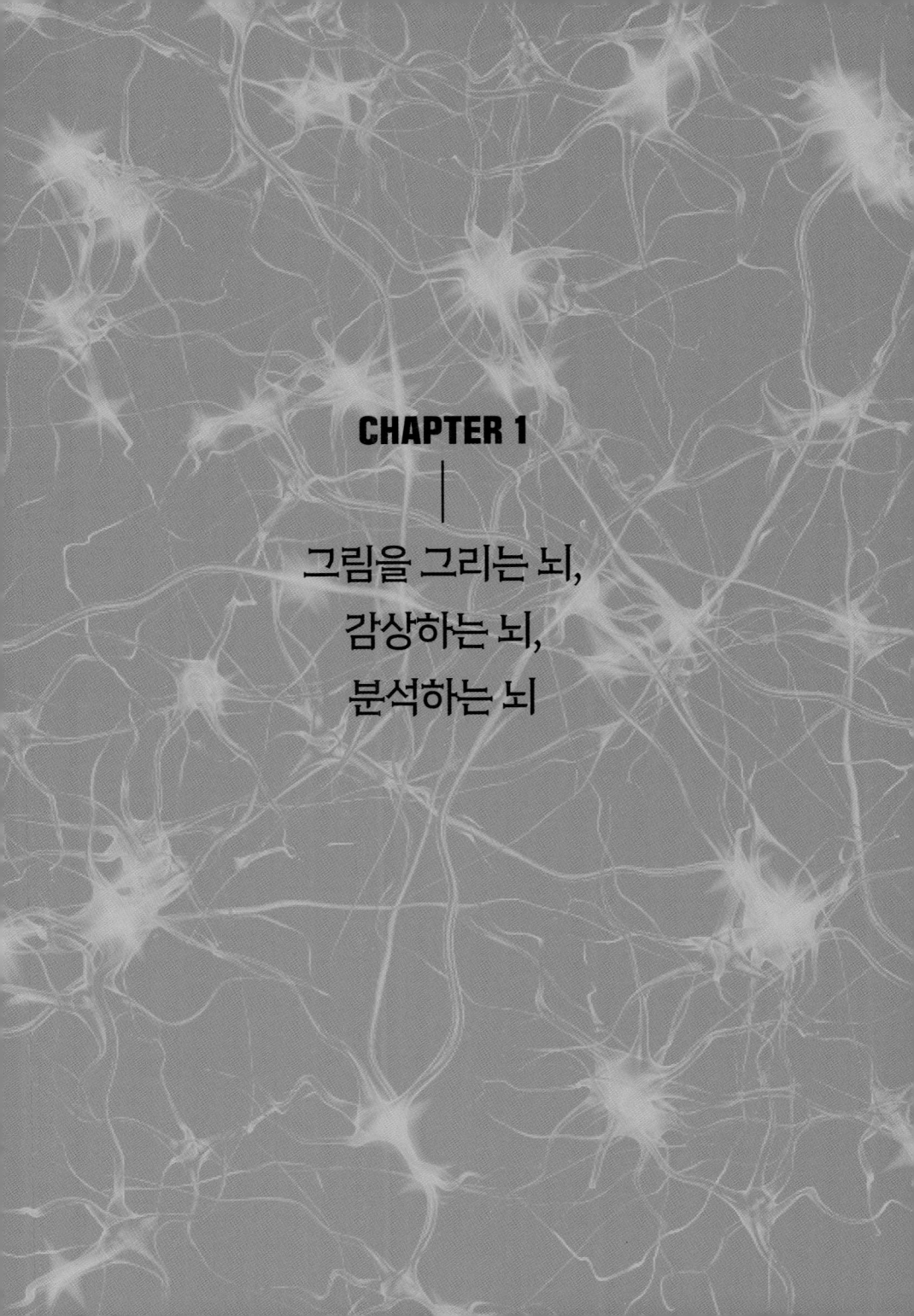

CHAPTER 1

그림을 그리는 뇌,
감상하는 뇌,
분석하는 뇌

시간의 색깔을 그린 화가

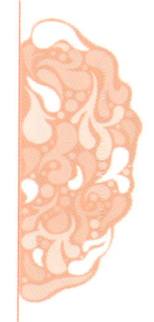

색을 잃어버린 모네의 뇌

'빛이 춤추고 색이 숨 쉬는 순간'을 그린 화가가 있습니다. 인상주의를 대표하는 프랑스 화가 클로드 모네Claude Monet, 1840-1926는 '빛을 좇는 사람'이었습니다. 그는 바다에 안개가 깔리고 해가 막 떠오르는 아침의 찰나를 포착해 〈인상, 해돋이〉에 담았습니다.

모네는 선명한 윤곽이나 정확한 묘사보다 찰나의 분위기와 감각의 여운이 더 중요했습니다. 붓질은 빠르게, 색은 대담하게, 감각은 솔직하게 표현했던 까닭입니다. 모네는 대상의 본질을 그리기보다는, 그것을 바라보는 '자신의 눈'을 그렸습니다. 그에게 그림이란, 감각의 흔적이자 뇌 속에서 재해석된 지각의 기록이었습니다. 그런 점에서 그는 시각예술가이자 신경학적 관찰자이기도 했지요.

모네의 섬세함과 완벽주의적 성향은 한 번 바라본 빛의 느낌을 다시 찾

모네, 〈인상, 해돋이〉, 1872년, 캔버스에 유채, 48×63cm, 마르모탕 모네 뮤지엄, 파리

기 위해 수십 번씩 같은 장소로 발걸음을 돌리게 만들었습니다. 당시 미술계로부터 '완성되지 않은 그림'이라는 비난을 받았지만, 그는 결국 '빛을 그린 화가'로 미술사의 전환점에 우뚝 서게 됩니다.

시간이 머무는 순간을 채색하다

1892년 모네는 프랑스 루앙에 머무르며 특별한 실험을 시작합니다. 그가 머문 숙소 창가에서 정면으로 보이는 고딕 양식의 루앙 대성당은 아침, 점심, 저녁 마다 빛의 각도와 세기에 따라 그 얼굴을 바꾸었습니다. 모네는 이 변화무쌍한 '인상'을 붙잡기 위해 같은 대상을 같은 구도에서, 그러나 서로 다른 시간대에 반복적으로 그리는 연작에 착수합니다. 이른 아침의 싸늘한 푸른빛에서 구름 낀 오후의 흐릿한 회색 그리고 해질녘의 황금빛에 이르기까지 그 빛들은 모두 대성당의 석조 표면에 닿아 하나의 건축물을 전혀 다른 감정의 대상으로 바꾸어놓았습니다.

모네는 이 연작을 위해 동시에 여러 개의 캔버스를 펼쳐 놓고 작업했습

모네의 '루앙 대성당 연작' 중에서

1892년작, 캔버스에 유채, 100×65cm,
마르모탕 모네 뮤지엄, 파리

1893년작, 캔버스에 유채, 107×73cm,
오르세 뮤지엄, 파리

니다. 특정 시간에 특정 빛을 포착하기 위한 것이었는데, 그는 매일 일정한 시간대에 캔버스 앞에 있었습니다. 같은 장소를 반복적으로, 그러나 다른 감각으로 바라보는 지난한 작업이었지요.

"시간의 흐름을 그린다"는 말 속엔 '지속적으로 관찰하고, 미세한 차이를 찾아내며, 그것을 시각적 언어로 번역하는' 고도의 인내와 통찰력 그리고 섬세한 감각이 담겨 있습니다. 그는 이 작업을 하던 시기에 개인적으로 감당하기 힘든 슬픔을 겪습니다. 모네는 아내 카미유의 죽음으로 인생의 허무함과 삶의 덧없음에 침잠해 있었지요. 결국 시간이 모든 것을 앗아간다는

1894년작, 캔버스에 유채, 100×65cm,
폴라 아트 뮤지엄, 하코네(일본)

1894년작, 캔버스에 유채, 106×73cm,
클라크 아트 인스티튜트, 윌리엄스타운(매사추세츠)

가혹한 현실 앞에서 깊은 상실감에 빠져 있었던 것입니다.

그 시절 모네가 정처 없이 거닐며 바라봤던 루앙 대성당은 '슬픔의 시간이 머무는 장소'였습니다. 변하지 않는 이 고딕 건축물 위로 스치는 찰나의 빛들은 모네의 내면에 맴도는 감정의 잔향과 다르지 않았을 것입니다. 모네에게 있어서 '루앙 대성당 연작'은 빛과 색으로 시간을 캔버스에 투영해 낸 스펙트럼이었습니다. 그의 작업에서 자신을 위무하는 수행이자 인생의 흐름을 덤덤히 받아들이는 거장 예술가의 담대한 태도가 전해지는 까닭입니다.

뇌는 어떻게 색을 인식할까?

우리는 '눈'으로 세상을 '본다'고 생각합니다. 그런데 사실은 '뇌'로 세상을 '해석'합니다. 눈은 단지 빛의 정보를 받아들이는 창문일 뿐이지요. '시각'은 뇌 안에서 비로소 완성됩니다. 색을 본다는 의미는 단순히 망막에 빛이 들어오는 과정이 아니라 뇌가 빛의 파장을 해석하는 것입니다. 아울러 감정과 기억을 연결해 하나의 '의미 있는 이미지'로 바꾸는 작업입니다.

뇌 속에는 눈을 통해 보이는 시각, 귀로부터 들리는 청각, 손으로 만지는 촉각, 혀로 느끼는 미각, 코로 맡는 후각 같은 감각신호들을 처리하고 통합하는 영역이 있습니다. 12쌍의 뇌신경입니다(375쪽). 모네가 본 대성당은 실제로 붉거나 회색이거나 노랗지 않았습니다. 그것은 모네의 뇌 안에서, 그가 살아온 기억과 그날의 날씨에 따라 변화된 감정, 빛의 움직임이 혼재된 복합적 이미지였습니다.

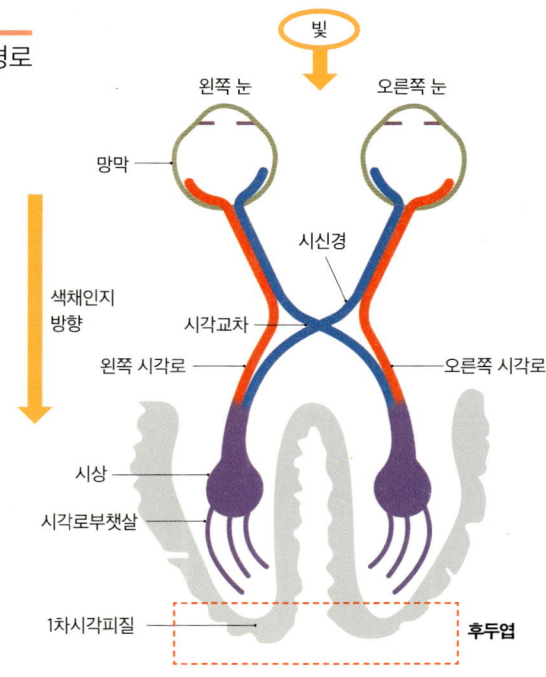

색채인지경로

- **색채인지경로**: 빛이 물체에 반사되어 눈으로 들어와 시신경을 통해 후두엽의 1차시각피질로 전달되어 색을 인지하는 과정.

빛 → 눈(망막) → 시신경 → 시각교차 → 시각로 → 시상 → 시각로부챗살 → 시각피질 → 색채인지

- **빛**: 모든 색의 기본으로, 빛이 물체에 닿으면 일부는 흡수되고 나머지는 반사. 가령 빨간 사과는 빨간색 빛을 반사하고 다른 색의 빛은 흡수.
- **물체**: 빛을 반사하거나 흡수하여 우리 눈에 색으로 보이는 원인 제공. 각각의 물체는 고유의 색을 띠는 것처럼 보이지만, 사실은 빛의 반사 및 흡수 작용으로 색이 결정.
- **눈(망막)**: 빛을 감지하는 기관. 망막에는 빛을 감지하는 세포(원추세포와 간상세포)가 있어 빛의 파장에 따라 다른 신호를 뇌로 전달.
- **시신경**: 망막의 광수용체 세포들이 받은 광신호는 신경절세포에서 전기신호로 변환하여 망막의 신경절세포 축삭(軸索, 돌기)이 모여 형성한 시신경을 따라 뇌로 전달.
- **시각로**: 좌우의 시신경은 시각교차에서 일부 교차하며 시각로를 형성.
- **시각로부챗살**: 시상을 통해 들어온 시각정보가 시각로부챗살을 따라 후두엽에 있는 1차시각피질(V1)에 닿음.
- **1차시각피질**: 후두엽에 속하며, 가장 먼저 시각정보를 받아들이는 뇌 영역.

가령 우리가 그림을 감상하는 것도 다르지 않습니다. 눈을 거친 빛의 자극이 전기신호로 바뀌어 뇌 안의 처리영역에 도달해 해석하고, 정서회로를 통해 감정적으로 느끼게 되는 것입니다. 이 과정을 뇌과학적으로 설명하면, 외부의 빛이 눈에 들어오면 망막에서 원추세포가 세 종류의 색 파장을 각각 인식합니다. L원추세포는 빨간 계열에, M원추세포는 초록 계열에, S원추세포는 파란 계열에 민감하게 반응합니다. 이 광수용체들은 색자극을 받아 전기신호로 변환한 뒤 시신경을 통해 시각교차, 시각로, 시각로 부챗살을 따라 후두엽의 1차시각피질(V1)로 전달됩니다. 시각정보는 V2, V3, V4로 이어지는데, 이 가운데 4차시각피질(V4)은 색채인식에 특화된 영역으로 알려져 있습니다. 이곳은 단순히 빨강이라는 색상정보를 넘어, 가령 '빨강이 어떤 재질인지', '색이 낯설거나 익숙한지', '색의 느낌이 불쾌한지 혹은 유쾌한지' 등의 감정-인지적 연합에까지 관여합니다.

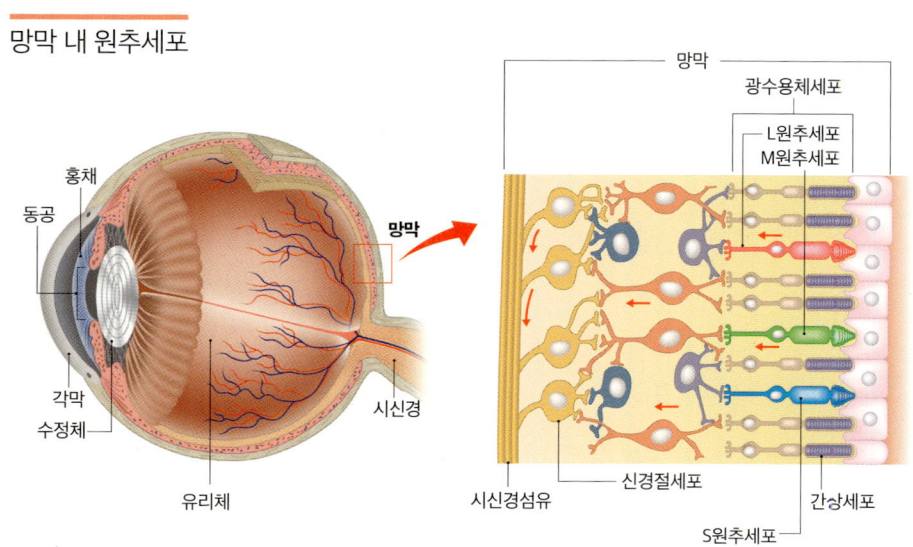

망막 내 원추세포

이후 정보는 복측경로를 따라 1차시각피질에서 하측두피질로 이동합니다. 이곳에서는 색채, 형태, 사물의 정체성, 의미 인식을 통합 처리합니다. 우리가 '저것은 대성당의 벽이며, 지금은 해질녘이라 벽돌이 금빛을 띤다'라고 느낀다면, 바로 하측두피질 해석 덕분입니다. 뇌가 색을 인지하는 과정은, 단순히 빛의 광신호 전달의 문제가 아니라 '인지와 해석의 총체'인 셈이지요. 모네는 그 복잡한 해석의 끝에서, 빛의 정수를 그려내고자 했던 화가였습니다.

색채 : 감정을 흔드는 감각의 언어

색은 그 자체로 감정을 흔듭니다. 이는 단순한 기분의 문제가 아니라, 뇌의 감정회로가 실제로 색에 반응하기 때문입니다. 시각정보를 처리하던 복측경로는 감정을 조율하는 뇌 영역인 변연계로 이어집니다. 특히 편도체는 공포, 경계, 불안을 조절하는 역할을 합니다. 그리고 해마는 기억을 저장하는 기능을 담당합니다. 우리는 종종 빨간색 앞에서 긴장하거나 푸른색 앞에서 안정을 찾곤 하는데, 여기 뇌 회로들이 시각자극에 대응한 결과입니다. 색채정보는 시각피질이라는 뇌의 색채허브를 지나 감정의 뇌 영역인 변연계에 영향을 줍니다. 색채가 감정을 흔드는 감각의 언어인 까닭입니다.

모네는 루앙 대성당과 함께 정원의 연못 위에 떠 있는 수련을 여러 차례 그렸습니다. 모네의 '수련 시리즈'에서 자주 등장하는 보라, 남청, 회녹색 계열은 신경학적으로 편도체를 과하게 자극하지 않으면서, 동시에 해마를 통해 과거에 '인상적'이었던 안개 낀 연못, 조용한 새벽, 바람결의 움직임

변연계를 구성하는 영역

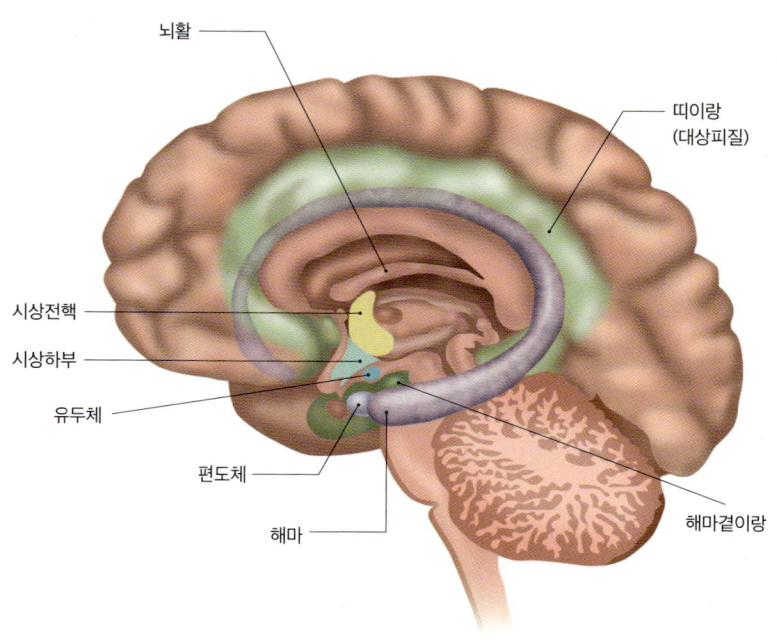

- **뇌활** : 해마와 유두체를 연결하는 주된 신경섬유.
- **시상전핵** : 해마-시상-대상피질 간 정보전달 및 기억과 감정의 통합적 처리에 관여.
- **유두체** : 시상하부의 일부로 해마에서 받은 기억정보를 다시 시상전핵으로 전달.
- **편도체** : 해마 앞쪽, 측두엽 안쪽에 위치하며, 공포와 분노, 위협인지 등 감정처리.
- **해마곁이랑** : 해마를 둘러싸는 측두엽 안쪽에 위치하며, 해마와 직접 연결되어 시각-공간기억과 맥락기억 등을 담당.
- **해마** : 장기 및 명시적 기억 형성과 통합에 중요한 역할.
- **띠이랑(대상피질)** : 감정과 인지기능 연결.

같은 기억을 소환합니다.

  이러한 감정자극은 개인에 따라 서로 다르게 작용합니다. 뇌는 각자의 경험과 기억을 바탕으로 색을 해석하기 때문에, 같은 수련을 보고도 어떤 이는 고요함을, 다른 이는 슬픔이나 외로움을 느낄 수 있습니다. 모네의 그림이 많은 사람에게 다양한 감정을 자극하는 이유도 바로 여기에 있습니다. 그의 색은 보편적인 언어가 아니라, 다층적인 해석의 여지를 남긴 감정의 매개체였습니다.

색채 그리고 삶의 빛마저 상실하다

평생 빛을 쫓던 모네에게 빛이 사라져가는 불행이 덮칩니다. 세상이 무너지는 순간이었습니다. 그는 1910년 이후 백내장을 앓기 시작했고, 그의 시야에서 세상은 점점 흐려지고 색은 바래졌습니다. 백내장이란 눈 속의 수정체가 탁해져 빛이 망막에 제대로 닿지 못하는 질환입니다. 흐려지는 시야, 명암대비와 색채인식 저하가 징후로 나타납니다. 특히 파란 계열을 감지하는 S원추세포의 손상으로 파란색 지각이 가장 먼저 저하됩니다.

  모네의 '수련 연작'을 백내장 발병 전후로 살펴보면, 백내장을 앓기 전인 1903년과 1906년에 그린 〈수련〉에서는 연못에 비친 꽃잎과 나무들까지 섬세하게 재현되어 있습니다. 그런데 1915년에 그린 〈수련〉을 보면, 연못 위 식물들이 이전에 비해 상대적으로 거칠어 보입니다. 1915년에 그린 〈수련〉과 갈수록 색상식별이 어려워진 1919년 이후에 완성한 〈수련〉을 비교해 보면 이러한 변화는 뚜렷하게 나타납니다. 특히 백내장 발병 전인

모네의 '수련 연작'을 연도별로 살펴보면, 백내장이 발병한 뒤 그린 1915년 작품부터 색상이 군데군데 뭉개지고 붓터치가 거칠어졌음을 확인할 수 있다.

1889년에 완성한 〈일본풍 다리〉와 1922년에 그린 것을 비교해 보면, 모네 특유의 섬세한 붓터치가 돋보였던 화폭은 점차 붉은 계열의 색으로 물들었고, 형태는 번지듯 무너졌으며, 수면 위의 반짝임도 사라졌습니다.

모네는 이 시기 두 차례의 수술을 받았지만, 섬세한 시야는 되돌아오지 않았습니다. 그는 깊은 절망에 빠졌고, 그 상실감은 그대로 화폭에 스며들었습니다. 색을 제대로 분간할 수 없다는 것은, 그에게 단순히 시각적 불편이 아니라 화가로서의 정체성과 창조력의 근간이 흔들리는 일이었기 때문입니다. 모네의 노년기 작품에서 붓질의 불안함과 색채의 긴장감, 형태의 무너짐 속에 빛을 잃은 화가의 깊은 슬픔이 느껴집니다.

모네, 〈일본풍 다리〉, 1899년, 캔버스에 유채, 89×90cm, 프린스턴 대학교 아트 뮤지엄, 뉴저지

1889년에 완성한 〈일본풍 다리〉와 백내장 악화로 색상식별이 어려워진 1922년에 그린 〈일본풍 다리〉를 비교해 보면, 아래 그림의 경우 모네 특유의 섬세한 붓터치가 돋보였던 화면은 점차 붉은 계열의 색으로 물들었고, 형태는 번지듯 뭉개졌음을 알 수 있다.

모네, 〈일본풍 다리〉, 1922년, 캔버스에 유채, 89×115cm, 모마, 뉴욕

왜곡된 색채로
탄생한 걸작들

노랗게 물든 고흐와 드가의 뇌

미술관을 환하게 밝히는 색이 있습니다. '옐로'입니다. 캔버스 전체가 노랗게 채색된 작품을 보고 있으면, 마치 밝은 햇살이 들어오는 커다란 창문 앞에 서 있는 것 같습니다. 그래서일까요, 전시실에서 가장 밝게 빛나는 화가는 누가 뭐래도 빈센트 반 고흐 Vincent van Gogh, 1853-1890입니다. 고흐는 노란색 물감으로 그림 속 세상을 눈이 부실 만큼 밝게 비췄습니다. 그는 동생 테오에게 보낸 편지에 이렇게 쓰기도 했지요.

"온 세상이 노란 빛으로 물든 듯 하다."

고흐의 눈앞에 펼쳐진 풍경은 마치 투명한 황금빛 필터를 통과한 세계 같았습니다. 그의 눈에 비친 모든 사물은 강렬하면서도 따뜻하게 빛나는 노란 숨결로 물들어 있었습니다.

고흐, 〈씨 뿌리는 농부〉, 1888년, 캔버스에 유채, 64×80cm, 크륄러 뮐러 뮤지엄, 오테를로(네덜란드)

고흐의 옐로 : 찬란한 빛이자 고통의 흔적

고흐가 처음부터 노란색에 집착했던 건 아니었습니다. 그의 초기 대표작 중 하나인 〈감자 먹는 사람들〉은 갈색과 회색으로 노동자 가족의 모습을 어둡게 묘사했습니다. 고흐가 밝고 선명한 색채와 강렬한 붓질, 단순화한 명암기법을 받아들이며 화풍에 큰 변화를 준 계기는 1886년 파리에서 인상파 화가들과 만나면서였지요. 특히 예술공동체를 꿈꾸며 이주한 아를에서의 삶은 고흐의 예술적 정체성을 확립하는 중요한 계기가 되었습니다. 고흐는 이곳에서 〈씨 뿌리는 농부〉, 〈노란집〉, 〈해바라기〉 등 그의 창작활동에서 절정에 이르는 걸작들을 완성했는데, 작품 면면이 찬란하게 빛나는 '옐로의 향연'이라 할 만합니다.

고흐의 그림 속 노란색은 황홀할 만큼 매력적이지만, 그 이면에 담긴 사연을 뇌과학적으로 살펴보면 새로운 사실을 접하게 됩니다. 고흐의 과도한 노란색 사용은 단순히 색채선호를 넘어 '황시증'이라는 색지각이상 증세와 관련이 있어 보입니다. 황시증은 시야 전체에 마치 옅은 노란 필터가 덮인 것처럼 보이는 현상으로, 수정체의 변색 및 특정 약물복용 또는 망막-시각 경로의 기능변화로 발생합니다. 이 과정에서 청색광을 주로 감지하는 S원추세포 채널이나 그 신호전달 경로가 약화되면, 색채의 균형이 장파장(빨강·주황·노랑 계열) 쪽으로 편향됩니다. 이로 인해 빨강·주황·노랑 계열의 색이 실제보다 더 강하게 지각되지요. 당시 고흐의 그림에서 느껴지는 전체적인 색감이 따뜻한 느낌의 노랑과 주황 계열로 바뀐 까닭입니다.

이러한 변화는 눈과 뇌의 여러 단계에 걸쳐 일어납니다. 눈의 수정체가 노화나 약물, 대사이상 등으로 황변하거나 각막과 유리체가 혼탁해지면, 단파장(청색) 빛의 투과율이 감소해 망막에 도달하는 청색광 양이 줄어듭니다. 이때 망막에서 청색광에 민감한 S원추세포는 상대적으로 덜 자극됩니다. 반면 적색광에 민감한 L원추세포와 녹색광에 민감한 M원추세포는 비교적 정상출력을 유지하므로, 뇌의 색대비 회로에서 장파장 채널의 비중이 높아지는 것입니다(22쪽).

망막에서 변형된 시각신호는 시신경(제2번 뇌신경)을 따라 시상의 '외측슬상체'로 전달됩니다. 외측슬상체는 모두 6개의 층으로 구성되는데, 다시

고흐, 〈노란집〉, 1888년, 캔버스에 유채, 71×92cm, 반 고흐 뮤지엄, 암스테르담

기능적으로 나뉘는 파보세포, 마그노세포, 코니오세포 경로를 따라 색채와 형태, 움직임 정보를 분리해서 처리하는 플랫폼 역할을 합니다. 파보세포 경로에서는 적색-녹색 반대색 채널을, 코니오세포 경로에서는 청색-황색 반대색 채널을 담당하여, 미세한 색채 차이를 정밀하게 구분합니다. 이후 1차시각피질(V1)에서 색대비 분석 및 V2에서 더 복잡한 색과 형태로의 통합을 진행한 다음, 고위 시각영역인 V4로 색채정보를 전달합니다. V4는 V1, V2에서 전달된 반대색 채널신호를 바탕으로, 다양한 색상과 채도의

외측슬상체의 세포층

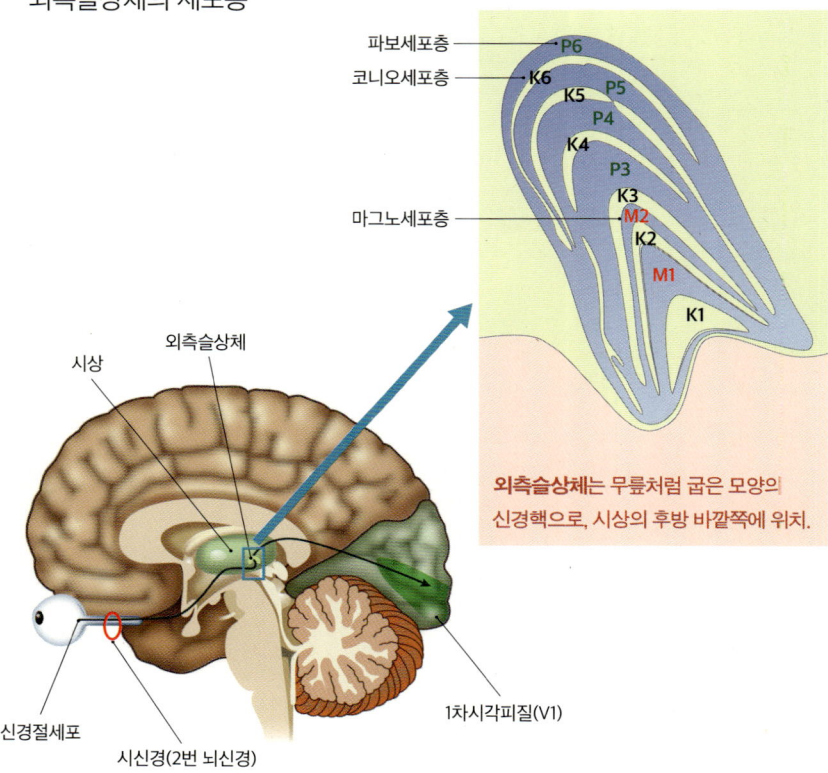

외측슬상체는 무릎처럼 굽은 모양의 신경핵으로, 시상의 후방 바깥쪽에 위치.

- **외측슬상체** : 시상의 일부로, 시신경을 따라 들어온 시각정보가 이곳을 통해 1차시각피질(V1)로 전달.
- **파보세포층** : 외측슬상체의 3번-6번 층에 해당하며, 적색광에 민감한 L원추세포와 녹색광에 민감한 M원추세포에서 정보를 받아 적색-녹색 반대색 채널신호 전달.
- **코니오세포층** : 파보세포층과 마그노세포층 사이에 얇게 끼어 있는 층으로, 청색광에 민감한 S원추세포로부터 시각정보를 받아 청색-황색 반대색 채널신호 전달.
- **마그노세포층** : 외측슬상체의 두꺼운 하위 1번-2번 층에 해당하며, 모든 원추세포(L, M, S)와 간상세포로부터 정보를 받음.

패턴을 고차원적으로 해석합니다.

고흐가 앓았던 황시증처럼 S원추세포를 통해 입력되는 청색광이 약해지면, 색 균형을 맞추려는 V4의 특성으로 인해 남아 있는 장파장 정보가 상대적으로 더 강하게 부각됩니다. 이로써 V4에서 재구성된 색공간 자체가 장파장 쪽으로 치우치게 되고, 그로 인해 시야 전반이 황색과 주황색 계열로 왜곡해서 재해석되는 것입니다.

색채인지 과정은 시각피질에서 끝나지 않습니다. V4와 하측두엽은 고차원의 시각영역으로, 색채와 형태, 물체의 정체성까지 통합하고 분석합니다. 이를 거친 정보는 사물이 무엇(what)인지를 판별하는 복측경로를 따라 감정회로와 상호작용합니다. 하측두엽에서 처리된 색과 형태 정보는 뇌에서 감정조절에 관여하는 편도체로 전달되어, 유쾌함 혹은 불쾌감 등의 정서반응으로 학습됩니다.

연구에 따르면 장파장 계열 색채(빨강·주황·노랑)는 비교적 높은 주목도를 가지면서 편도체의 활성 증가와 연관이 있습니다. 이러한 주목도와 정서반응의 결합은 시각피질과 전전두피질 네트워크에서 감마대역(30-80Hz) 뇌파활동을 높일 수 있으며, 이는 다시 감각통합 및 주관적 지각 강도의 상승과 관련이 있습니다.

따라서 고흐가 "온 세상이 노랗게 보인다"고 느꼈을 때, 그의 뇌 속에서는 단순히 색지각의 변화가 아니라 장파장 계열 색채신호가 정서·각성 회로와 함께 처리된 것입니다. 고흐는 심지어 자기 자신을 노랗게 채색하기도 했습니다. 〈밀짚모자를 쓴 자화상〉에서 모자는 물론, 그의 얼굴빛까지 노랗게 물들어 있습니다. 황시증에서 비롯한 색채의 편향성이 오히려 고흐의 창작에 있어서 감정의 원료이자 화면의 주조색이 된 것이지요.

고흐, 〈밀짚모자를 쓴 자화상〉, 1888년, 캔버스에 유채, 41×39cm, 메트로폴리탄 뮤지엄, 뉴욕

고흐에게 황시증을 유발한 요인은 다양합니다. 그는 평소 앓아왔던 간질(癎疾, 뇌전증) 증상을 완화하기 위해 디지털리스(심장질환 치료용 강심제) 계열 약물을 복용했다고 전해집니다. 이 약물은 시각경로에 영향을 주어 황시증을 일으킬 수 있습니다. 또한 당대 예술가들 사이에서 유행하던 술인 압생트에는 투욘이라는 신경독성물질이 함유되어 있어, 장기간 섭취할 경우 망막기능과 시신경뿐 아니라 시각피질의 신경가소성에도 영향을 줄 수 있습니다. 신경가소성이란 경험과 학습에 따라 신경회로를 재구성하는 뇌의 특성을 말합니다.

여기에 더해 당시 고흐가 자주 사용하던 노란색 안료에는 납이 포함되어 있었는데, 납 중독은 시신경의 축삭전도 속도를 저하시켜 색채처리 속도와 정확성을 떨어뜨립니다. 시신경의 축삭전도란 망막에서 시작된 시각 정보가 뇌의 시각피질까지 전달되는 경로를 의미합니다.

또 다른 가능성으로 황반변성의 초기 단계를 의심해 볼 수 있습니다. 황변변성은 중심시야의 색인지 저하와 왜곡을 동반하며, 특히 청색 채널의 민감도를 약화시키는 경향이 있습니다.

고흐가 실제로 어떤 원인으로 황시증을 겪었는지는 단정할 수 없습니다. 그러나 의학적 정황 및 그림에 나타난 색채의 경향을 종합해 보면, 그는 한동안 수정체에서 청색광 경로의 입력이 저하되었고, 시상의 외측슬상체 색채경로의 불균형이 동반되면서, 변연계의 정서반응 변화를 경험했을 가능성이 큽니다. 이러한 영향으로 고흐는 눈과 뇌가 함께 빚어낸 '색의 재해석'을 캔버스에 투영했던 것입니다. 그가 경험한 노란 빛의 세상은 뇌신경계의 왜곡이 예술로 전환된 놀라운 결과물이라 하겠습니다. 시각적 결함을 감정의 언어로 승화한 것이지요.

하지만 고흐에게 노란색은 찬란한 빛인 동시에 고통의 징표이기도 했습니다. 아를에서 노란색 물감으로 강렬하게 채색하며 작품을 완성하는 내내 정신병원을 들락거리고 귀를 자해할 만큼 피폐한 삶을 살았으니까요. 그 순간 옐로는 단순한 색이 아니라 뇌가 만들어낸 감정의 파장이었을지도 모르겠습니다.

노란 빛으로 목욕하는 여인

고흐처럼 색이 왜곡(편향)되어 보였던 화가가 또 있습니다. 에드가 드가 Edgar Degas, 1834-1917는 고흐와 비슷한 시기에 프랑스에서 활동했던 인상파 화가입니다. 서른여섯의 드가는 친구에게 보낸 편지에서 이렇게 토로했습니다.

"눈가에 알 수 없는 안개가 드리워져, 색의 경계가 흐려져 버렸네."

그의 시야 속 세상은 물을 잔뜩 머금은 수채화처럼 변해가고 있었습니다. 선명하던 빛과 색이 서서히 번져나가 경계를 뭉개버렸지요.

드가는 평소 인간의 아름다운 육체와 동작을 깊이 탐미했고, '발레리나'나 '목욕하는 여인'을 대상으로 여러 작품을 남겼습니다. 드가는 여성의 우아한 동작을 섬세한 붓터치로 묘사하는 데 탁월한 화가였지요. 드가가 1886년에 완성한 〈목욕통을 닦는 여인〉을 보면, 목욕을 마치고 목욕통을 닦는 여인의 우아한 자태가 선명하게 드러납니다. 여인의 머릿결은 마치 실사(實寫)처럼 사실감이 넘칩니다.

그런데 1895년에 완성한 〈목욕 후 몸을 말리는 여인〉은 드가의 작품이라 믿기 어려울 정도로 선과 색이 뭉개져 보입니다. 그림 속 여성은 마치

드가, 〈목욕통을 닦는 여인〉, 1886년, 종이에 파스텔, 70×70cm, 힐 스테드 뮤지엄, 코네티컷(미국)

수증기탕 같은 곳에 있는 것처럼 보입니다. 피부도 황토색과 주황색 빛으로 물들어 있습니다. 그림을 좀더 자세히 관찰해보면 청색 계열이 거의 사라졌음을 알 수 있습니다.

이를 뇌과학적으로 분석하면, 화가가 중심시야에서 잃어버린 색감을 주변부 정보와 뇌의 색 강화 회로로 메꾼 것으로 해석됩니다. 〈목욕 후 몸을 말리는 여인〉을 완성한 1895년경 드가는 황반변성을 앓고 있었습니다. 이

드가, 〈목욕 후 몸을 말리는 여인〉, 1895년, 종이에 파스텔, 103×98cm, 내셔널 갤러리, 런던

로 인해 시각경로가 구조적으로 왜곡되면서 그림의 선과 색이 혼탁하게 묘사된 것입니다. 황반변성은 눈 망막 중심부의 황반, 특히 고해상 색각과 세밀한 형태인식을 담당하는 중심와의 광수용체를 서서히 손상시키는 질환입니다. 드가의 경우 중심와 손상으로 인해 L·M 원추세포와 함께 S원추세포의 기능마저 저하되어, 색을 구분하는 능력과 시력이 동시에 떨어졌을 가능성이 큽니다. 이로 인해 시야 중앙에 흐릿한 암점이 형성되었을

것으로 생각됩니다.

　드가가 겪었던 시각입력의 변화는 망막에서 시신경, 시상의 외측슬상체와 시각피질로 이어지는 색채처리 경로 전반에 영향을 미쳤을 것으로 예상됩니다. 외측슬상체 단계에서 이미 중심부의 고해상 색대비 정보가 전반적으로 약화되면, V1에서의 명암대비가 떨어지게 되고, V2와 V4 영역에서도 색상통합 및 색채인지 기능까지 저하됩니다. 특히 V4에서 입력된 색신호의 편향(단파장 우세)을 보정하려고 과도하게 장파장(빨강·주황·노랑) 정보를 강조하여 전체적인 색구도에까지 영향을 준 것으로 보입니다. 즉 드가의 뇌는 변화된 시각정보에 적응하는 과정에서 색의 편향성이 더욱 심해진 것으로 추정됩니다. 이는 다시 뇌파에서 베타파와 감마파의 활성 증가 및 색채에 대한 감정적 각성으로까지 이어진 것으로 해석됩니다.

　드가는 노년기에 파스텔을 적극 사용했습니다. 파스텔은 정밀한 윤곽 대신 부드럽고 넓은 색층으로 화면의 구도를 형성하는 데 유용하지요. 그는 중심시야만으로는 대상의 세부묘사가 어려웠기 때문에, 상대적으로 보존된 주변시야 정보를 활용해 색대비 및 인물의 형태를 재구성했던 것으로 보입니다. 이 과정에서 비록 인체의 실루엣은 흐릿하게 보였지만, 색면구조만큼은 뚜렷하게 묘사되었음을 알 수 있습니다.

　이러한 뇌의 보상전략이 예술적 언어로 발현된 작품이 바로 〈목욕 후 몸을 말리는 여인〉이라 하겠습니다. 비록 드가는 황반변성으로 섬세한 선과 색을 잃었지만, 그의 예술은 '색의 경계 없는 조합'으로 재탄생한 것입니다. 일부 손상된 시각입력을 포기하지 않고, 새로운 조형언어를 창조한 드가의 뇌에 경의를 표합니다.

색의 울림과 뇌의 파동

색은 눈으로만 보는 것이 아닙니다. 색은 뇌가 구성하는 감각의 언어이자, 정서와 기억을 건드리는 촉발제라 하겠습니다. 빛이 망막에 도달하면 곧 전기신호로 변환되고, 시신경을 따라 시각피질로 전달되며, 다시 변연계의 감정회로로 스며듭니다. 화가는 눈으로 본 색을 손끝으로 옮기지만, 그 색은 이미 뇌 속에서 재해석된 감정의 빛입니다.

19세기 말 고흐와 드가가 그린 세상은 그들의 '뇌가 처리한 색채의 세계'였습니다. 두 사람 모두 망막과 시각경로에서 색정보가 편향된 상태로 세상을 보았던 것입니다. 하지만 그들이 겪은 변화는 단순한 시각결손이 아니라, 뇌의 정서회로와 뇌파리듬까지 재구성하는 계기가 되었습니다.

색체정보는 V1에서 처리된 후, 색채·채도·명도를 통합하고 분석하는 V4와 하측두엽으로 전달됩니다. 이후 편도체와 해마 같은 정서회로 및 측좌핵, 전전두피질 같은 보상·동기 조절영역과 연결되어 감정상태를 조율합니다.

색이 변연계(편도체, 해마 포함)의 정서회로를 자극하면, 특정 대역 뇌파활동의 패턴이 달라질 수 있습니다. 뇌파는 신경세포 집단의 동기화된 활동을 반영하며, 감정과 인지 상태의 변화를 간접적으로 나타냅니다.

뇌파에서 알파파(8-12Hz)는 주로 눈을 감거나 시각자극이 약한 상태 또는 편안한 이완상태에서 두드러집니다. 일부 연구에서는 청색·녹색 계열의 단파장 색이 알파파 활동을 높이는 경향이 보고되었지만, 이는 개인의 심리나 맥락에 따라 달라집니다.

베타파(13-30Hz)는 주의집중 및 각성상태에서 관찰되며, 빨강·주황·

노랑 등 장파장 자극이 순간적으로 베타대역 활동과 관련이 있다는 연구가 있습니다.

감마파(30Hz 이상)는 감각정보 통합, 주의집중, 학습과정 등에서 증가하며, 채도와 대비가 강한 그림을 감상할 때 활성이 증가한다는 연구가 있지만, 개인에 따라 차이가 크게 나타납니다.

고흐가 자주 사용했던 강렬한 노란색은 시각피질(V1, V4)에서 장파장 채널의 반응을 유도하고, 편도체와 시상하부를 거쳐 교감신경계의 활성 및 정서의 각성에 기여했을 가능성이 있습니다. 이 과정에서 순간적으로 베타대역 활동이 높아져 주의집중 및 시각대비 지각이 뚜렷해졌을 수 있습니다. 이런 까닭에 고흐는 그림을 그리는 내내 몰입감이 최고조에 달했을 것이고, 아울러 감정적으로도 한껏 고양되었을 가능성이 높습니다.

반면 드가처럼 중심시야 입력이 저하되면 하측두엽으로 전달되는 고해상 색채정보가 줄어들고, 이때 뇌는 주변시야에 의존하게 됩니다. 선명한 색대비가 줄어든 환경에서는 베타파와 감마파의 강도가 상대적으로 낮아지고, 내향적 처리와 관련된 알파파 대역 비율이 커질 가능성이 있습니다. 이로 인해 드가의 시야는 강렬한 각성보다는 차분하지만 정보처리 효율이 제한된 상태로 재편되지 않았을까 싶습니다.

고흐와 드가 모두 변화된 색채처리 경로가 정서회로의 반응과 뇌파활동의 패턴까지 바꿔 놓았습니다. 그 결과 오히려 '이전에는 존재하지 않았던' 새로운 회화기법이 탄생한 것입니다. 고흐의 노란 밀짚모자와 드가의 황토빛 피부는, 뇌가 빚어낸 감정의 색깔이자 손상된 시각경로가 만들어낸 새로운 언어였습니다.

 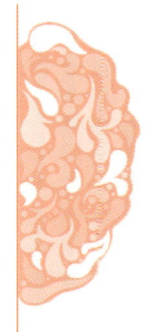

소리를 그린 화가들

감각의 경계를 허문 화가의 뇌

"이 부분은 푸르게 연주해 주세요."

작곡가 프란츠 리스트는 연주자들에게 악보를 넘겨주면서 이렇게 말하곤 했습니다. 리스트의 주문에 연주자들은 어리둥절했습니다. 도대체 '푸른색의 연주'란 어떤 걸까요?

문득 푸르게 연주해달라는 리스트의 말을 이해할 만한 사람이 떠오릅니다. 뜻밖에도 그는 음악가가 아닌 화가입니다. 러시아 출신의 바실리 칸딘스키Wassily Kandinsky, 1866-1944입니다.

칸딘스키는 파란색을 첼로의 낮고 깊은 선율에 비유하곤 했는데요. 심지어 노란색을 트럼펫의 날카로운 고음으로 표현했습니다. 이처럼 그는 캔버스 위에 음(音)을 색(色)으로 시각화한 화가로 유명합니다. 이를테면 '소리를 그린 것'이라고 할 수 있습니다. 그런데 그게 실현가능한 일일까요?

"뇌는 색을 소리로 듣고, 소리를 색으로 본다"

아래 그림은 칸딘스키의 〈Composition VII : 구성 7〉입니다. 리스트의 난해한 요구만큼이나 어렵고 복잡해 보입니다. 블루, 옐로, 오렌지, 레드 등으로 채색된 정체불명의 이미지가 무질서하게 겹겹이 쌓여 있습니다. 누가 봐도 그림에서 추상적 형태와 색채의 흐름을 통해 화가의 메시지를 발견하기란 쉽지 않아 보입니다.

서양미술사에서는 이러한 칸딘스키를 가리켜 '추상미술'의 선구자라 부릅니다. 단박에 알아차릴 수 있는 그림은 추상미술이라 할 수 없다는 속설이 괜한 얘기가 아닌 듯 합니다.

칸딘스키, 〈Composition VII : 구성 7〉, 1913년, 캔버스에 유채, 200×302cm, 트레티야코프 갤러리, 모스크바

결국 추상미술을 이해하려면 해당 작품을 창작한 화가의 설명을 들어봐야 합니다. 칸딘스키는 저서 『예술에서의 정신적인 것에 대하여 : Über das Geistige in der Kunst』에서 자신의 예술론을 밝힌 바 있습니다. 그는 음악에서 받은 영감을 회화에 적용하여 이른바 '시각적 교향곡'을 캔버스에 구현하고자 했습니다. 쉽게 말해 '소리를 그린다'는 것이지요.

칸딘스키는 색채를 단순한 시각자극으로 보지 않았습니다. 색마다 고유한 울림이 있으며, 특정한 악기의 소리처럼 인간의 감정을 자극할 수 있다고 믿었습니다. 노란색을 트럼펫의 날카로운 고음, 파란색을 첼로의 낮고 깊은 선율에 비유한 까닭입니다.

칸딘스키는 소리를 색으로 느끼고, 색에서 소리를 상상했다고 고백합니다. 이러한 감각 간 연결은 오늘날 시네스테지아(synesthesia)라 불리는 현상과 밀접한 관련이 있습니다. 우리말로 공감각(共感覺)이라 불리는 시네스테지아는 하나의 감각이 다른 감각을 자극하는 신경반응으로, 소리를 들으면 색이 보이거나 색을 보면 특정 소리를 떠올리는 현상입니다. 신경과학에서는 이를 '다감각 융합' 혹은 '감각 간 교차처리'라고 부릅니다.

공감각은 제법 오래 전부터 탐구되어온 개념입니다. 플라톤[Platon, B.C.428-B.C.347]과 피타고라스[Pythagoras, B.C.580-B.C.500] 등 고대 그리스 철학자들은 감각의 조화를 논하는 과정에서 음과 색의 관계를 살폈다는 기록이 전해집니다. 그리고 아이작 뉴턴[Isaac Newton, 1642-1727]이 음조와 색조 간의 차이를 수리적으로 증명했지만 오류로 드러났지요. 이후 19세기 후반에 이른바 '색청(色聽)'에 관한 연구가 정신물리학의 창시자인 독일의 구스타프 페히너[Gustav Fechner, 1801-1887]에 의해 재개되었습니다. 하지만 여전히 불확실하고 애매한 측정 방법과 기준으로 한동안 연구가 소강상태에 빠지다가 1980년대 들어 뇌과학을 포함한 인지과학자들을 중심으로 이뤄지기 시작했습니다.

뇌과학에서 공감각정보는 먼저 1차 감각피질을 통해 개별적으로 처리한 다음, 고차 연합영역에서 서로 연결하고 통합합니다. 이 중에서 특히 상측두고랑은 시각과 청각 신호를 결합하는 대표적인 허브로, 표정과 목소리를 동시에 인식하는 이른바 '복합자극'을 통합합니다. 이곳은 감정을 다루는 변연계와 연결되어 있어, 정서적으로도 매우 중요한 역할을 합니다. 아울러 측두-두정접합부와 후두정피질은 주의전환과 공간정보를 통합하는 과정에서 다감각 처리를 지원합니다.

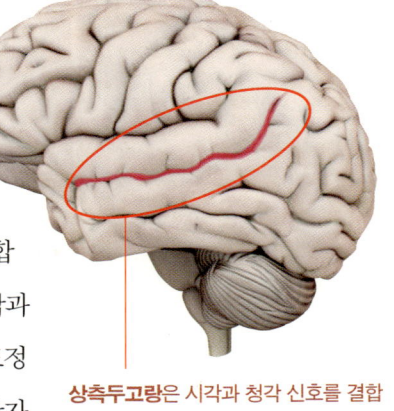

상측두고랑은 시각과 청각 신호를 결합하는 대표적인 허브로, 타인의 표정(시각)과 목소리(청각)를 동시에 인식.

측두-두정접합부와 후두정피질

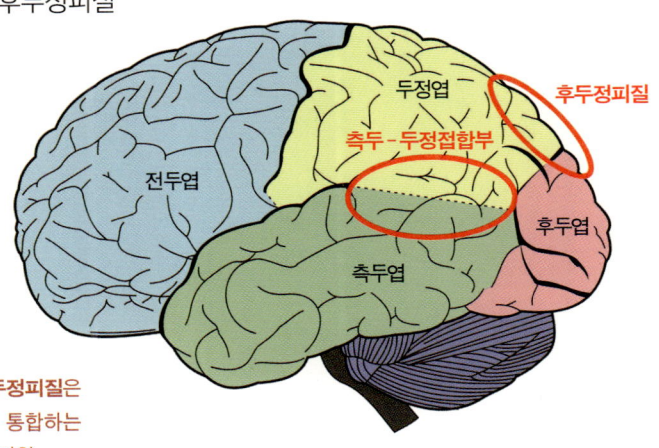

측두-두정접합부, 후두정피질은 주의전환과 공간정보를 통합하는 과정에서 다감각 처리를 지원.

'Composition 연작'과 함께 '다감각 융합' 현상이 돋보이는 칸딘스키의 대표작으로 'Improvisation(즉흥) 시리즈'가 있습니다. 그 중에서 특히 〈Improvisation 28 : 즉흥 28〉은 선과 색, 형상이 불협화음을 이루듯이 캔

칸딘스키,
〈Improvisation 28〉,
1912년, 캔버스에 유채,
112×162cm,
구겐하임 뮤지엄, 뉴욕

버스를 연주공간으로 전환시킵니다. 마치 다양한 악기의 연주자들이 하나의 테마를 정한 뒤 그에 맞춰 즉흥연주를 하는 것 같습니다. 그림의 제목만 놓고 보면 악보에 충실한 클래식보다는 감정의 자유로운 흐름에 따라 연주하는 재즈 같습니다.

 칸딘스키는 색을 '감정의 진동'이라 표현하면서, 마치 감정을 연주하듯이 그림을 그려야 한다고 주장했습니다. 실제로 그는 화음을 구성하듯 색채를 배치합니다. 그리고 붓의 강렬한 터치감을 통해 리듬을 시각적으로 조형화합니다.

 칸딘스키는 늦깎이 화가였습니다. 젊은 시절 모스크바 대학에서 전공한 법학을 좀더 공부하기 위해 독일 뮌헨으로 향했지만, 예술적 열정은 그를 법학이 아닌 미술의 길로 인도했습니다. 회화로 진로를 바꾼 뒤 독일의 젊은 예술가들과 '청기사파'라는 초기 표현주의 화풍을 확립하며 왕성한 작품활동을 이어갔습니다.

 노년에는 독일의 종합 예술학교인 바우하우스에서 형태와 색채에 관한 교육체계를 수립하는 데 기여하기도 했습니다. 무엇보다 시각예술을 청각적 체험으로 확장시킨 칸딘스키의 실험정신은 서양미술사에서 중요하게 각인됩니다. 인간의 감각 간 경계를 넘나드는 방식으로 추상회화의 새로운 지평을 구축한 것이지요.

 칸딘스키의 캔버스에 투영된 색채신호는 망막을 거쳐 시각피질 V1과 V4에서 처리된 뒤, 상측두고랑 및 측두-두정접합부로 전달되어 청각정보와 결합한 것으로 해석됩니다. 이러한 다감각 융합과정에서 변연계, 특히 편도체가 색과 소리 모두에 정서적으로 중요한 의미를 부여합니다.

 대뇌 전두엽 앞쪽에 위치한 전두연합피질은 이렇게 융합된 감각경험을 행동계획 및 의사형성으로 연결합니다. 이 과정에서 '보는 것'과 '듣는 것' 사이의 경계는 허물어집니다. 이로써 관람자의 뇌는 색을 시각적 사건이 아닌 청각적 울림으로 해석하고, 소리를 또 다른 색채의 파장으로 재구성하게 됩니다.

칸딘스키의 그림은 뇌 속의 시각-청각-정서 회로를 마치 오케스트라처럼 지휘하면서 예술적으로 새롭게 그려낸 '감각의 지도'입니다. "뇌는 색을 소리로 듣고, 소리를 색으로 본다"는 주장이 결코 과장된 수사(修辭)가 아님을 칸딘스키는 캔버스 위에 증명해낸 것입니다.

음악의 시간성과 회화의 공간성을 그린다는 것

칸딘스키 못지않게 '예술의 공감각성'에 조예가 깊었던 화가 중에 파울 클레 Paul Klee, 1879-1940가 있습니다. 스위스 베른 근교에서 음악교사 아버지와 성악가 어머니 사이에서 태어난 클레는 유년 시절부터 자연스럽게 음악을 가까이하며 자랐습니다. 어려서 바이올린을 배운 그는 11살 어린 나이에 베른 음악협회 명예회원이 될 정도로 뛰어난 연주자였습니다. 그의 부모는 클레가 당연히 음악가로 성장할 것으로 생각했습니다.

그런데 클레는 음악가 대신 화가의 길을 택했습니다. 클레 역시 공감각적 소양이 남달랐던 것이지요. 클레의 뇌 중에서 특히 상측두회의 발달 정도가 궁금해지는 이유입니다. 청년이 된 클레는 음악의 구조를 회화로 전환하는 데 깊이 경도됩니다. 그의 곁에는 청기사파에서 함께 활동했던 예술가 동지 칸딘스키가 있었습니다. 클레도 뮌헨의 미술 아카데미에서 수학한 뒤 본격적인 창작활동에 돌입합니다.

클레의 작품들을 살펴보면, 반복적인 선과 도형, 구조화된 색채배치가 특징적으로 나타납니다. 여기에는 음악의 기본원리인 리듬, 변주, 화성의

클레, 〈붉은 푸가〉, 1921년, 수채화, 24×31cm, 파울 클레 센터, 베른

개념이 녹아 있습니다. 그는 색을 음표로 간주하고, 이를 조화롭게 배열함으로써 회화 속에서 '시각적 음악'을 구현하고자 했습니다.

그의 작품 가운데 〈붉은 푸가〉는 선율의 진행처럼 반복적인 패턴이 인상적입니다. 푸가(Fugue)란 요한 세바스찬 바흐 같은 바로크 음악가들이 즐겨 사용한 복잡한 대위법적 음악형식을 말합니다. 하나의 주제가 여러 성부에서 반복되고 변형되며 층층이 쌓이는 구조를 특징으로 합니다. 클레는 이러한 음악원리를 시각적(회화적)으로 번역한 것입니다.

〈다성〉은 음악과 회화가 가장 정교하게 융합되었다고 평가받는 작품입

클레, 〈다성〉, 1932년, 린넨에 템페라, 66×106cm, 쿤스트 뮤지엄, 바젤

니다. 다성(polyphony)이라는 개념 역시 푸가처럼 음악원리 중 하나로, 여러 개의 독립된 선율이 동시에 울리는 형식을 가리킵니다. 그림은 색과 선, 형태가 서로 다른 음을 내는 듯한 조화를 이루며, 시각적 다성을 구현합니다. 다양한 색면의 패턴이 질서와 조화를 이루며 음악의 테마와 변주처럼 시각적 리듬을 형성합니다.

   클레 특유의 유머러스한 상상력이 돋보이는 〈지저귀는 기계〉도 빼놓을 수 없습니다. 네 마리의 새가 철선에 발이 묶여 있습니다. 철선에는 손잡이가 달려 있는데, 손잡이를 돌리면 철선의 떨림에 리듬이 느껴지면서 마치

클레, 〈지저귀는 기계〉, 1922년, 종이에 잉크, 64×48cm, 모마, 뉴욕

새들이 지저귀는 듯한 기계적 음향이 들릴 것 같습니다.

클레는 '음악의 시간성'을 '회화의 공간성'으로 전환하는 실험을 반복했습니다. 그의 그림에서 선율은 선의 흐름이 되고, 리듬은 색의 반복과 패턴 속에 녹아듭니다. 클레는 음악을 듣는 것에서 보이는 예술로 재창조한 '시각화된 작곡가'였던 셈입니다. 이처럼 클레의 작품들에서는, 음악을 시각화하는 능력, 즉 '감각 간 번역'과 '감각 간 연결성'이 탁월하게 발달되어 있음을 엿볼 수 있습니다.

아마도 클레는 어떤 음악을 듣고 감동 받을 때마다 뇌 안에서 편도체와 후두엽, 전측대상피질 간 상호작용이 활발했을 것입니다. 이 과정에서 '음악적 감동'이 '회화적 감정'을 일으키면서 시각 이미지 즉, 심상으로 변환되었을 것입니다. 여기서 심상(心想, mental imagery)이란 뇌에서 실제 자극이 없이도 시각적 장면을 연출하고 상상하는 능력을 말합니다. 심상은 보이지 않는 것을 보이게 만드는 능력으로, 예술적 영감의 핵심이라 할 수 있습니다. 클레의 뇌에서는 감각 간 통합과 더불어 심상화가 동시에 일어났던 것입니다.

음악과 미술은 전혀 다른 감각의 영역처럼 보이지만, 칸딘스키와 클레 같은 예술가에게는 하나의 언어였습니다. 칸딘스키는 색에서 소리를 듣고, 클레는 음에서 색을 떠올렸습니다. 이들은 감각 간 경계를 넘어서려 했는데, 이러한 시도는 뇌의 통합적 감각처리 능력으로 설명할 수 있습니다. 선율은 색채의 흐름이 되고, 리듬은 다채로운 조형구조로 캔버스 위에서 연주됩니다. 그들의 뇌가 '소리를 그림으로, 그림을 음악으로' 연출한 것입니다.

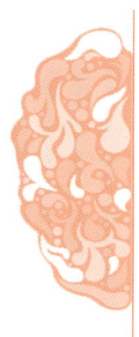 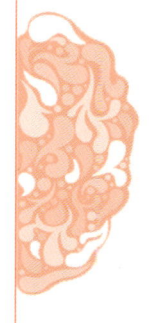

냄새를 그린 화가들

후각을 시각화한 화가의 뇌

코끝을 스치는 소독약 냄새와 곳곳에 배어 있는 피비린내, 적혈구 헤모글로빈 속 철성분에서 차갑게 번져오는 체취에 이르기까지, 오랜 세월을 병상에 누워 지내야 했던 프리다 칼로 Frida Kahlo, 1907-1954에게 지겹도록 익숙한 냄새들입니다. 아마도 그에게는 불행한 기억과 감정을 소환하는 촉매제였을 것입니다.

하지만 칼로는 처절한 슬픔의 냄새에 숨을 참지도 거두지도 않았습니다. 숨을 거둔다는 건 삶을 포기한다는 얘기겠지요. 오히려 그는 견디기 어려울 만큼 통증이 깊어질수록 더 깊은 호흡으로 맞섰습니다. 그렇게 지난했던 삶의 내음들은 그가 남긴 작품들에 배어있습니다. 절망의 '향'이 '선'과 '색'이 되어 한 폭의 그림으로 번져갔습니다.

보는 것만으로는 헤아릴 수 없는 고통

극심한 고통을 겪은 예술가들의 삶을 소개할 때 빠지지 않고 등장하는 작품이 칼로의 자화상들입니다. 그는 여섯 살 때 소아마비에 걸려 오른쪽 다리가 쇠약해지는 장애가 생겼고, 열여덟 꽃다운 나이에 전차사고로 척추와 자궁을 크게 다쳤습니다. 결혼생활도 순탄치 않았습니다. 사고의 후유증으로 아이를 여러 번 유산했고, 화가인 남편 디에고 리베라의 잦은 외도로 이혼의 아픔마저 겪어야 했지요.

칼로, 〈헨리 포드 병원〉, 1932년, 메탈에 유채, 30×38cm, 돌로레스 올메도 뮤지엄, 멕시코시티

칼로가 남긴 자화상들에는 비극적 삶의 서사가 파노라마처럼 펼쳐져 있습니다. 그는 심하게 망가진 상체를 해부한 뒤 자신의 온전치 못한 척추를 증명하듯 〈부서진 기둥〉을 박아 넣었습니다. 〈헨리 포드 병원〉에서는 병원 침대에 누운 채 복부에 구멍을 내고 긴 혈관을 꺼내어 태아의 사체와 연결하기도 했습니다. 하얀 침대에는 붉은 피가 난자합니다.

누군가는 예술을 향한 감정의 과잉이라고 할지 모르겠지만, 칼로의 자화상들에는 '고통의 냄새'가 담겨 있습니다. 그가 병상에 누워 진저리치며 맡았을 소독약과 핏속 철성분 냄새가 그의 자화상들에서 진하게 퍼져 나와 관람자의 뇌 회로를 자극합니다.

그림 속 피는 왜 감정을 자극하는가

〈헨리 포드 병원〉은 1932년에 칼로가 유산 직후 병상에서 그린 것으로 화가의 무의식 속에 부유하는 태아, 자궁, 수술기구, 고여 있는 피가 참혹한 고통을 상징적으로 묘사합니다. 그림을 좀 더 찬찬히 살펴보면, 칼로의 깊은 상처는 단순히 보이는 것에서 그치지 않습니다. 그림은 시각적 이미지로만 구성된 것이 아니라, 병상의 여러 상징들을 통해 후각적 연상까지 유도합니다.

물론 칼로는 〈헨리 포드 병원〉에 냄새를 그리지 않았습니다. 냄새를 시각화해서 그리는 것은 물리적으로 불가능한 일이지요. 하지만 칼로는 침대 위 혈흔과 사산된 태아, 자궁, 수술도구 등 후각을 자극하는 상징들을 시각적으로 변환하여 관람자의 감정을 적극적으로 이끌어내는 방식으로

칼로, 〈부서진 기둥〉, 1944년, 메이소나이트에 유채, 40×30cm, 돌로레스 올메도 뮤지엄, 멕시코시티

그림을 완성했습니다.

칼로의 자화상 중 가장 유명한 작품으로 꼽히는 〈부서진 기둥〉도 다르지 않습니다. 사고로 심각하게 손상된 척추 대신 이오니아 양식의 기둥이 파손된 채 그려져 있습니다. 참을 수 없는 통증과 피폐한 삶을, 훼손된 유적에 비유한 것이지요. 사고 당시 칼로는 전차 손잡이의 철봉이 허리에서 자궁까지 관통하는 끔찍한 중상을 입었습니다. 이로 인해 평생 7번의 척추수술을 포함해 쇄골과 갈비뼈, 양쪽 다리 등에 걸쳐 30번 이상의 수술을 받아야 했습니다. 그림 속 칼로의 몸에 박힌 수많은 못들은 반복된 수술의 흔적을 상징하는 동시에 수술실 특유의 냄새를 떠올리게 합니다. 실제로 칼로는 한 매체와의 인터뷰에서 생사를 오갔던 수술실에서의 기억으로 "냉혹한 기운의 향이 진동했다"고 밝힌 바 있습니다. 그의 자화상을 보는 내내 후각을 자극하는 강한 자기장 같은 게 느껴지는 까닭입니다.

뇌과학적으로 후각은 감정과 가장 밀접하게 연결된 감각입니다(375쪽). 후각정보는 코에서 후각수용체에 의해 받아들여져 1번 뇌신경인 후각신경을 따라, 후각망울과 1차후각피질을 거쳐, 편도체와 해마 등 감정을 다루는 뇌 영역인 변연계로 전달됩니다. 이러한 구조에 따라 냄새는 뇌에서 기억 및 감정을 곧바로 소환합니다. 따라서 과거 병원에서 맡은 피 냄새나 철 냄새는 뇌 깊숙이 저장되어 있다가 유사한 시각자극만으로도 쉽게 활성화되는 것이지요. 칼로의 그림에서 피가 흐르는 장면을 볼 때, 실제로 냄새가 나지 않는데도 피 냄새를 떠올리는 이유는 우리 뇌에서 정서-후각 연결회로가 작동하기 때문입니다.

시각정보는 망막에서 시신경을 거쳐 시상의 외측슬상체(32쪽)로 전달된 뒤, 1차시각피질(V1)에서 위치나 윤곽 등이 인식됩니다. 그리고 V4에서 색

후각기관 및 후각정보의 뇌 영역 연결구조

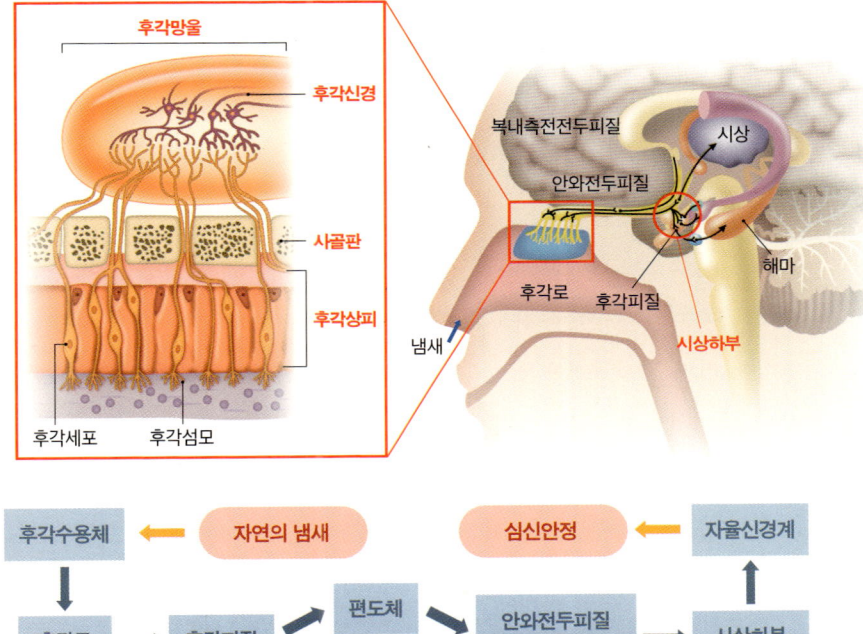

- **후각수용체** : 냄새 분자를 감지하고 이를 전기신호로 변환해 뇌로 전달.
- **후각로** : 냄새를 인식한 뒤 그 정보를 뇌로 전달하는 신경섬유다발.
- **후각망울** : 냄새를 맡을 때 가장 먼저 뇌에서 반응하는 후각정보 처리기관으로, 뇌의 다른 감각 경로와 달리 시상을 거치지 않고 바로 감정과 기억을 담당하는 뇌 부위와 연결.
- **후각피질** : 단순히 냄새를 맡는 것에서 그치지 않고, 그 냄새가 어떤 의미를 가지는지, 어떤 감정이나 기억과 연결되는지 결정.
- **시상하부** : 체온, 수면, 식욕, 자율신경계 등 우리 몸 전체의 생리적 균형 조절.
- **안와전두피질** : 감정과 의사결정 및 사회적 행동을 조절. 단순히 생각하는 뇌가 아니라 느끼고 판단하는 뇌의 감정센터.
- **복내측전두피질** : 감정과 도덕적 판단 및 자기통제에 깊이 관여. 우리가 '인간답게' 행동할 수 있도록 도와주는 내면의 조율자.

채가, 측두엽의 시각연합피질에서 얼굴이나 사물의 형태 등이 분석됩니다. 이렇게 처리된 정보가 편도체로 전달되면, 과거의 경험과 비교해 그것이 위협적이고 고통스러운 장면인지 빠르게 평가합니다. 특히 피, 상처, 붉은 색조는 진화적으로 생존과 직결된 위험신호로 인식되기 쉽습니다.

편도체가 활성화되면 병원 혹은 피와 관련된 기억이 해마에서 복원되고, 그 과정에서 저장되어 있던 피 냄새 경험까지 함께 떠올립니다. 즉 편도체와 후각피질 사이의 연결이 활성화되면서 실제로 아무런 냄새가 나지 않아도 '후각적 상상'이 일어나게 되는 것이지요.

이때 뇌의 전두엽에 위치한 안와전두피질은 편도체에서 올라온 감정신호, 해마에서 나온 기억 그리고 현재의 시각정보를 통합하여 '이 장면이 왜 불쾌한지 혹은 위험한지'를 평가합니다. 이로 인해 다시 편도체로 전달되어 감정반응의 강도 및 자율신경계를 조절하여, 우리가 실제로 긴장감이나 불편함을 느끼게 되는 것입니다.

후각은 시각이나 청각보다 좀더 빠르고 직접적으로 감정을 자극합니다. 이는 후각신호가 시상을 거치지 않고 후각망울을 통해 곧바로 1차후각피질과 변연계에 전달되는 독특한 경로 덕분입니다. 그래서 냄새는 본능적인 불쾌감이나 공포를 빠르고 강하게 불러오는 것이지요.

물론 칼로는 이러한 신경과학적 사실까지 인지하고 그림을 그리진 않았겠지요. 하지만 그는 자신의 처절한 고통이 시각적으로 보여지는 것만으로는 부족하다고 느꼈던 게 아닐까요. 후각에까지 닿는 그림을 그려야겠다고 생각했던 것입니다. 냄새 없는 그림에 '고통의 냄새'가 담겨지게 된 까닭입니다. 〈헨리 포드 병원〉은 그림 속 상징적 물체와 시각적 구성만으로 병원의 소독약과 피 냄새 그리고 한 여성의 상실감까지 환기시킵니다.

칼로는 그림을 통해 관람자의 '감정의 뇌'에 메세지를 보냅니다. 후각의 신경회로를 붓끝에 연결한 것입니다.

칼로의 황폐한 땅 vs. 밀레의 풍요로운 들판

칼로의 〈부서진 기둥〉을 다시 보겠습니다. 눈물짓는 칼로의 뒤로 삭막하기 이를 데 없는 황무지가 펼쳐져 있습니다. 고통이 최고 절정에 이르러 쇼크로 인해 의식을 잃으면 감각마저 마비상태가 될 수 있습니다. 그림 속 황폐한 배경은 감각적 고립을 암시합니다. 마치 후각을 포함한 모든 감각이 마비된 것 같은 화가 자신을 표현한 것 같습니다.

어쩌다보니 칼로의 고통스런 자화상들을 통해 감각이 마비되는 감정까지 경험했습니다. 이제 칼로의 그림을 보며 느꼈던 감정을 다독일만한 풍경을 상상해 보겠습니다. 황무지 대신 풍요로운 들판이 떠오릅니다. 비가 갠 뒤 들판에 서면, 흙과 풀에서 피어오르는 향이 코끝을 간질입니다. 바람에 실려 오는 자연의 향취가 마음을 녹여주며 몸의 긴장마저 풀어줍니다. 혹시 머릿속에서 이러한 장면의 전환이 쉽지 않다면 그림 한 점을 펼쳐놓겠습니다. 우리에게 친숙한 그림입니다. 장 프랑수아 밀레Jean-François Millet, 1814-1875의 대표작 〈이삭 줍는 여인들〉입니다.

수확이 끝난 들판에서 세 명의 여인이 허리를 굽혀 남은 이삭을 줍는 장면은 평화롭기 그지없습니다. 캔버스 가득 펼쳐진 습기를 머금은 듯한 황토빛 들판과 광활한 하늘 그리고 여인들의 반복적인 몸짓은 어느새 관람자를 한적한 시골마을로 안내합니다. 주변에는 온통 비 갠 뒤 흙내음, 이슬

밀레, 〈이삭 줍는 여인들〉, 1857년, 캔버스에 유채, 83×110cm, 오르세 뮤지엄, 파리

맺힌 풀향이 풍겨지는 듯합니다. 그림 속 여인들은 비록 고단한 노동으로 지쳐있지만, 무던히 하루하루를 살아갑니다. 칼로를 생각하면 별 일 없이 산다는 건 축복이 아닐 수 없습니다. 수평선 아래로 내려앉는 햇빛, 고요한 들판 그리고 노동하는 사람들의 침묵 속에는 풀냄새와 흙냄새가 뒤섞인 저녁의 공기가 서려 있습니다.

밀레 역시 시각적인 이미지에 후각적 연상을 포함시켜, 감정과 감각을 동시에 자극하는 방식으로 그림을 완성했습니다. 다만 칼로와는 달리, 밀레의 그림에 배어 있는 냄새는 평화로운 전원의 향기입니다. 그는 그림을 통해 '자연이 살아 숨 쉬는 장소'를 구현했고, 이로써 관람자는 그림에서 자연의 공기가 자아내는 풍경을 상상하게 됩니다.

밀레는 노동의 존엄성과 평화로운 전원생활을 화폭에 담아낸 바르비종파의 대표적 인물입니다. 그는 농민의 아들로 태어나 시골의 정취 속에서 어린 시절을 보냈지요. 그래서인지 파리에서 정통 미술교육을 받았음에도 도시보다는 주로 농촌의 풍경과 농민의 삶을 그렸지요. 1849년에 바르비종 숲 인근으로 이주한 뒤에는 자연 속에 머물며, 그곳에서 직접 체험한 시각·촉각·후각적 경험을 바탕으로 농촌의 일상을 화폭에 담았습니다.

〈수확하는 농부〉에서는 밭을 일구는 농부의 뒷모습을 사실감 있게 그렸습니다. 저 멀리 있는 농부의 모습에서 넓은 들판의 원근감이 느껴집니다. 산업혁명의 여파로 시골을 떠나 도시로 이주하는 사람들이 늘어나는 세태였지만, 수확의 계절에 들판에서 피어오르는 내음은 변함없습니다. 늘 한결 같은 정취는 관람자의 뇌를 안정모드로 이끕니다.

밀레는 단지 보이는 풍경을 그린 것이 아니라, 흙냄새와 풀냄새가 풍기는 듯한 정서적 공간까지 연출했습니다. 이는 인간의 감각과 기억 체계가 교차하며 작동하는 뇌 구조 덕분에 가능한 일입니다. 흙냄새나 풀냄새를 맡았을 때 우리 뇌가 느끼는 평온함은 단순한 기분변화가 아니라, 감각정보가 뇌의 여러 영역을 동시에 자극하며 만들어내는 생리적·정서적 반응입니다.

후각정보는 후각망울과 후각로를 거쳐 후각피질에 도달하며, 이후 편도체와 해마를 비롯한 변연계 구조로 빠르게 전달됩니다. 앞서 밝혔듯이 대부분의 감각정보가 시상을 경유해 대뇌피질로 전달되는 것과 달리, 후각은 시상을 거치지 않고 직접 변연계로 연결됩니다. 따라서 후각은 감정 및

밀레, 〈수확하는 농부〉, 1867년, 판지에 파스텔, 96×68cm, 히로시마 아트 뮤지엄

기억 회로를 신속하게 활성화할 수 있게 되지요.

비 온 뒤 흙냄새의 주된 원인은 '페트리코르'라는 향으로, 핵심 성분인 지오스민은 토양 속 방선균이 생성하는 대사산물입니다. 페트리코르는 어린 시절 야외에서의 활동경험이나 자연과의 연결감을 떠올리게 하며, 해마에서 공간과 맥락의 기억회로를 활성화합니다. 더불어 전측대상피질과 전전두피질 영역은 이러한 기억과 정서를 의미 있게 평가하고 조절하여, 긍정적인 경험으로 이어지도록 합니다.

풀냄새는 주로 식물이 손상될 때 방출하는 녹색잎 휘발성 물질에서 비롯합니다. 대표적으로 헥세날 같은 알데하이드 계열을 포함합니다. 이러한 냄새는 편도체에 전달되어 정서적으로 작용합니다. 해마는 자연과 연결된 과거의 경험을 되살립니다. 그리고 안와전두피질과 복내측전전두피질에서는 냄새의 정서적 작용이 감정적으로 어떤 의미가 있는지를 판단합니다. 이때 시상하부는 부교감신경계를 활성화하여 심박과 호흡을 가라앉히며 전신의 이완을 유도합니다.

우리가 흙냄새나 풀냄새에서 느끼는 평온은, 후각정보가 후각피질을 중심으로 편도체, 해마, 안와전두피질, 복내측전전두피질, 시상하부 등과 상호연결된 네트워크를 거쳐, 정서적으로 평가하고 기억을 회상하며 자율신경계를 조절하는 통합된 작용의 산물입니다. 밀레는 후각-정서-자율신경의 연결구조를 회화적 언어로 재구성한 것입니다. 그는 자연의 냄새를 그린 화가였던 셈입니다.

멍 때리는 화가의 뇌

**그림에 새겨진
디폴트 모드 네트워크의 흔적들**

'멍 때리기'해 보셨나요? '멍'은 종교적인 묵상하고는 결이 좀 다른데요. 언젠가 연예인의 일상을 관찰하는 TV 예능 프로그램에서 바쁜 스케줄에 지친 톱스타가 혼자 떠난 캠핑에서 모닥불을 물끄러미 바라보는 장면이 큰 화제가 되었습니다. 톱스타는 시쳇말로 '불멍'을 하며 복잡한 머릿속을 비워냈는데, 그 모습이 많은 사람들에게 큰 공감을 샀지요.

    멍 때리기 방식은 다양합니다. 밤하늘의 별을 보는 '별멍'에서 흐르는 강물을 바라보는 '물멍', 수족관의 물고기들을 바라보는 '어멍'까지 개인의 취향에 따라 제각각이지요. 미술관에 간 뇌과학자가 추천하는 멍은 하염없이 그림을 바라보는 '화(畵)멍'입니다. 그림 속 인물이나 풍경 혹은 그보다 대상을 좀더 단순화해서 선과 색채에 시선을 고정한 채 머릿속을 비워내는 것입니다. 굳이 인파로 붐비는 미술관에 가지 않고 노트북 화면에 그림을 띄워놓고 멍하니 바라봐도 좋습니다.

멍 때리며 그린 그림을 멍하니 바라보는 즐거움

바쁜 게 능력인 세상에서 멍은 그다지 긍정적인 의미로 이해되지 않는 것도 사실입니다. 멍의 사전적 의미만 해도 "정신이 나간 것처럼 외부자극에 반응이 없는 상태"를 가리킵니다. 요즘처럼 각박한 세상에 정신이 나가있으면 사기를 당하기 십상입니다. 수업시간이나 바쁜 업무 중에는 바로 지적과 꾸중이 들어옵니다.

그런데 멍을 아무 것도 (생각)하지 않는 상태로 단정할 수만은 없습니다. 멍은 머릿속에 새로운 생각을 펼칠 여백을 마련하기 위해 '비워내는 시간'이기도 합니다. 멍은 뇌가 그저 쉬고만 있는 것이 아니라 상상력의 실타래를 풀어내는 공간을 제공합니다. 가령 '상상력'을 예술적 원천으로 삼아야 하는 화가들에게 멍은 반드시 필요한 충전의 시간입니다.

서양미술사에서 멍 때리기로 둘째가라면 서러워할 인물을 꼽으라면 앙리 루소Henri Rousseau, 1844-1910가 떠오릅니다. 루소는 동화적 상상력을 캔버스로 펼쳐낸 작품들로 유명합니다. 천진난만한(!) 영감이 돋보이는 루소의 그림으로 〈열대 폭풍 속의 호랑이〉가 있습니다. 그림에 담긴 정글은 현실이 아닌, 상상 속 세상이 분명합니다. 루소는 정글의 근처에도 가보지 못한 파리지앵이었지요. 그림은 루소의 정글 시리즈 중 첫 번째 작품으로, 그만의 원시적 감수성이 집약된 걸작으로 꼽힙니다.

그런데 〈열대 폭풍 속의 호랑이〉에는 회화의 기본이라 할 수 있는 원근

루소, 〈열대 폭풍 속의 호랑이〉, 1891년, 캔버스에 유채, 129×161cm, 내셔널 갤러리, 런던

법을 찾아볼 수 없습니다. 루소는 우연히 접한 도감에서 정글의 환상적인 풍경에 매료되었습니다. 도감 속 정글의 풍경에 넋을 잃은 거지요. 루소는 파리의 식물원을 찾아갔지만, 도감 속 정글의 모습은 아니었습니다. 주말 저녁 캔버스 앞에 앉은 루소의 머릿속에는 온통 정글 생각뿐이었습니다. 결국 가볼 수 없는 머나먼 정글을 재현하려면 상상력에 기댈 수밖에 없었습니다. 상상력에서 비롯한 정글의 풍광에 원근법이 적용될 리 만무합니다. 그의 머릿속에 펼쳐진 정글에는 폭우가 쏟아지고, 심지어 호랑이까지

등장합니다.

〈열대 폭풍 속의 호랑이〉는 루소의 독창적인 상상력이 빛나는 작품으로, 피카소를 비롯한 초현실주의 화가들에게 지대한 영향을 미쳤습니다. 하지만 그의 초기작들은 당시 파리의 주류 미술계로부터 아마추어 티를 벗어나지 못했다는 조롱과 혹평에 시달려야 했습니다. 정식으로 미술교육을 받지 못한 경력 탓이었지요. 루소는 세관사무원으로 넉넉지 못한 생계를 해결하며 휴일에만 틈틈이 그림을 그려야 했습니다.

루소는 녹록지 않은 현실의 벽을 예술적 상상력으로 뛰어넘고자 했던 화가였습니다. 세관사무원 시절 그린 '자기최면적' 자화상인 〈나 자신, 풍경과 초상〉에는 여러 함의가 담겨 있습니다. 무역선을 배경으로 세관사무원 복장을 한 현실 속 루소에게서 붓과 팔레트를 들고 예술가의 꿈과 열망을 잃지 않으려는 의지가 엿보입니다. 베레모와 턱수염은 당시 프랑스에서 전형적인 화가의 이미지를 상징합니다.

자화상에서 느낄 수 있듯이 루소는 상상력이 풍부했지만 비현실적인 세상에 갇혀 지내던 사람은 아니었습니다. 그의 상상력은 캔버스에서 발현되었을 뿐이었지요. 오히려 그는 현실의 벽 앞에서도 포기하거나 안주하지 않고 자신이 품어왔던 미래의 삶에 도달하기 위해 끊임없이 준비하며 나아갔던 인물입니다.

다시 그의 자화상을 보겠습니다. 루소는 자신을 화면 중앙에 크게 배치하여, 마치 도시 위에 우뚝 선 거인처럼 묘사했습니다. 이는 자신의 존재감과 화가로서의 포부를 강조한 것으로 해석됩니다. 그림의 배경에서도 여러 상징들이 읽힙니다. 루소의 뒤로 센 강과 다리, 무역선이 보입니다. 아마도 루소가 일하던 파리의 세관 주변 같습니다. 루소는 1889년 파리에서

루소, 〈나 자신, 풍경과 초상〉, 1890년, 캔버스에 유채, 146×113cm, 프라하 내셔널 갤러리

열린 세계 만국박람회를 상징하는 만국기와 비행선, 에펠탑도 그려 넣었습니다. 세계 만국박람회는 프랑스혁명 100주년을 기념해 열린 이벤트로, 여기서 에펠탑이 처음 공개되었지요. 그림은 당시 프랑스의 근대성과 파리가

세계 문화의 중심지라는 위상을 암시하는 동시에 화가 자신이 바로 그곳에서 예술가의 꿈을 향해 내딛고 있음을 선언하는 것 같습니다. 언젠가 만국박람회와 같은 국제적인 행사에서 자신의 그림들이 스포트라이트를 받으며 전시되는 상상의 나래를 캔버스에 펼쳐낸 것이지요.

한편, 루소는 오히려 정규 미술교육을 받지 못한 덕분(!)에 자신만의 독특한 화법으로 상상력을 극대화한 세상을 그릴 수 있었습니다. 서양미술사에서는 루소처럼 정규 미술교육을 받지 못한(않은) 화가들이 아카데믹한 기교를 배제한 채 예술적 본령에 충실하게 창작한 미술사조를 가리켜 '나이브 아트(naive art)'라고 부릅니다. 여기서 'naive'는 우리말로 '타고난'이라는 뜻으로, 화가의 순수한 영감에 따라 작품을 구상해 그린다는 의미를 담고 있습니다.

루소의 또 다른 초기 걸작으로 꼽히는 〈잠자는 집시여인〉의 배경은 사막의 밤입니다. 사막 역시 루소가 현실에서 한 번도 가본 적 없는 상상 속의 공간입니다. 달빛 아래 펼쳐진 사막의 고요함이 몽환적인 분위기를 자아냅니다. 하지만 그림 속 장면이 집시여인의 꿈인지 아니면 루소가 꿈속의 기억을 소환해 그린 것인지 모호합니다.

깊은 잠에 빠진 여인을 사자가 물끄러미 바라보고 있습니다. 〈열대 폭풍 속의 호랑이〉에서 날카로운 이빨을 드러낸 호랑이와 달리 〈잠자는 집시여인〉의 사자는 조금도 위협적이지 않습니다. 사자는 맹수로서의 본능을 잊은 채 잠든 여인의 얼굴을 '멍'하니 바라볼 뿐입니다. 흥미로운 건 〈잠자는 집시여인〉을 물끄러미 바라보고 있으면 어느 순간 관람자는 그림 속 사자에 빙의하는 듯한 착각에 빠지곤 합니다. 화가의 상상력과 관람자의 무의식이 결합하는 순간입니다.

루소, 〈잠자는 집시여인〉, 1897년, 캔버스에 유채, 130×201cm, 모마, 뉴욕

멍 때리는 순간, 창의성이 깨어난다

루소의 상상력에서 비롯한 작품들의 이미지 구성은 현대 뇌과학에서 말하는 디폴트 모드 네트워크(Default Mode Network, 이하 DMN) 상태와 유사한 특징을 보입니다. DMN은 우리가 아무것도 하지 않을 때, 즉 멍하니 있을 때 활발하게 작동하는 뇌의 신경망입니다. 겉으로는 쉬고 있는 것 같지만, 뇌는 그 순간에도 상상과 자기성찰, 기억의 회상 같은 활동을 하고 있습니다.

DMN은 2001년경 미국의 신경과학자 마커스 레이클 Marcus Raichle이 처음 제안했는데요. 레이클 박사는 뇌 영상 연구 중에 예상치 못한 패턴들을 발견하면서 DMN의 구조성을 깨닫게 됩니다. 당시 대부분의 뇌과학 연구는 특정 작업을 수행할 때 활성화되는 뇌 영역에 집중하고 있었습니다. 그런데 레이클 박사는 작업 사이의 휴식시간 동안에도 일관되게 활성화되는 뇌 영역이 있다는 사실에 주목했습니다. 즉 사람들이 아무런 인지활동을 하지 않을 때에도 특정 뇌 영역이 활발히 작동한다는 사실을 fMRI(기능성 자기공명영상)를 통해 발견한 것입니다.

DMN은 뇌의 내측전전두피질, 후측대상피질, 쐐기앞소엽, 양측각회 등으로 구성되며, 이들은 자전적인 기억의 회상, 자기성찰, 미래 시뮬레이션, 감정적 내러티브, 주의전환, 상상적 사고를 매개하는 기능에 관여합니다. DMN은 뇌가 외부자극에 대한 주의집중에서 벗어나 내면세계, 즉 자기 자신에 대한 사고로 전환될 때 활성화됩니다. 이 회로는 아무런 목표지향적 활동 없이 멍하니 있을 때, 가령 명상이나 샤워를 할 때와 같이 비교적 외부자극이 줄어든 상태에서 자발적으로 작동합니다.

멍한 상태에서는 외부자극에 대한 반응성이 낮아지고, 뇌는 저장된 기억과 감정을 보다 자유롭게 재조합하게 됩니다. 이때 과거의 경험들이 비선형적 방식으로 연결되거나, 논리적 필터 없이 이미지와 상상이 떠오르는 경향을 보입니다. 이러한 상태에서 만들어진 창작물은 대게 논리적 설명이 어렵지만 정서적으로 깊은 울림을 주는 '비논리적 이미지'의 형태로 드러납니다. 이는 DMN이 활성화될 때 나타나는 창의성의 한 전형입니다.

멍한 상태에서는 창의력 및 주의력 집중과 관련된 다양한 신경전달물질의 조절이 동반됩니다. 세로토닌은 정서안정과 자기성찰을 촉진하고, 도파민은 새로운 상상력을 키우면서 창의적인 아이디어 전환에 관여합니다. GABA(감마 아미노뷰티르산)는 전전두엽의 과도한 흥분을 억제하여 사고의 유연성에 도움을 주며, 옥시토신은 사회적 정서와 공감능력을 강화해 감

디폴트 모드 네트워크의 주요 영역

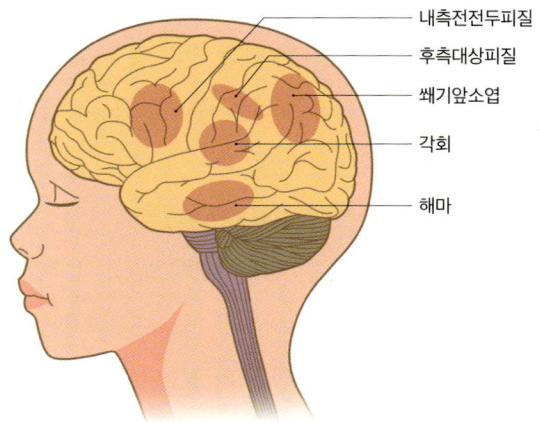

- **내측전전두피질** : 뇌의 전두엽 안쪽에 위치한 영역으로, 자기인식, 감정조절, 사회적 판단, 동기부여 등 고차원적 사고와 행동에 깊이 관여.
- **후측대상피질** : 뇌의 내측면에 위치한 영역으로, 자기인식, 주의집중, 감정처리 등 고차원적 인지기능에 관여. 자신이 누구인지, 어떤 감정을 느끼는지, 과거를 어떻게 기억하는지를 비추는 뇌의 반사경.
- **쐐기앞소엽** : 대뇌의 안쪽에 위치한 영역으로, 자기인식, 기억회상, 시각적 상상 등 인지기능에 관여. 가령 눈을 감고 어떤 장면을 떠올리거나, 자기 자신을 되돌아볼 때 활발히 작동.
- **각회** : 대뇌의 하두정엽에 위치한 영역으로, 언어 및 수학적 사고, 기억회상, 시각-언어 통합 등 인지기능에 관여.

성적 창작을 가능하게 합니다. 멜라토닌은 수면-각성 주기와 관련이 있지만, 환상적 사고나 시각화에 간접적으로 영향을 줄 수도 있습니다. 엔도르핀은 긍정적인 정서와 몰입감 유지를 돕는 보상작용을 합니다. 이러한 신경화학적 변화들은 창의적 사고 및 정서적 몰입을 위한 생리적 기반을 형성합니다.

아울러 DMN에서는 자율신경계(288쪽)의 균형조절도 함께 일어납니다. DMN이 활성화되면 교감신경계의 긴장반응은 줄어들고, 부교감신경계의 이완반응이 상대적으로 강화됩니다. 이로 인해 호흡은 느려지면서 깊어지고, 심박 수는 안정되며, 근육의 긴장도 완화됩니다. 이는 다시 뇌에서 내측전전두피질과 시상하부, 미주신경(10번 뇌신경, 375쪽) 등의 연결회로를 통해 심혈관 및 내장기능에 영향을 미칩니다. 그 결과 스트레스 호르몬인 코르티솔의 분비가 감소하고, 신체는 생존 중심의 경계모드에서 창의성과 감성이 충만한 상태로 전환됩니다.

루소의 그림들은 멍한 순간에 작동하는 뇌의 창의적 회로, 즉 DMN이 시각적 언어로 전환된 사례라 하겠습니다. 그는 상상에 잠긴 상태에서, 논리보다는 감정과 기억, 무의식의 흐름에 가까운 구성방식으로 창작활동을 해나간 것으로 보입니다.

루소의 그림에는 대게 명암보다는 원색적이고 평면적인 색채가 중심을 이루며, 인물과 동물은 입체감을 잃은 채 몽환적으로 배치되어 있습니다. 이는 각성상태의 이성적 사고보다는, 꿈속에서 떠오르는 이미지들이 정돈되지 않은 채 떠다니는 것과 같은 몽롱한 정신상태를 반영합니다. 이처럼 현실과 비현실, 이성과 무의식이 나란히 존재하는 장면들 속에서 우리는 익숙함과 낯섦이 동시에 일어나는 감각을 경험하게 됩니다.

멍한 상태에서 뇌는 가장 창의적인 상태로 작동할 수 있습니다. 루소는 눈을 감고 떠올린 정글과 사막을 그렸습니다. 루소의 그림 속 세계를 여행하는 '화멍'을 당신께 권합니다.

뇌가 새겨진
예술을 찾아서

인문주의자들이 그린 뇌 해부도

"지금 이 사람은 무슨 생각을 하고 어떤 기억을 떠올리고 있을까?"
가끔 화실에서 모델의 얼굴을 그리다 보면 그의 눈빛 너머의 '생각'이 궁금해질 때가 있습니다. 해답은 머릿속 '뇌'에 있습니다. 그래서 어떤 화가들은 모델의 표정이 아닌 뇌 자체를 그리기 시작했습니다. 그들에게 뇌는 단순한 생물학적 기관이 아니라 인간 존재의 본질을 상징하는 특별한 주제였습니다.

르네상스 시기부터 뇌는 신체기능을 조절하는 장기(臟器)를 넘어 인간의 정체성과 자아의 중심으로 인식되기 시작했습니다. 뇌의 해부학적 이미지가 예술 속으로 유입된 것이지요. 르네상스라는 시대가 여느 인문학자 못지않게 뇌과학자에게도 매력적으로 읽히는 까닭입니다.

뇌를 시각화한 선구자

서양미술사를 살펴보면 해부학자라 해도 손색이 없을 만큼 인체에 조예가 깊었던 화가들이 있었습니다. 그들은 단지 그림을 통해 의학적 지식을 기록하는 데 그치지 않았습니다. 뇌의 구조에 담긴 인간정신의 메커니즘을 시각적으로 탐미하고자 했지요. 그들의 작업은 과학과 예술, 인체와 정신의 경계를 넘나든 담대한 시도이자 서로 다른 분야를 융합하는 '통섭'의 기원으로 평가받습니다.

통섭의 거장으로는 단연 레오나르도 다빈치 Leonardo da Vinci, 1452-1519가 꼽힙니다. 후대 사람들은 다빈치를 가리켜 '르네상스적 인물'이라 부릅니다. 르네상스의 시대정신이 "신에게서 인간으로!(Ex Deo ad Hominem!)"라고 하여 인간성의 회복에 두고 있는 것처럼, 다빈치의 예술적 영감과 지적 호기심이 향했던 대상 역시 인간이었습니다. 그는 신의 피조물이 아닌, 이성과 감성을 가진 생물학적 존재로서의 인간에 주목했습니다. 그가 남긴 인체의 곳곳을 스케치한 작품들은 단순한 관찰을 넘어, 과학적 상상력의 산물이었지요.

그래서일까요, 다빈치가 그린 인체 스케치들은 의학사에서 중요한 사료로 평가받습니다. 특히 뇌를 시각화한 선구적 인물로 꼽히지요. 그는 〈뇌와 두개골 연구 : Studies of the Brain and Skull〉에서 두개골 내부의 뇌실과 감각경로를 스케치했는데요. 당시로서는 매우 획기적인 인체해부학적 탐구였을 뿐만 아니라, 오늘날까지도 신경해부 도해모델에 적지 않은 영향을 미친 것으로 평가됩니다.

가령 다빈치가 그린 〈뇌신경 : The Cranial Nerves〉은 뇌신경의 기시부

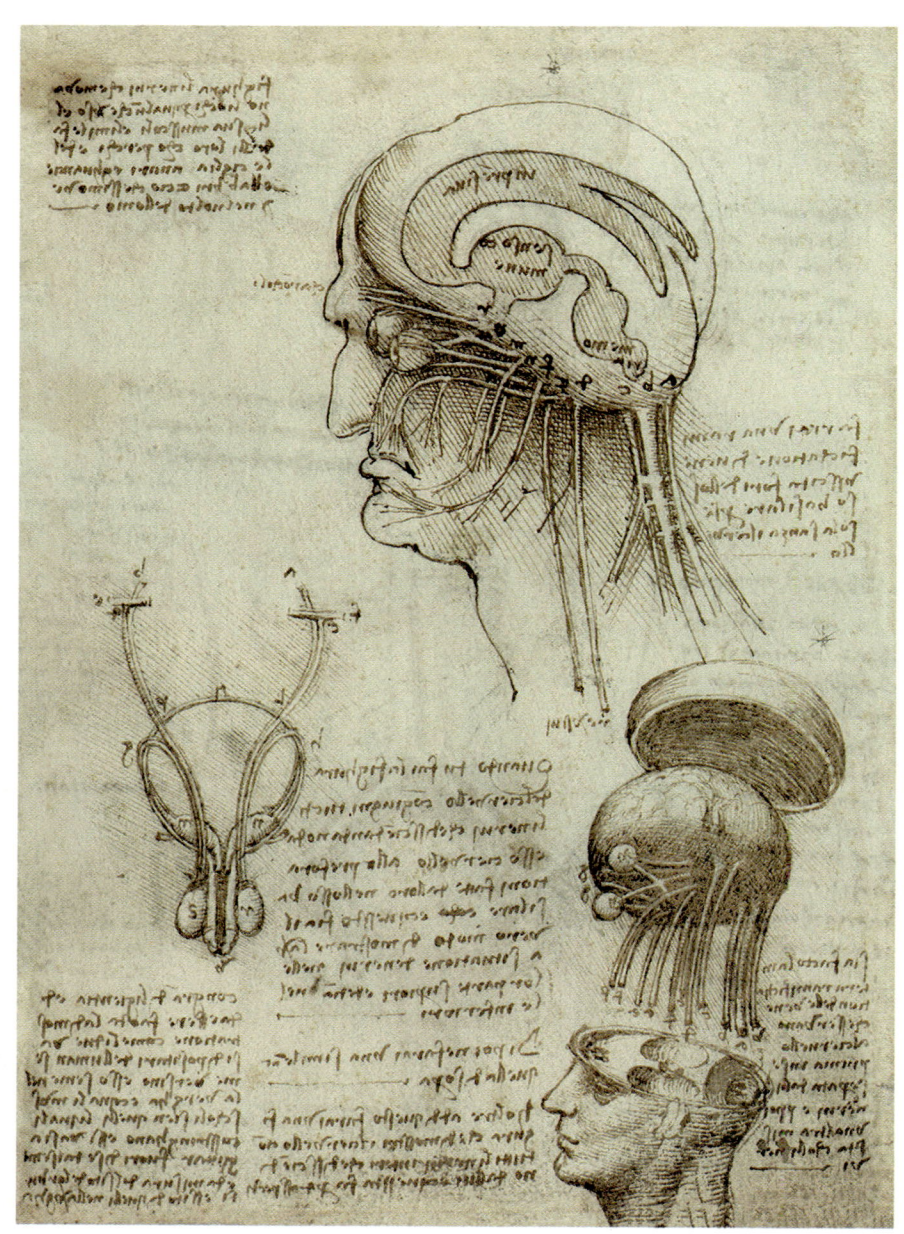

다빈치, 〈뇌와 두개골 연구〉, 1508년, 종이에 잉크, 19×13cm, 슐로스 뮤지엄, 바이마르

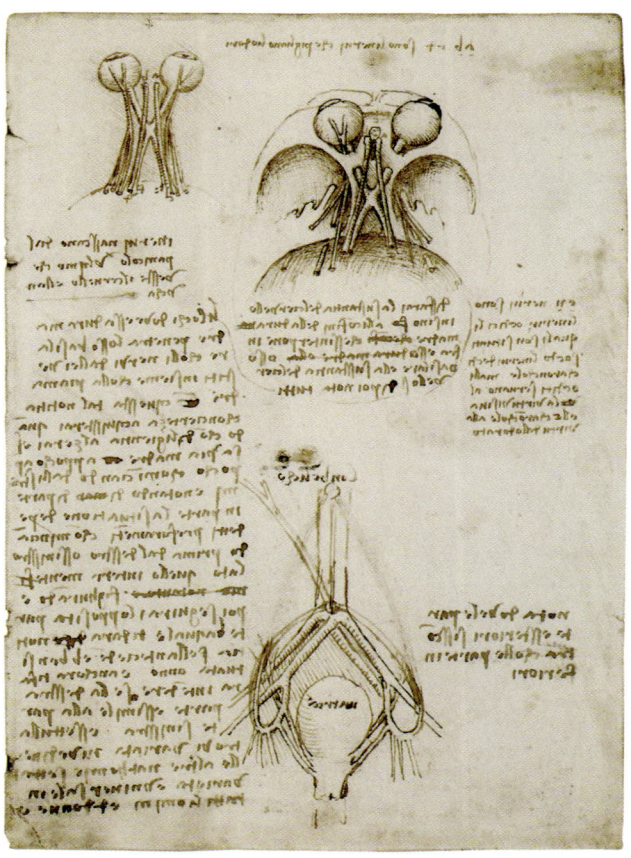

다빈치, 〈뇌신경〉, 1508년, 종이에 잉크, 19×13cm, 로열 컬렉션 트러스트, 런던

와 경로를 묘사한 매우 드문 사례로, 현대 해부학 교재에서도 자주 인용됩니다. 특히 그는 소의 두개골을 절개하여 뇌혈관을 관찰한 다음 〈뇌혈관 : The Cerebral Vessels〉을 펜과 잉크로 드로잉하여 수채화의 채색기법으로 남겼는데, 이는 뇌혈관을 독립적으로 묘사한 최초의 해부학 스케치로 기록됩니다.

인문주의적 예술가로 불릴만한 해부학자들

다빈치가 인체해부학에 조예가 깊었던 '화가'였다면, 안드레아스 베살리우스 Andreas Vesalius, 1514-1564는 화가 못지않는 필치로 인체의 곳곳을 그린 '해부학자'였습니다. 베살리우스가 1543년에 발표한 『인체구조에 관하여 : De humani corporis fabrica libri septem』는 총 7권으로 구성된 방대한 해부학 도판집으로, 당시로선 유례없는 정확성과 예술성을 갖춘 인체묘사로 큰 주목을 받았습니다. 이 전집은 뇌막과 소뇌, 대뇌피질, 두개골의 내부뿐 아니라, 뇌신경의 기시점과 배열까지 다루고 있습니다. 무엇보다 단면도와 입체도를 병치한 구성은 인체 곳곳을 과학적으로 접근하면서도 인간의 존재론적 깊이까지 담아낸 최초의 '해부학 미술'로 평가받습니다.

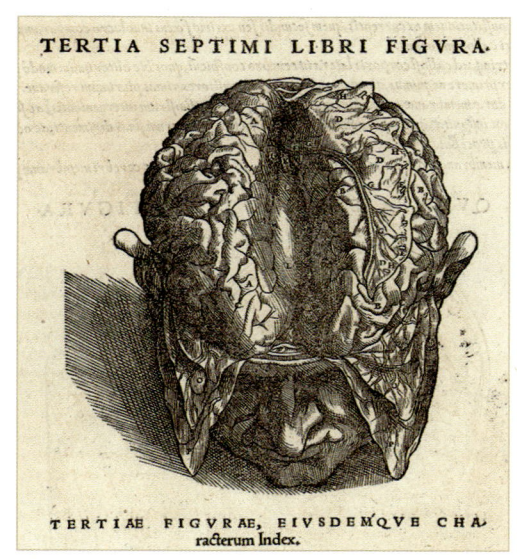

베살리우스의 『인체구조에 관하여』에 수록된 뇌 해부도, 웰컴 컬렉션, 런던

베살리우스는 근대 해부학의 창시자로 꼽히는데요. 고대 이후 수 세기 동안 가장 권위 있는 의술로 자리매김해온 갈레노스 Claudius Galenus, 129-199의 연구가 동물해부에 기반한 것과 달리, 베살리우스는 인골을 바탕으로 해부학 연구를 근본적으로 바꿔놓았습니다. 특히 의학도들 앞에서 직

접 해부를 시연하며 가르치는 방식은 당시에는 매우 파격적이었지만, 향후 의학교육의 기본이 됩니다. 해부학을 기술이 아닌 의학의 핵심 분야로 끌어올렸다는 평가가 뒤따르는 까닭입니다.

베살리우스의 『인체구조에 관하여』는 후대 해부학자들이 좀더 과학적이고 섬세하게 인체를 연구하는 토대가 되었습니다. 1664년 영국의 해부학자 토머스 윌리스Thomas Willis, 1621-1675는 건축가이자 삽화가인 크리스토퍼 렌Christopher Wren, 1632-1723의 도움으로 『뇌해부학 : Cerebri Anatome』을 출간했습니다. 이 책에서 윌리스는 뇌혈관계를 정밀하게 기술했는데, 특히 뇌기저부 혈관구조를 최초로 묘사해 주목을 받았지요. 그의 이름을 따서 '윌리스의 고리(Circle of Willis)'라 불리는 이 구조는 뇌에 안정적으로 혈류를 공급하는 핵심 회로로, 오늘날 신경해부학의 기초 개념이 되었습니다.

역시 영국 출신의 해부학자 윌리엄 체셀던William Cheselden, 1688-1752도 윌리스와 함께 기억해야 할 중요한 인물입니다. 그는 1733년에 펴낸 저서 『골조, 뼈의 해부 : Osteographia, or the Anatomy of the Bones』에서 두개골 내부까지 정교하게 묘사하며, 인체의 물질적 구조를 통해 인간의 정신과 존재의식을 뇌과학적으로 전달하고자 했습니다. 이 책은 단순한 의

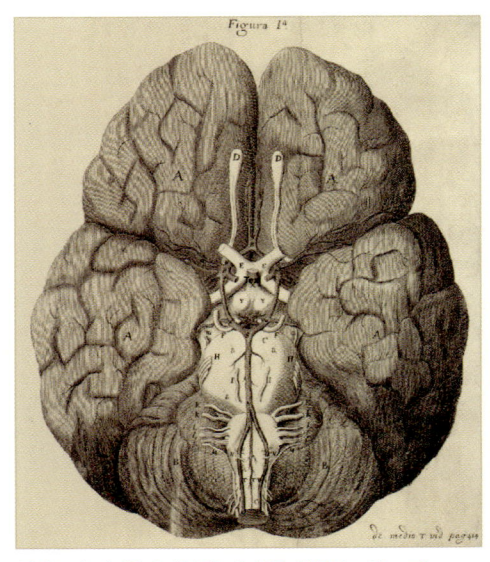

윌리스가 펴낸 『뇌 해부학』에 수록된 '윌리스의 고리'

학교재를 넘어, 과학적 정확성에 예술적 아름다움까지 갖춘 '해부학 아틀라스'로 평가받습니다. 무엇보다 사람과 동물의 뼈 구조를 해부도를 통해 비교하거나 해골을 오늘날의 3D기술처럼 입체적으로 묘사하는 등 당시로서는 혁신적인 시도들이 매우 인상적입니다.

프랑스의 외과의사이자 해부학자인 장-바티스트 마르크 부르즈리^{Jean-Baptiste Marc Bourgery, 1797-1849}는 1831년부터 20년에 걸쳐 『인체 해부학의 완전한

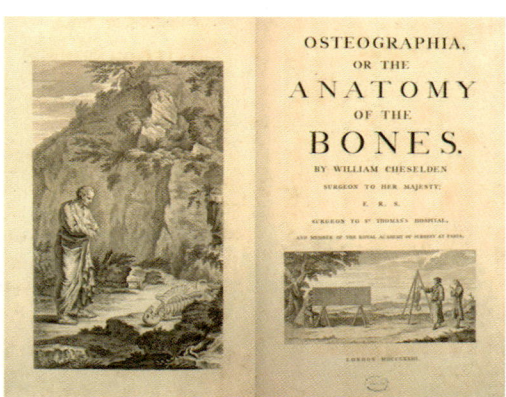
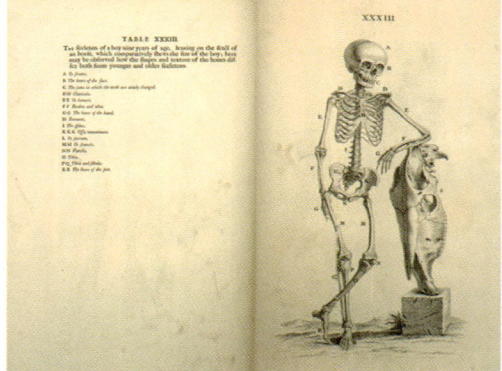
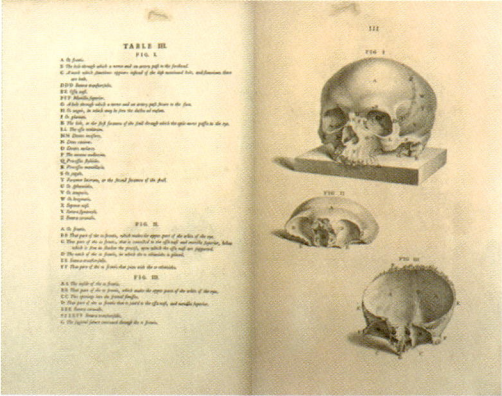
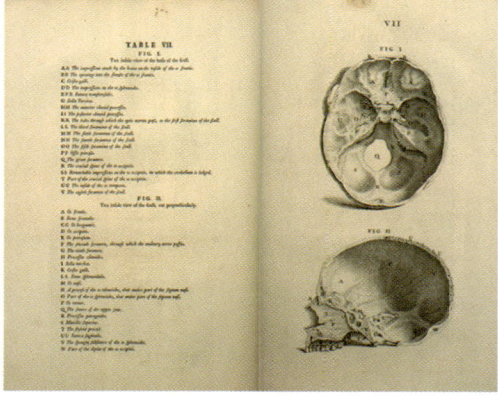

체셀던이 1733년에 펴낸 저서 『골조, 뼈의 해부』 중에서 (미국 국립 의학도서관 디지털 아카이브)

논고 : Traité complet de l'anatomie de l'homme』라는 제호로 8권의 해부학 총서를 남겼습니다. 전집에는 무려 700장이 넘는 정밀한 해부도가 수록되어 있는데, 그 중에서 특히 뇌와 두개골, 뇌신경계를 정면-측면-하방에서 각각 관찰한 이미지들을 다수 포함하고 있어 의학적 사료로 높게 평가받습니다.

특히 이 책에 수록된 해부도들은 의학교육 혹은 연구용 도판에 그치지 않고 미학적으로도 정평이 나 있는데요. 프랑스 신고전주의를 대표하는 화가 자크 루이 다비드Jacques-Louis David, 1748-1825의 제자 니콜라 앙리 자코브 Nicolas-Henri Jacob, 1782-1871가 해부도 제작에 참여해 예술적 가치를 높였습니다.

이처럼 해부학자들 중에는 단순히 인체를 그리는 데 그치지 않고, '인간

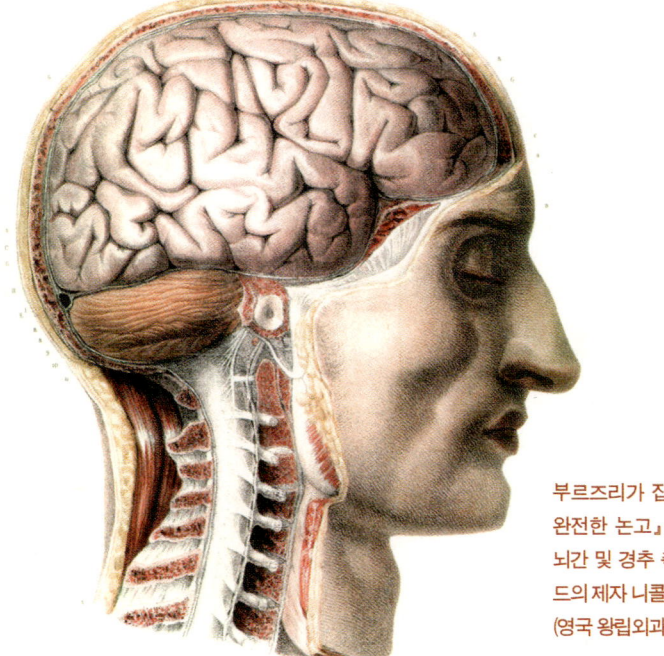

부르즈리가 집대성한 『인체 해부학의 완전한 논고』에 수록된 〈대뇌, 소뇌, 뇌간 및 경추 측면도〉. 자크 루이 다비드의 제자 니콜라 앙리 자코브가 그렸다. (영국 왕립외과의사협회)

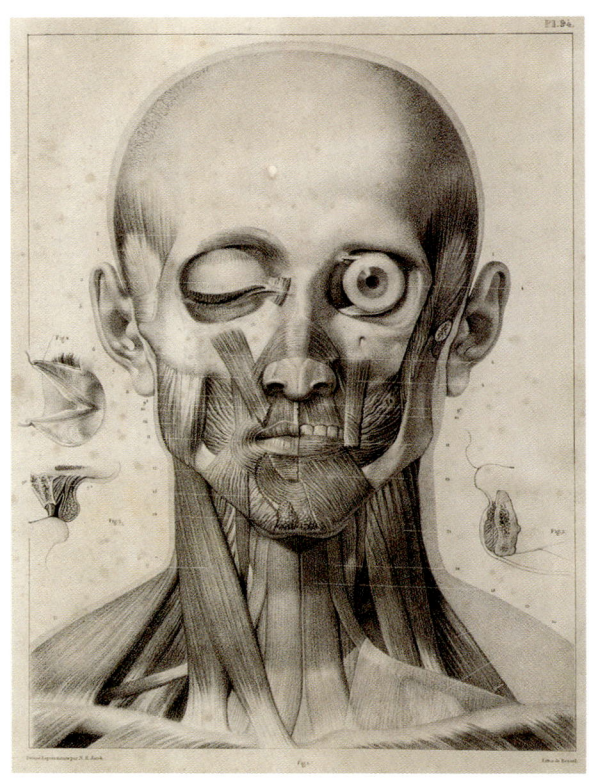

부르즈리가 집대성한 『인체 해부학의 완전한 논고』에 수록된 〈뇌신경도〉. (영국 왕립외과의사협회)

다움이 어디에서 비롯되는가'에 대한 존재론적 질문을 그림으로 던진 인문주의적 예술가들이 존재했습니다. 고대와 중세에는 심장(heart)을 정신과 감정의 중심으로 여겼지만, 르네상스를 계기로 이성과 정신의 중심이 심장에서 뇌로 이동합니다. 뇌의 해부가 의학에 머무르지 않고 인간 정신을 이해하는 핵심 수단으로 부상하게 된 거지요. 해부학자들은 신에서 인간 중심으로 패러다임이 전환되는 바로 그 시기에 인간의 뇌를 속속들이 파헤치면서 내밀한 '생각의 지도'를 구현했던 것입니다.

명화 속 '생각의 지도'를 찾아서

뇌는 신경세포 네트워크를 통해 이성과 감정, 기억 등을 조율하면서 인간의 모든 행동과 관계를 지배합니다. 인류 역사에서 진화와 퇴보의 반복 과정은 결국 뇌가 만들어낸 산물이라 해도 과언이 아닙니다. 그래서 일까요, 미술관에서 인간의 세상사를 은유적으로 묘사한 회화를 볼 때면 뇌 회로의 경이로운 작동방식이 겹쳐집니다. 이탈리아 피렌체 출신으로 르네상스 미술계를 대표하는 화가 산드로 보티첼리Sandro Botticelli, 1445-1510의 〈아펠레스의 중상모략〉에는 인간의 심리적 갈등과 판단의 왜곡, 도덕적 오류 등이 한데 어우러져 있습니다.

그림은 기원전 4세기 고대 그리스 최고 화가 아펠레스가 겪은 사건을 배경으로 합니다. 평소 아펠레스를 시기해온 동료 화가 안티필로스는 왕에게 아펠레스가 역모를 꾸몄다고 거짓 고발합니다. 이에 속은 왕은 아펠레스를 처벌하려 했지만, 모든 게 안티필로스의 음모임이 드러납니다. 격분한 왕은 안티필로스를 아펠레스의 노예로 삼게 하고, 자신은 아펠레스를 의심한 것에 대한 사과의 뜻으로 100달란트를 배상합니다. 보티첼리는 아펠레스가 겪은 상황을 그렸습니다.

겉으로 보기에는 고전 신화의 장면을 재현한 듯 보이지만, 그림 속 인물의 배치와 배경 구도에서 뇌 속 신경회로의 흐름이 포착됩니다. 화면 우측 상단에 판결을 내리는 왕이 앉아 있고, 그의 곁을 중상·시기·거짓·음모를 상징하는 인물들이 둘러싸고 있습니다. 이러한 구성은 전전두피질이 외부상황과 내적판단을 조율하는 과정에서 정서적 뇌 영역이 제공하는 편향된 정보로 인해 영향을 받는 것으로 읽힙니다.

보티첼리, 〈아펠레스의 중상모략〉, 1495년, 패널에 템페라, 62×91cm, 우피치 갤러리, 피렌체

희생자 아펠레스는 무기력하고 고통 받는 모습으로 그려져 있는데, 이는 감정공감과 내적자각에 관여하는 섬엽의 기능이 왜곡되거나 과도하게 활성화된 상태를 연상시킵니다. 그 반대편에는 진실·회복·회개를 상징하는 이미지들이 등장합니다. 이는 자기성찰, 감정조절, 가치판단을 돕는 복내측전전두피질과 맞닿아 있습니다.

그림에 담긴 이야기는, 외부자극으로 불안정해진 자아가 전전두피질 등 자기조절회로를 통해 감정을 재조정하고, 디폴트 모드 네트워크의 자기성찰 과정을 거쳐 심리적 안정을 찾아가는 의식의 흐름을 시각적으로 보여주는 서사로 해석됩니다.

〈아펠레스의 중상모략〉 속 인물들의 상징적 의미와 뇌과학적 알레고리

등장인물	상징적 의미	뇌과학적 알레고리
벌거벗은 채 하늘을 가리는 남성	진실	복내측전전두피질 : 도덕적 판단, 진실 추구
울고 있는 검은 옷을 입은 여성	후회	섬엽+전측대상피질 : 자기성찰, 감정적 고통의 자각
무고한 자를 끌고 가는 횃불 든 여성	모략	편도체+전측전전두피질 : 위협지각, 충동적 행동억제 실패
모략으로 가득 찬 머리를 치장하는 여성	사기, 음모	측두엽+전전두피질 : 언어조작, 기억왜곡
검은 로브를 입은 남성	질투	편도체+시상하부 : 질투, 분노조절 실패
왕 옆의 두 여성	무지, 의심	해마+전전두피질 : 정보왜곡, 판단력 결핍
왕	경솔, 판단착오	전전두피질+편도체 : 실행기능 저하, 감정에 치우친 판단
머리채를 잡혀 끌려가는 남성	무고, 억울	디폴트 모드 네트워크+ 복내측전전두피질+섬엽 : 자기방어, 자존감 위협, 부당함 자각

이처럼 보티첼리의 〈아펠레스의 중상모략〉은 감정, 판단, 자아성찰이라는 심리작용을 시각적 내러티브로 번역한 작품이라 하겠습니다. '보이지 않는 심리상태'를 '보이는 이미지의 언어'로 풀어낸 것이지요. 신화와 도덕을 넘어, 인간의 의식과 감정회로가 서로 얽혀 작동하는 모습을 상징적으로 보여주는 뇌과학적 알레고리라 하겠습니다. 보티첼리는 뇌의 해부도를 그리진 않았지만, 그 누구보다 섬세하게 의식의 흐름을 회화적 장면으로 담아낸 것입니다.

화가의 뇌에 숨겨진
수학적 회로

수학적 뇌와 미술적 뇌에 얽힌 오해와 진실

"화가는 모든 분야에 조예가 깊어야 하는데, 그 중에서도 기하학에 정통해야 한다. 나는 고대의 뛰어난 화가 팜필루스의 말에 전적으로 동의한다. 그는 산술과 기하를 모르면 그림을 제대로 그릴 수 없다고 했다."

미술이론가 레온 바티스타 알베르티Leon Battista Alberti, 1404-1472는 1435년에 펴낸 저서 『회화론: Della Pittura』에서 고대 마케도니아 출신 화가 팜필루스(Pamphilus)의 말을 인용했습니다.

르네상스 시대에는 미술에 다양한 수학원리가 적용되었는데요. 가령 멀리 있는 사물이 작게 보이는 현상을 수리적으로 계산해 회화에 적용한 '원근법'이 대표적입니다. 이밖에도 평행선이 멀리서 하나의 점으로 수렴하는 '소실점' 및 '황금비'와 '대칭적 구도' 등 수학적 사고 없이는 결코 구현할 수 없는 혁신적 기법들이 당시 미술계의 판도를 뒤바꾸어 놓았지요. 알베르티가 밝혔듯이 수학을 모르면 그림을 제대로 그릴 수 없었습니다.

프란체스카, 〈브레라 마돈나〉, 1472년, 패널에 유채, 251×173cm, 브레라 갤러리, 밀라노

화가의 뇌에 숨겨진 수학적 회로 —— 089

'왜 아름다운가'를 수학적으로 증명한 그림들

피에로 델라 프란체스카 Piero della Francesca, 1415-1492는 회화에 수학원리를 적용한 화가이자 수학자입니다. 그의 저서 『그림의 투시법에 관하여 : De Prospectiva Pingendi』에는 점·선·면의 기하학적 관계를 통해 3차원 공간을 2차원 평면에 구현하는 방법이 자세히 서술되어 있습니다. 이 책은 당시로서는 드물게 수학적 증명법과 도형을 활용하여 회화의 구성을 논리적으로 정리한 실용서입니다.

프란체스카는 대표작 〈브레라 마돈나〉에서 중심투시법을 적용하여 관람자가 평면의 그림에서 공간의 깊이를 느낄 수 있도록 입체감을 극대화했습니다. 화면 중앙에 성모마리아가 잠든 아기 예수를 무릎에 뉘인 채 앉아 있고, 그 주변을 성인과 천사들이 둘러싸고 있습니다. 무엇보다 수학적으로 정교하게 계산하여 그린 아치형 천장이 구도의 입체감을 더합니다.

서양미술사는 프란체스카를 가리켜 예술을 감성적 직관에서 이성의 영역으로 확장시킨 선구적 인물로 평가합니다. 후대 많은 화가들이 그의 영향을 받았는데, 실제로 레오나르도 다빈치 Leonardo da Vinci, 1452-1519가 〈최후의 만찬〉에 적용한 선형원근법의 소실점 원리는 프란체스카의 〈채찍질 당하는 예수〉를 계승한 것으로 해석됩니다.

선형원근법은 평행선이 멀리 있는 한 점(소실점)에서 만나는 것처럼 보이도록 하는 원리로, 〈최후의 만찬〉에서 예수를 중심으로 12명의 제자들이 앉아 있는 장면은 단순한 종교적 장면을 넘어서 수학적 구성의 정수를 보여줍니다(102쪽). 화면에서 소실점은 예수의 머리 뒤에 정확히 위치하고 있으며, 방의 천장, 벽, 창문, 테이블과 선반에 이르기까지 모든 구조선들이

다빈치, 〈모나리자〉,
1519년, 패널에 유채,
77×53cm,
루브르 뮤지엄, 파리

이 지점으로 수렴하도록 설계되었습니다. 그 결과 관람자의 시선은 자연스럽게 예수에게 집중하도록 유도됩니다.

〈모나리자〉에도 수학원리가 담겨 있음은 주지의 사실입니다. 가령 그림 속 모델의 얼굴을 살펴보면, 좌우 대칭과 입과 눈 사이의 거리 등이 황금비(1 : 1.618)에 맞춰 정교하게 묘사되어 있습니다. 특히 삼각형 구도인 인물의 자세에서 안정감과 균형미를 느낄 수 있습니다. 배경에는 공기원근법

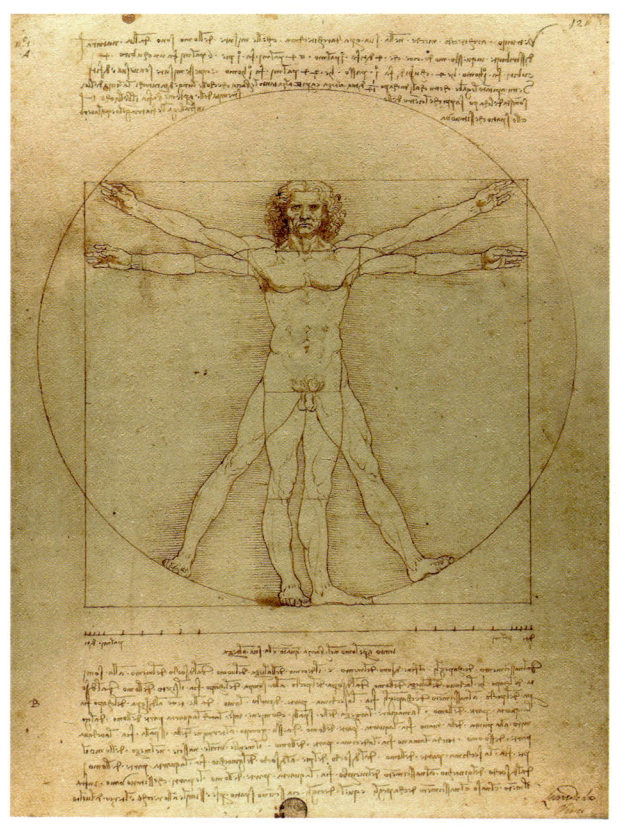

다빈치,
⟨비트루비우스 인간⟩,
1490년, 종이에 잉크,
34×25cm,
아카데미아 갤러리, 베니스

을 적용해, 멀어질수록 윤곽이 흐려지며 공간적 깊이가 더해집니다.

   다빈치는 ⟨비트루비우스 인간⟩을 통해 수학과 해부학의 융합을 재현하기도 했습니다. 그림 속 인체는 배꼽을 중심으로 한 원과 생식기를 중심으로 한 정사각형 안에 배치되어 있습니다. 팔과 다리가 사방으로 뻗어 있는 구조는 인간의 신체가 수학적 비례 속에 존재함을 강조합니다. 팔과 다리 및 몸통 등의 규격이 일정한 비율로 그려져 있습니다.

이처럼 다빈치는 그림 곳곳에 황금비, 기하학적 대칭, 비례, 반복, 균형을 체계적으로 적용했습니다. 그의 작품은 단순히 '아름답다'는 감상을 넘어서, '왜 아름다운가'를 수학적으로 증명합니다.

수학적 도형들로 세운 도시

미술에서 수학은 일시적인 현상이 아니라 시대를 관통하는 진리였습니다. 르네상스 이후에도 거의 모든 미술사조에서 수학이 중요한 자리를 차지하는 이유입니다. 심지어 그림이 난해하게 추상화된 현대미술에서도 탁월한 수학적 뇌를 지닌 화가들이 적지 않았습니다. 그 중에서 필자는 파울 클레 Paul Klee, 1879-1940를 주목합니다.

클레는 회화에서 가장 기본적인 표현기법이라 할 수 있는, 선을 긋고 색을 칠하는 행위에서 수학적 질서를 보았습니다. 그의 그림 안에서는 도형들이 약속된 패턴으로 마치 리듬을 타는 것 같습니다. 뛰어난 바이올리니스트이기도 했던 클레는 미술과 수학의 융합에 음악적 요소까지 담아냈습니다. 클레에게서 다빈치의 르네상스적 소양이 느껴지는 까닭입니다.

그는 과학과 예술을 융합하는 선구적 학교인 독일의 바우하우스에서 수년간 학생들을 가르치며, 미술과 건축에 담긴 기하학적 구조와 색채이론 등 조형예술 전반에 걸친 원리를 분석한 책들을 집필하기도 했습니다. 그의 수업은 단순한 미술적 테크닉의 전수가 아니라, 세상을 어떻게 구조적으로 이해하고 시각적으로 해석할 것인가에 대한 깊은 철학적 사유가 담겨 있었습니다.

클레, 〈성과 태양〉, 1928년, 캔버스에 유채, 50×59cm, 개인 소장

    클레는 대표작 〈성과 태양〉에서 삼각형과 직사각형, 원 등 수학적 도형을 조합해 성과 건물의 형태를 구성했는데요. 그림의 제목에서 알 수 있듯이 화면 상단의 원은 태양을 상징하며, 성과 건물이 빼곡하게 들어찬 도시를 강렬하게 비춥니다.

    클레는 그림 속 도형들에 감정과 이야기를 부여했습니다. 성과 건물을 상징하는 삼각형과 사각형은 낯선 꼭짓점으로 연결되어 경계와 긴장을,

태양을 상징하는 둥근 원은 안정과 질서 그리고 공존을 의미합니다. 이는 그림 속 도형들이 아무 의미 없이 단조롭게 나열된 게 아니라, 색채와 배열의 기하학적 조화로 창출된 생동감 넘치는 공간의 탄생을 예고하는 것 같습니다.

〈성과 태양〉을 비롯한 클레의 그림들은 어린아이가 쌓은 블록처럼 단순해 보이지만, 그가 구성한 도형들의 조합에는 수학적 질서와 음악적 리듬이 숨어 있습니다. "예술은 보이지 않는 세계에서 의미를 찾는 것"이라는 클레의 예술철학과 조응합니다.

좌뇌와 우뇌를 연결하는 다리

미술과 수학의 끈끈한 밀월관계는 뇌과학으로도 설명할 수 있습니다. 과거에는 '좌뇌는 논리, 우뇌는 창의성'이라는 이분법적 구분이 강조되었지만, 현대 뇌과학 연구에서는 두 반구가 서로 긴밀하게 협력하여 작용한다는 사실이 밝혀지고 있습니다.

가령 수학적 사고가 깊은 사람들은 전두엽-두정엽 네트워크를 활용해 기하학적 형태와 규칙성을 감지하고 논리적으로 구조화하는 능력이 뛰어난 경우가 많습니다. 반면, 예술적 감수성이 높은 사람들은 패턴과 색채, 공간적 관계를 통합하는 시각연합영역 및 디폴트 모드 네트워크가 활발하게 작동하여 탁월한 미적 감각을 발휘합니다. 비록 수학과 미술은 서로 다른 인지경로를 거치지만, 공간적 사고와 추상화 능력, 패턴인식과 같은 고차원적 뇌 기능을 공통으로 활용합니다.

뇌 영역별로 살펴보면, 전전두엽은 수학에서 문제해결, 논리적 추론, 작업기억에 중요하게 작용하고, 미술에서 창의적 아이디어를 기획하고 복잡한 표현과정을 계획·조정하는 역할을 합니다. 두정엽은 수학에서 수량·기하·공간적 계산에, 미술에서 구도적 판단, 시공간 감각, 스케치와 원근법 이해에 깊이 관여합니다. 측두엽은 수학에서 언어적 문제이해 및 기호의 의미해석에 기여하고, 미술에서는 장기기억, 상징해석, 정서적 의미부여에 중요한 역할을 합니다. 그리고 후두엽의 경우, 수학에서는 기호·그래프·도형의 시각적 피드백을, 미술에서 색채·형태·패턴 지각 및 시각이미지를 구성하는 데 주로 기여합니다.

이밖에도 해마는 수학과 미술 모두에서 경험과 지식을 장기기억으로 저장하고 맥락화하는 데 중요한 역할을 하는데, 특히 수학에서는 문제풀이 과정에서 경험적 접근을 담당하고, 미술에서는 시각적·공간적 경험을 재구성하는 데 기여합니다. 소뇌는 운동조절뿐 아니라 절차학습 및 예측제어에 중요한 역할을 하며, 아울러 반복적 계산연습 및 그림을 그릴 때 섬세한 손동작을 조율하는 데도 도움을 줍니다.

이처럼 뇌는 수학과 미술에 있어서 서로 다른 기능을 담당하는 동시에 여러 공통된 영역이 상호연결된 네트워크 안에서 협력적으로 작동합니다. 이때 뇌 영역 간의 연결을 원활하게 하는 핵심 통로가 바로 뇌량입니다. 뇌량은 좌우 반구의 정보를 신속하게 교환해 주는 가장 큰 신경섬유다발입니다. 뇌 안에서 정보의 다리 역할을 하는 신경섬유다발의 연결이 원활할수록 논리적 사고와 예술적 감각이 통합적으로 작동하는 것입니다.

가령 전전두엽과 두정엽의 연결은 수학적 추론과 공간적 판단을 함께 조율합니다. 또 전전두엽과 후두엽의 연결은 복잡한 시각적 심상을 형성하는데 기여해 수학적 도형이나 그림의 구상을 돕습니다. 그리고 측두엽과 후두엽의 연결은 상징들을 해석하고 시각이미지를 창의적으로 구현하는 데 중요하게 작용합니다.

결국 좌뇌와 우뇌의 경계가 뚜렷해질수록 사고의 유연함이 떨어질 수밖에 없습니다. 이때 과학과 예술 사이에 높은 장벽이 세워져 소통이 단절되고 둘 간의 융합적 시너지도 기대할 수 없게 됩니다. 심할 경우 과학은 예술을 천대하고, 예술은 과학을 적대하는 상황이 초래될 수도 있습니다.

뇌량의 구조

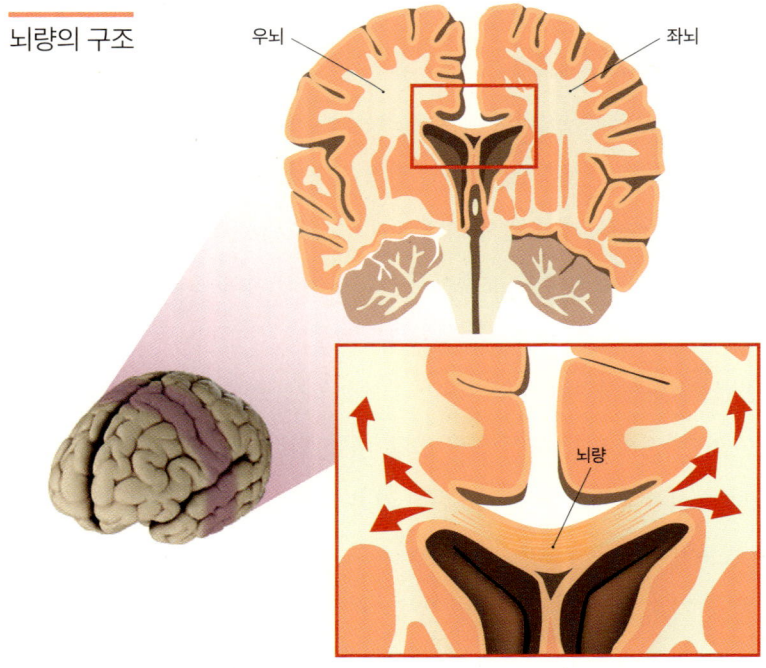

뇌량은 우뇌와 좌뇌를 잇는 맞교차 섬유 중 가장 큰 신경섬유다발로, 좌뇌와 우뇌의 정보 교환 및 통합 기능 수행.

수학적인 뇌가 그린 회화가 예술적인 까닭

수학자는 기호를 풀어내 머릿속에 공간을 세우고, 화가는 색을 펼치며 눈앞에 세계를 그립니다. 겉보기에는 서로 다른 길을 걷는 것 같지만, 두뇌 속에서는 같은 길을 지나갑니다. 형태와 패턴을 논리와 직관으로 엮어내는 뇌의 지도 위에서, 수학과 미술은 닮은꼴의 여행을 시작합니다.

수학자들은 복잡한 수식과 문제구조를 단순한 기호로만 처리하지 않고, 머릿속에서 기하학적 형태나 공간적 패턴으로 시각화하는 심상능력을 자주 발휘합니다. 화가들 역시 추상적인 아이디어를 시각적인 이미지로 변환하여 화면 위에 구체화합니다. 이 과정에서 중요한 역할을 하는 뇌 영역이 후두엽의 시각피질입니다. 시각피질은 선, 색, 대비, 형태와 같은 기본적인 시각요소를 분석하고, 이후 두정엽-측두엽의 연합영역과 협력하여 복잡한 공간구성을 뇌 속에서 하나의 이미지로 통합합니다. 이러한 시각적 심상능력은 수학과 미술 모두에서 정보를 구조화하고 패턴을 조직화합니다.

프랑스의 대표적인 추상화가이자 색채실험가 로베르 들로네 Robert Delaunay, 1885-1941는 〈원형의 리듬〉에서 원의 분할, 대칭, 회전, 반복 등 기하학 원리를 활용하여 시각적 진동효과를 표현했습니다. 수학적 뇌와 회화적 뇌의 교감이 돋보입니다.

수학은 기호, 회화는 색이라는 서로 다른 언어를 사용하지만, 뇌에서는 여러 네트워크가 협력해 놀라울 정도로 유사한 방식으로 처리됩니다. 수학은 수식과 기호로 추상구조를 탐구하고, 회화는 색과 형태로 시각구조를 창작합니다. 이 과정에서 두 작업 모두 논리적 분석과 직관적 통찰이

들로네, 〈원형의 리듬〉, 1937년, 캔버스에 유채, 254×301cm, 개인 소장

결합된 고차원적 사고를 필요로 하는 것이지요. 그래서 어떤 사람은 수학 안에서 미적 질서를 느끼고, 또 어떤 사람은 그림 속에서 수학원리를 발견하는 것입니다.

화가의 뇌가 직조한 풍경들

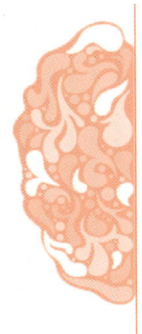

예술하는 뇌의 해부학

아무도 없는 작업실에서 그림에 몰두하다 보면, 세상이 멈춘 듯한 느낌이 들곤 합니다. 반복되는 선과 색 속에서 뇌가 새로운 길을 만들어 갑니다. 이 마법 같은 순간, 뇌 속 깊은 곳에서는 섬세하고도 역동적인 변화가 일어나기 시작합니다.

그림을 '보는 뇌'와 '그리는 뇌'에서는 각각 서로 다른 신경회로가 작동합니다. 관람자의 뇌는 외부에서 들어오는 색과 형태, 구도 같은 시각정보를 해석하고 그에 따른 정서반응을 중심으로 작동합니다. 반면, 화가의 뇌는 새로운 이미지를 창작하기 위해 주의조절, 운동계획, 감정조율, 창의력 등의 인지기능을 동시에 수행해야 하는 까닭에, 보다 다양한 뇌신경망이 서로 협력하며 활성화됩니다.

그림을 그리는 행위는 단순한 손의 움직임을 넘어서, 학습을 반복하고 몰입한 경험을 통해 신경가소성을 촉진시킵니다. 신경가소성은 뇌가 경험에 따라 스스로를 변화시키고 재구성하는 능력을 말합니다. 이때 뇌는 감정조절, 창의력, 집중력, 계획력 등을 담당하는 회로가 활성화되면서 좀더 효율적이고 유연한 구조로 재편됩니다.

실제로 그림을 그리는 동안 뇌는 시각정보를 처리하는 후두엽의 시각피질, 손의 움직임을 조절하는 운동피질, 작업기억과 계획을 담당하는 전전두엽, 감정과 기억을 조율하는 변연계가 서로 긴밀히 작용합니다. 이처럼 다양한 뇌 영역이 협응하며 작동하는 순간, 도파민과 세로토닌, 노르에피네프린 등 여러 신경전달물질이 분비되면서 창작의 몰입감이 상승하는 동시에 쾌락의 감정까지 느끼게 됩니다. 예술적 감정의 절정에서 탄생한 미술작품들을 보고 있으면, 바로 그 순간 화가들의 뇌가 어떻게 작동했을지 궁금해집니다.

다빈치의 전전두엽 : 수학적 계산과 예술적 감성의 융합

레오나르도 다빈치Leonardo da Vinci, 1452-1519의 대표작 〈최후의 만찬〉은 단지 예수와 열두 제자의 만찬 장면을 묘사한 종교화가 아닙니다. 그림은 인물의 배치, 원근법의 적용 등이 치밀하게 계산된 수학적 사고와 예술적 감성의 결합체이지요. 그림 속 복잡한 구도를 조화롭게 설계하고 구성요소들을 배치하려면 단순한 미적감각 이상의 사고체계가 요구됩니다. 다빈치의 전전두엽은 바로 그 핵심적인 역할을 수행했을 것입니다.

전전두엽은 계획수립에서 문제해결, 선택과 집중, 감정조절 그리고 예술

다빈치, 〈최후의 만찬〉, 1498년, 회벽에 템페라, 460×880cm, 산타 마리아 델레 그라치에 성당, 밀라노

적 판단에 이르기까지 고차원적 인지기능을 총괄하여 담당합니다. '생각하고 결정하는 인간'에게서 요구되는 핵심기능들이 전전두엽에 집중되어 있습니다. 〈최후의 만찬〉에 담긴 정삼각형 구도, 원근의 소실점, 인물들의 감정표현과 상호작용, 주제의 철학적 구조는 전전두엽을 비롯한 뇌의 여러 영역이 정교한 네트워크를 이루며 작동한 결과라 하겠습니다.

전전두엽 안에서는 특히 배외측전전두엽이 복잡한 정보를 조직하고 아이디어를 구체적인 실행계획으로 전환하는 데 중요한 역할을 합니다. 다빈치가 〈최후의 만찬〉을 그리는 과정에서 '인물을 어디에 배치할지', '인물의 시선을 어디로 향하게 할지', '그림의 균형감과 긴장감을 위해 전체적인 구도를 어떻게 세울지' 등에 대해서 적절한 해답을 찾을 수 있었던 것은,

배외측전전두엽과 주변 뇌 영역의 활발한 상호작용 덕분입니다. 아울러 내측전전두엽은 다빈치가 예술적 상상과 철학적 질문을 시각적 언어로 전환하는 데 기여합니다. 전측대상피질은 창작과정에서 다양한 시도를 통해 오류를 바로 잡고, 집중력을 유지하며, 내적 갈등을 조율합니다. 그리고 복내측전전두피질은 감정흐름을 안정화시키고 결과물에 정서적 깊이를 더해 심미적 결정을 이끌어냅니다.

모네의 시각피질 : 화가의 팔레트

클로드 모네Claude Monet, 1840-1926의 '수련 연작'은 감정의 미묘한 파동을 빛과 색으로 연주한 '회화적 교향곡'입니다. 붓터치는 가볍고 자유롭지만 색채는 결코 우연하지 않습니다. 아침 안개의 부드러운 회색, 오후 햇살의 선명한 분홍, 물결 위로 번지는 청록과 보라 등 색채의 변주는 모네의 후두엽 속 시각피질이 섬세하게 반응하며 조율했기 때문입니다.

인간이 시각자극을 받아들이는 과정은 눈에서 끝나지 않습니다. 망막에 맺힌 정보는 시신경을 통해 시각피질로 전달되며, 후두엽 안에서 복잡한 경로를 거쳐 인지됩니다. 가장 기본적인 시각정보는 1차시각피질(V1)에서 출발합니다. 이곳은 빛의 존재 여부와 경계, 위치, 패턴 등 시각의 기초 데이터를 분석합니다. V1에서 처리된 정보는 곧바로 2차시각피질(V2)로 전달되면서 윤곽선과 모양, 깊이, 대비와 같은 좀더 복잡한 시각요소를 읽어냅니다. 그리고 3차시각피질(V3)은 움직임의 방향과 속도, 형태의 변화를 해석하며, 이 모든 정보는 점차 상위 영역으로 통합되어 나아갑니다. 4차

모네, 〈수련〉, 1907년, 캔버스에 유채, 91×81cm, 휴스턴 파인 아트 뮤지엄

시각피질(V4)은 색채의 인식에 핵심적인 역할을 합니다. 단순히 빨강이나 파랑을 구분하는 수준을 넘어, 색의 농도와 밝기, 채도, 명암대비 및 주변 색과의 상호작용에 따른 색채지각의 변화까지 정밀하게 분석합니다. 이를 통해 공간감과 입체감을 유추하는 데까지 관여합니다.

화가가 색을 통해 감정을 드러내고, 명암의 조절로 그림에 깊이와 정서를 불어넣는 과정은 단순한 미적감각을 넘어, 후두엽 시각피질의 단계별 시각정보 처리를 비롯해 두정엽, 전전두엽, 변연계가 통합적으로 작동한 결과라고 할 수 있습니다. 특히 모네처럼 빛의 시간적 변화에 따른 색의 미묘한 전이까지 표현해내려면 뇌의 정교한 색채처리 및 영역별 통합기능의 발달이 매우 중요합니다.

후두엽에서 인지된 시각정보는 기억과 감정, 의미 등에 관여하는 측두엽 및 변연계, 전전두엽 등과의 상호작용을 통해 이른바 '예술적인 뇌 회로'를 구성합니다. 모네의 수련과 물빛의 변주는, 후두엽 시각피질이 색채정보를 해석하여 감정과 의미로 전환하는 뇌의 정교한 작용이 반영된 결과물이라 하겠습니다. '수련 연작'에서 모네가 남긴 색의 흔적을 따라가다 보면, 그의 뇌가 얼마나 섬세하게 세상을 감지했는지를 느낄 수 있습니다.

뇌의 영역별 예술창작 기능

전두엽
감정조절, 계획수립, 이성적 판단, 의사결정 등 핵심적인 인지기능 조율.

전전두엽
구상 및 창작의 기획과 실행 총괄.

두정엽
정확한 공간감과 현장감을 만들어내는 영역.

후두엽
시각분석의 출발점으로, 색채와 조합, 형태 인식에 핵심적 기능.

측두엽
시각적 정체성을 식별하고, 상징과 이야기를 만들며, 감정적 의미를 부여.

소뇌
손의 떨림 없이 매끄러운 선을 그리고 색을 칠하는 데 관여.

쇠라의 점묘법 : 두정엽이 그린 시지각의 예술

조르주 쇠라 Georges Seurat, 1859-1891의 대표작 〈그랑드 자트 섬에서의 일요일 오후〉는 단순히 색과 형태로만 구성된 그림이 아닙니다. 쇠라는 30점 이상의 습작을 통해 완성한 그림에서 색을 혼합하지 않고 작은 점들을 배열하여 관람자의 눈에서 이미지화 되도록 유도했습니다. '광학적 색채혼합'과 '점묘법'이라는 새로운 기법을 통해 시각적 지각원리와 손의 정교한 조작을 회화로 구현한 것이지요.

각기 다른 색의 점들이 나란히 어우러질 때, 관람자의 눈과 뇌는 이를 통합적으로 처리하여 색의 명도와 공간감을 느끼게 됩니다. 이처럼 눈에 보이는 시각정보를 정교하게 해석하고, 이를 손의 미세한 운동으로 전환하는 과정에는 두정엽의 복잡한 신경회로가 작동합니다.

두정엽은 시각과 공간, 운동 정보를 통합하는 핵심적인 역할을 수행하는 뇌의 후방구조입니다. 특히 상두정소엽은 시각-운동 통합을 담당하여, 눈으로 본 대상의 위치와 방향, 거리, 크기 등을 판단한 뒤 이를 정교한 손의 움직임으로 변환하는데 기여합니다. 점 하나하나를 일정한 간격과 크기로 반복적으로 찍어야 하는 쇠라의 작업방식은, 상두정소엽을 통한 정확한 공간좌표 계산과 운동계획 없이는 불가능합니다.

점묘법은 단순히 반복적으로 작은 점을 찍는 기술이 아닙니다. 화가는 전체 화면을 머릿속에 공간적으로 구성하고, 각각의 점이 빛과 색의 조화를 이루며 최종 이미지를 완성하도록 계산해야 합니다. 이처럼 복잡한 시공간 판단과 미세한 손동작의 조율은, 단지 감각만으로 되지 않습니다. 이는 뇌의 공간처리와 주의조절 회로 및 운동계의 제어 네트워크가 유기적

쇠라, 〈그랑드 자트 섬에서의 일요일 오후〉, 1886년, 캔버스에 유채, 207×308cm, 시카고 아트 인스티튜트

으로 작동한 결과입니다.

쇠라는 색채이론과 시지각(視知覺)의 과학원리를 회화에 접목시킨 화가였습니다. 시지각이란 눈으로 들어온 시각정보를 뇌가 해석하고 이해하는 능력입니다. 그의 점묘화는 단순한 시각적 재현이 아니라 뇌가 어떻게 감각정보를 공간구조로 변환하고 조율해 의미 있는 패턴을 만들어내는지를 보여주는 신경과학적 실험이라 하겠습니다.

측두엽 : 꿈의 조각을 이어 붙이는 환상회로

영국의 시인이자 화가인 윌리엄 블레이크 William Blake, 1757-1827가 그린 〈벼룩의 유령〉은 화가 자신이 꿈속에서 마주한 기이한 환영을 시각화한 작품입니다. 신화적 상징, 감각적 환상이 복잡한 감정과 뒤섞여 구현된 이미지가 기괴한 모습으로 화면에 등장합니다. 그림은 경험과 기억 속의 의미를 해석하는 측두엽과 관련이 깊습니다.

측두엽은 청각정보 처리, 언어이해, 시각적 형태인식, 기억통합 등 다양한 기능을 수행하는 다감각 통합의 중심지입니다. 이곳은 저장된 감각 기억과 감정적 맥락을 연결하고 상상력을 이끌어내 이미지화하는데 중요한 역할을 합니다. 측두엽에서 특히 화가의 예술적 영감에 중요하게 작용하는 부위로는 상측두회와 상측두구, 하측두피질, 방추상회, 측두극 등이 있습니다.

상측두회는 주로 청각자극과 언어처리를 담당하고, 그 주변에 인접한 상측두구는 청각과 시각 정보를 통합하는데 관여합니다. 가령 그림을 그리는 중에 청취한 음악을 이야기와 이미지로 엮어 감정적인 장면을 구성할 때 이 부위가 활성화되지요.

하측두피질은 '이것은 날개가 달린 괴물처럼 보인다'는 식으로 대상을 인식해 시각적 정체성을 판단하는 데 중요한 역할을 합니다. 화가는 하측두피질을 통해 색과 질감, 형태 같은 시각적 요소를 종합하여 머릿속에서 상상한 대상을 구체적으로 그려냅니다.

방추상회는 주로 얼굴인식, 표정분석, 문자해독에 관여합니다. 가령 화가가 초상화를 그릴 때 인물의 감정과 개성을 포착하는 데 중요한 역할을

블레이크, 〈벼룩의 유령〉,
1820년, 패널에 템페라와 금,
21×16cm,
테이트 브리튼 뮤지엄, 런던

합니다. 방추상회는 단지 외형적 특징을 구별하는 데 그치지 않고, 과거의 기억과 연관된 얼굴정보를 회상하여 감정적으로 의미 있는 시각적 해석을 가능하게 합니다.

측두엽의 앞쪽 끝인 측두극은 아직까지 기능이 완전히 밝혀지지 않은 영역입니다. 주로 감정적으로 풍부한 기억, 사회적 의미, 상징적 개념의 처리에 관여하는 것으로 알려져 있습니다. 이곳은 특히 정서적 경험을 시각적 이미지와 연결하거나, 추상적인 내면세계를 직관적으로 상징화하는 역할을 합니다. 블레이크의 〈벼룩의 유령〉처럼 광기를 왜곡된 형체로 표현하는 경우에 중요한 역할을 하지요.

소뇌, 운동피질, 기저핵 : 그림에 리듬감을 불어넣은 화가의 붓

바실리 칸딘스키Wassily Kandinsky, 1866-1944는 앞에서 '소리를 그린 화가'로 소개한 인물인데요(42쪽). 그의 〈Composition VIII : 구성 8〉 역시 뇌의 공감각적 작용이 돋보이는 작품입니다. 그림은 선과 곡선, 점과 원이 서로를 밀고 당기며 마치 음악처럼 율동감을 자아냅니다. 이처럼 추상의 화면에 감각적 리듬과 시각적 질서를 동시에 담아내려면, 눈으로 본 장면을 손의 정밀한 움직임으로 전환하는 운동조절 신경계의 고차원적 협력이 요구됩니다. 그 중심에 운동피질, 소뇌, 기저핵이라는 뇌 영역이 있습니다.

먼저 운동피질은 대뇌피질의 일부로, 신체의 자발적인 운동을 계획하고 조절하는 핵심 영역입니다. 이 중에서 1차운동피질은 손가락과 손목, 팔꿈치 등 각 신체부위의 움직임을 지시하고, 보완운동영역에서는 그 움직임의 순서를 계획하고 조율합니다. 그리고 운동전피질은 전달된 시각정보를 바탕으로 손이 어떤 방향과 속도로 움직여야 할지 계획합니다.

아무리 완벽한 계획이 세워졌다 하더라도 실시간 실행과정에서 생기는 미세한 오차를 수정하는 일은 소뇌의 몫입니다. 가령 화가의 소뇌는 근긴장도, 움직임의 속도와 방향 등을 계산하면서, 손의 떨림 없이 매끄러운 선을 그리는 데 관여합니다.

칸딘스키, 〈Composition VIII : 구성 8〉, 1923년, 140×200cm, 캔버스에 유채, 구겐하임 뮤지엄, 뉴욕

이때 점과 선을 반복하는 작업을 지속적으로 수행하는 힘은 기저핵에서 비롯됩니다(123쪽). 특히 기저핵의 일부인 측좌핵은 도파민 보상시스템의 중심에 있는 부위로, 예술창작의 몰입감을 높이는 동시에 쾌감까지 이끌어냅니다. 화가는 측좌핵 덕분에 반복적인 붓터치나 점묘작업에서도 집중력을 잃지 않게 됩니다.

화가들 사이에서 자주 회자되는 얘기로, "화가의 손은 머리보다 빠르다"

는 말이 있습니다. 여기에는 이미 학습된 리듬이 뇌의 깊은 곳에 각인되어 자동화된 동작으로 호출된다는 신경생리학적 원리가 담겨 있습니다. 우리가 마주한 칸딘스키의 〈Composition VIII : 구성 8〉은 단순한 시각적 결과물이 아니라, 손동작의 기억과 뇌의 반복회로 및 보상시스템이 복합적으로 작용해 탄생한 작품이라 하겠습니다.

뇌는 삶을 포기하지 않는다

프리다 칼로Frida Kahlo, 1907-1954의 자화상 〈희망 없이〉는 화가가 오랜 투병생활 중에 억지로 음식물을 삼켜야 하는 강압적인 치료장면을 그렸습니다. 그림은 관람자의 감정까지 휘감으며 강렬한 정서적 공명을 일으킵니다.

이처럼 격정적인 감정의 파동은 뇌 깊숙한 곳에 자리한 변연계에서 비롯됩니다. 변연계는 감정반응을 조절하고, 기억을 저장하며, 생존을 위한 동기를 다루는 신경회로의 집합체입니다.

변연계의 주요 영역들을 살펴보면(24쪽), 편도체는 공포와 불안, 분노와 같은 본능적 정서를 조율합니다. 해마는 과거의 감정적 기억을 불러와 편도체와 상호작용해 그 경험에 정서적 의미를 덧붙이지요. 시상하부는 심박 수나 호흡, 스트레스 같은 생리적 조절을 통해 감정이 신체적으로 반응하도록 돕습니다. 그리고 전측대상피질은 이러한 감정과 주의 신호를 통합하고 안정화하는 데 관여합니다.

그림을 반복해서 그리는 행위는 감정회로를 자극하고, 신경가소성을 통해 억눌린 감정들을 점차 해소시킵니다. 칼로의 그림 속 고통은 감정과 기

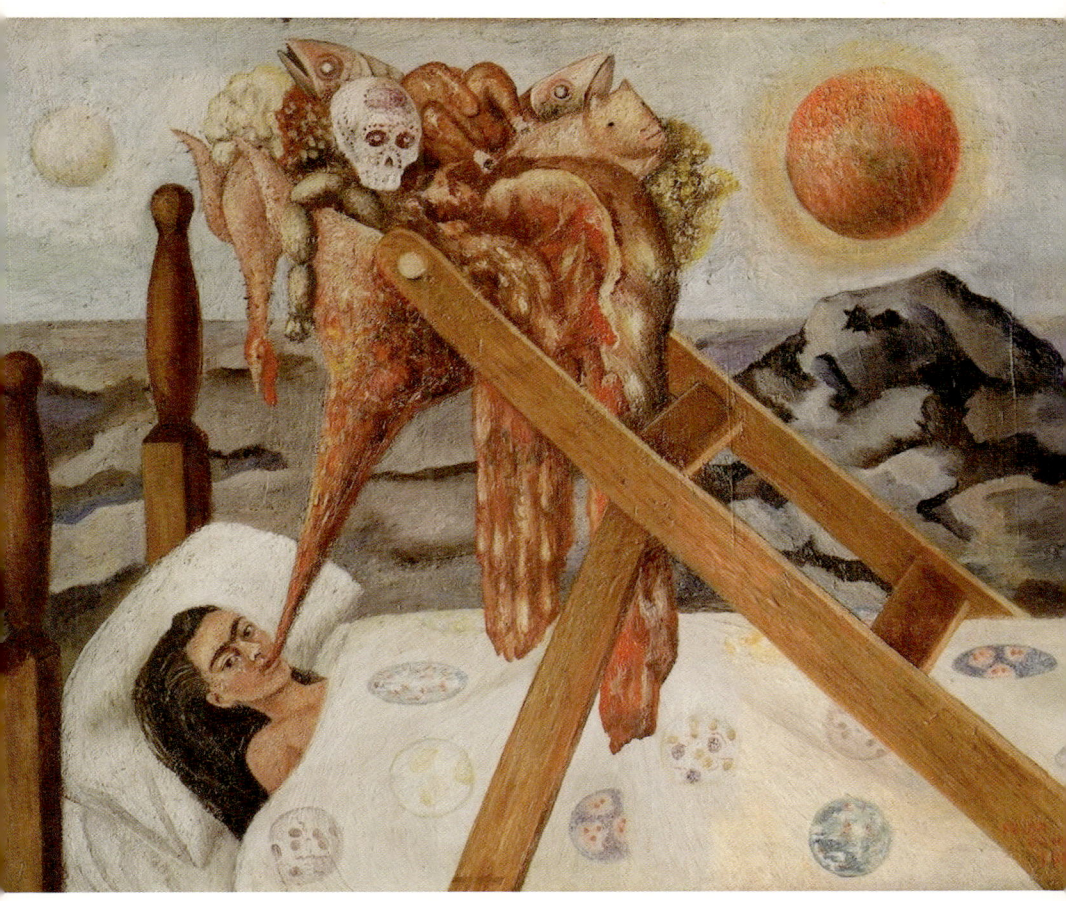

칼로, 〈희망 없이〉, 1945년, 캔버스에 유채, 28×36cm, 돌로레스 올메도 뮤지엄, 멕시코시티

억, 생리적 반응이 얽힌 변연계 회로의 작용에서 비롯합니다. 화가가 경험한 고통이 신경회로를 통해 선과 색으로 표출된 것이지요. 그런 까닭에 〈희망없이〉는 모든 희망이 사라진 절망의 기록이 아니라, 신경계의 자기치유적 움직임이 만들어낸 '감정의 재구성'이라 하겠습니다.

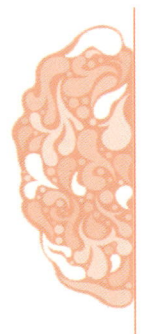

미술관에서
당신의 뇌가 춤을 출 때

감상하는 뇌의 해부학

 미술관에 가면 가끔 감정이 차오를 때가 있습니다. 그림을 보는 내내 뭐라 형언할 수 없는 감정에 휩싸여 오래 전 기억이 떠오릅니다. 울컥하면서 눈가가 촉촉해지기도 하지요. 그림이 눈으로 본 '형태'에 그치지 않고, 뇌가 느낀 '정서'를 자극하기 때문입니다.

 화가의 뇌가 이미지를 창작하는데 집중한다면, 관람자의 뇌는 작품을 해석하고 감정적으로 공명하는데 초점을 맞춥니다. 미술관에서 그림을 감상하는 일은 단순한 시각적 경험에 그치지 않습니다. 눈앞에서 색과 선, 빛과 그림자가 어우러지는 순간, 뇌는 그 장면을 해석하기 위해 바쁘게 움직이기 시작합니다. 이때 관람자의 뇌 깊은 곳에서 화가와는 다른 섬세한 변화가 일어납니다.

 이처럼 관람자의 뇌는 작품을 바라보며 들어온 시각정보를 받아들이고,

이를 의미 있는 경험으로 변환하는 데 집중합니다. 후두엽의 시각피질은 형태와 색을 분석하고, 측두엽의 기억회로는 과거의 경험과 연결해 이미지를 해석하며, 변연계는 그림에 감정을 이입합니다. 그리고 두정엽은 시선이 머무는 위치와 공간적 배치를 계산하여 그림 속에 있는 듯한 현장감을 느끼게 하고, 전전두엽은 작품이 던지는 주제와 의미를 추론하게 합니다.

이 과정에서 뇌의 신경전달물질에도 변화가 찾아옵니다. 도파민은 호기심을 자극하고, 세로토닌은 안정감을 불러오며, 옥시토신은 공감과 친밀감을 증폭시키지요. 그래서 어떤 작품은 눈시울을 적시게 하고, 어떤 작품은 형언할 수 없는 경외감을 불러일으킵니다.

관람자의 뇌는 작품을 이미지로만 보지 않습니다. 기억과 감정, 사고의 네트워크를 통해 '자신만의 경험'으로 재구성하지요. 그림을 감상하는 뇌의 곳곳을 해부해 그 작동원리를 이해하면, 그동안 우리가 봐왔던 걸작들이 달리 보일 수 있습니다.

그림 앞에서 가장 먼저 반응하는 후두엽

먼저 조반니 벨리니Giovanni Bellini, 1430-1516의 〈황홀경에 빠진 성 프란체스코〉를 보겠습니다. 성 프란체스코가 자연을 향해 두 팔을 벌린 모습이 마치 신의 계시를 받아들이는 영적인 순간을 암시하는 것 같습니다. 관람자는 주변에 아무도 없는 고요한 분위기는 물론, 먼 산과 가까운 초원의 원근감까지 직관적으로 감지하게 됩니다.

그림이라는 2차원의 평면이 3차원의 공간처럼 다가오는 순간, 뇌에서

벨리니, 〈황홀경에 빠진 성 프란체스코〉, 1480년, 목판에 템페라와 유채, 124×141cm, 프릭 컬렉션, 뉴욕

가장 먼저 반응하는 영역은 시각정보를 처리하는 후두엽의 시각피질입니다. 이곳의 1차시각피질(V1)은 망막에서 들어온 시각정보를 가장 먼저 분석하는 출발점입니다. V1에서는 단순한 명암대비, 선분의 방향 등 기초적인 시각요소들이 감지됩니다. 뇌는 이를 기반으로 V2, V3, V4 등 상위 영역들을 거치면서 윤곽선의 경계 등 세세한 부분까지 분석해 나갑니다. 특히 4차시각피질(V4)은 색채 및 복잡한 형태를 통합적으로 해석함으로써 빛의 질감과 색조의 미묘한 차이를 구분하고 변연계 등과 상호작용하여 감정적 분위기까지 읽어냅니다. 이러한 과정을 거쳐 관람자는 그림에 담긴 수많은 시각정보를 의미 있는 장면으로 해석하는 것입니다.

시각피질을 거친 정보들은 이후 두 갈래 주요 경로를 따라 더 넓은 뇌 영역으로 전달됩니다. 그 중 하나는 '무엇(What) 경로'라 불리는 복측경로로, 후두엽에서 시작해 측두엽으로 이어집니다. 복측경로는 '이것은 사람이다', '이 사람은 성직자다'와 같이 대상의 정체와 의미를 인식하는 기능을 담당합니다. 또 다른 하나는 '어디/어떻게(Where/How) 경로'라 불리는 배측경로로, 후두엽에서 상두정소엽을 지나 후두-두정 접합부로 이어집니다. 이곳은 대상이 있는 위치와 거리, 공간 내 배열 및 시각정보를 바탕으로 한 운동계획에 관여합니다.

시각피질이 '보는 뇌'의 출발점이라면, 복측경로와 배측경로는 그림에 담긴 의미를 인식하기 위해 시각적 경험을 확장시킵니다. 관람자는 그림 속 인물이 신성한 공간에서 두 팔을 벌린 모습을 통해 영적인 상황을 인식하게 됩니다. 그림을 보면서 종교적 경건함을 느끼게 되는 것이지요. 이처럼 그림에서 색과 형태, 거리와 구도 등 시각적 요소 뿐 아니라 감정적 의미까지 느끼는 복합적 경험은 뇌 속에서 여러 감각처리 네트워크가 유기적으로 협력하여 '하나의 통합된 장면'을 만들어내는 신경구조의 경이로운 역할이라 하겠습니다.

생각이 머무는 자리, 전전두엽의 철학서재

그림을 보는 동안 마치 철학자의 방에 들어와 있는 듯한 기분이 듭니다. 그림이 멋지고 아름답다고 감탄하기보다는 질문을 던지며 사유를 자극합니다. 알브레히트 뒤러 Albrecht Dürer, 1471-1528의 〈멜랑콜리아 I〉은 그런 작품입니

뒤러, 〈멜랑콜리아 I〉, 1514년, 동판화, 24×19cm, 빅토리아 내셔널 갤러리, 멜버른

다. 뺨을 괴고 앉은 날개 달린 여인, 무거운 돌처럼 보이는 정육면체, 해시계와 숫자판, 컴퍼스, 사다리, 모래시계 그리고 멀리 바다 위를 가로지르는 혜성까지, 화면 속 기호들을 바라보는 순간, 관람자는 스스로 묻게 됩니다. 도대체 이건 무슨 의미일까? 화가는 왜 이런 상징들을 나열했을까?

미술작품을 감상할 때 그림 속 상징을 해석하고, 의미를 유추하며, 그것을 삶과 연결하는 사고의 중심에 전전두엽이 있습니다. 전전두엽은 인간의 뇌에서 계획과 판단, 도덕적 인식, 심미적 가치판단을 포함한 다양한 인지활동을 총괄합니다. 관람자는 전전두엽 덕분에 단순히 '보는 그림'에서

'생각하는 그림'으로 감상의 폭을 확장시킵니다.

전전두엽에서 배외측전전두엽은 복잡한 구도와 상징을 논리적으로 분석하여 의미를 추론합니다. 내측전전두엽은 그림을 관람자 본인의 삶과 연관지어 성찰하게 합니다. 복내측전전두피질은 개인적 경험과 감정을 기반으로 그림의 정서적 가치를 평가합니다. 안와전두피질은 색감과 형태, 조화와 불균형이 불러오는 쾌감(혹은 불쾌)을 통해 미적 선호도를 판단합니다. 그리고 전측대상피질은 감정적 몰입과 분석적 사고 사이에서 균형을 잃지 않도록 조율합니다.

전전두엽은 화가에게 그림의 구도를 설계하는 '아틀리에'라면, 관람자에게는 질문을 던지고 사유를 확장하는 '철학서재'라 하겠습니다. '이 그림은 나에게 어떤 의미인가?'라는 질문을 던지는 순간, 관람자의 뇌는 예술이라는 거울을 통해 내면을 투영합니다.

관람자를 '그림 속 세계'로 초대하는 두정엽

혹시 그림을 보다가 화면 속으로 들어간 것 같은 착각을 일으킨 적이 있나요? 미술관에서 어떤 그림에 푹 빠졌다는 말은 뇌과학적으로 허언이 아닙니다. 그림을 몰입해서 감상하다 보면 일어날 수 있는 감정이지요. 회화는 종종 관람자를 화면 속으로 끌어들이는 창이 되곤 합니다.

안토넬로 다 메시나 Antonello da Messina, 1430-1479의 〈성 제롬의 서재〉는 관람자를 조용한 서재로 초대합니다. 관람자는 아치형 창으로 들어오는 햇빛을 맞으며 묵상하듯 앉아 책을 읽는 성 제롬(히에로니무스) 곁으로 향합니다. 그

메시나, 〈성 제롬의 서재〉, 1474년, 패널에 유채, 46×35cm, 내셔널 갤러리, 런던

순간 관람자의 두정엽이 활발히 작동합니다.

두정엽은 그림 속 모든 시각정보를 종합해 가상공간으로 재구성해서, 관람자가 그림 속에 들어가 있는 듯한 현장감을 가져다줍니다. 두정엽은 다양한 감각정보를 통합하여 '지각된 공간'을 구성하는 뇌의 핵심 영역입니다. 두정엽의 주요 부위별 기능을 살펴보면, 상부두정소엽은 시선의 이동과 공간적 주의를 조절해 화면 속 깊이와 방향을 가늠합니다. 시상두정이랑은 거리와 크기, 위치 등을 계산합니다. 이 정보가 후두엽 시각피질과 연결되면서, 관람자는 그림 속으로 들어온 듯한 착각에 빠지게 됩니다. 이때 하두정소엽은 시각·청각·촉각 정보들을 결합하여 관람자의 신체와 외부세계를 구분합니다. 이곳은 거울신경계(127쪽)와 연결되어 있어, 그림 속 인물(성 제롬)의 자세와 표정을 보는 순간 관람자 뇌의 운동영역이 활성화됩니다. 이로 인해 관람자는 그림 속 인물을 보는 내내 그의 자세나 감정을 함께 느끼는 듯한 '공감적 체험'을 하게 되지요.

이때 후두-두정 연결영역이 후두엽에서 들어오는 시각정보와 두정엽의 공간처리 기능을 통합해 배측시각경로를 따라 '이곳은 어디인가?', '나는 왜 이곳에 있는가?'라는 생각에까지 미치게 되는 것입니다. 화가의 두정엽이 연필이나 붓을 든 손의 움직임을 조율하는 '창작자의 도구'라면, 관람자의 두정엽은 그림 속 세상을 가상으로 재구성한 '체험자의 무대'라고 하겠습니다.

그림에 담긴 함의가 궁금한 측두엽

그림을 보는 내내 고개를 갸웃거립니다. 그림 속 대상이 뭔가 말을 걸어오는 것 같아서입니다. 영국 케임브리지 대학에 있는 피츠윌리엄 뮤지엄에서 만난 윌리엄 블레이크 William Blake, 1757-1827의 〈태고의 나날〉을 보며 들었던 느낌입니다. 그림 속 대상은 창조주 혹은 이성(理性)을 상징하는 존재로 해석됩니다. 그의 손에 들린 나침반은 세상을 창조하기 위해 관측하는 도

블레이크, 〈태고의 나날〉, 1794년, 에칭 후 채색, 30×24cm, 피츠윌리엄 뮤지엄, 케임브리지

구 혹은 세상이치를 규정하는 인간의 이성을 은유하는 것 같습니다.

그림에 담긴 시각정보를 의미와 감정으로 확장하는 데 가장 핵심적인 뇌 영역은 측두엽입니다. 측두엽은 단순한 형태나 색의 인식에 머물지 않고, 그것이 무엇인지, 어떤 감정과 연결되는지 그리고 사회적·개인적으로 어떤 의미가 있는지를 통합합니다.

측두엽에서 하측두회는 대상의 정체성을 구분하고, 방추상회는 대상의 표정을 읽습니다. 측두극은 그림에 관람자의 기억과 경험을 사회적으로 해석하고 이 과정에서 자신만의 감정이 담긴 색을 입힙니다. 측두상회는 주로 청각정보를 처리하지만, 좌반구에서는 언어 및 사회적 맥락처럼에도 관여합니다. 관람자가 〈태고의 나날〉에 담긴 의미를 '신이 질서를 창조하고 있다'라는 문장(언어)으로 정리했다면, 측두상회의 좌반구와 전전두엽이 협력한 결과입니다.

화가의 측두엽이 그림에 상징성을 부여한다면, 관람자의 측두엽은 그 상징을 해석해 자기만의 이야기로 엮어냅니다. 블레이크의 〈태고의 나날〉에 등장하는 여러 상징들은 측두엽을 거쳐 관람자 각자의 기억과 경험에 따라 고유한 서사로 읽힙니다. 측두엽은 단순한 청각정보 처리를 넘어, 의미와 감정, 기억과 언어, 문화적 이해를 통합하는 '뇌의 교차로'에 해당합니다.

그림에 리듬감을 부여하는 기저핵

눈은 반복된 패턴을 따라가고, 뇌는 규칙 속 변화를 기다립니다. 그림 앞에서 시선을 이리저리 움직이며 긴장감을 느꼈다면, 기저핵이 예측과 보상 회로를 작동시켰기 때문입니다.

기저핵의 구조

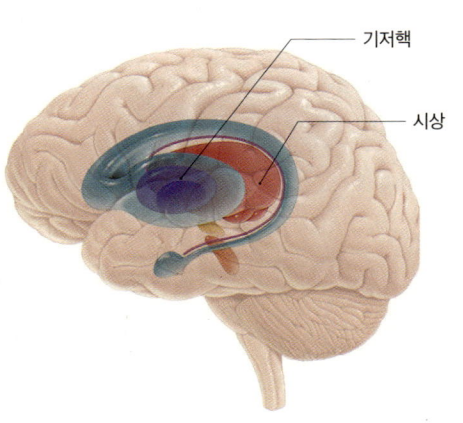

기저핵은 뇌의 깊은 곳에 위치한 신경핵들의 집합체로, 운동 뿐 아니라 보상과 동기, 습관적 행동 및 전전두엽과의 연결을 통한 인지능력 조절을 담당.

피에트 몬드리안Piet Mondrian, 1872-1944의 〈큰 붉은 면과 노랑, 검정, 회색, 파랑의 구성〉은 단순한 형태와 색의 배열이 관람자의 시선을 강하게 끌어당깁니다. 빨강·파랑·노랑·검정·회색 면의 분할과 검은색 경계선은 정적인 구조처럼 보이지만, 조금만 자세히 들여다보면 그 단순한 구성에서 규칙과 긴장, 예측과 의외성이 교차하는 시각적 패턴을 경험하게 됩니다. 이때 반복과 변화의 흐름을 리듬감으로 바꿔주는 뇌의 회로가 기저핵입니다.

관람자는 기저핵을 구성하는 선조체와 창백핵, 흑색질 등을 통해 그림이

몬드리안, 〈큰 붉은 면과 노랑, 검정, 회색, 파랑의 구성〉, 1921년, 캔버스에 유채, 59×59cm, 헤이그 쿤스트 뮤지엄

라는 정지된 화면에서도 음악처럼 리듬과 변주의 쾌감을 느낍니다. 몬드리안의 그림에서 '정적인 역동성'이란 형용모순이 읽히는 이유가 여기에 있습니다. 단순한 색과 선의 반복이 익숙함을 주는 동시에 그 속의 섬세한 변화는 도파민 회로를 자극해 즐거움을 가져다줍니다.

기저핵은 화가에게 붓질의 리듬을 지탱하는 연주자라면, 관람자에게는 반복과 변화의 패턴을 해석하는 무용수라 하겠습니다. 정지된 캔버스 앞에서도 우리의 뇌는 여전히 춤을 추고 있는 것입니다.

그림과 함께 아픔을 나누는 변연계

미술관에서 관람자의 감정부터 흔드는 그림들이 있습니다. 프리다 칼로Frida Kahlo, 1907-1954의 그림들이 그렇습니다. 〈상처 입은 사슴〉은 바라보는 것만으로 내면의 깊은 아픔이 느껴집니다. 칼로는 숲속에서 화살에 맞아 피를 흘리는 사슴의 몸으로 자화상을 그렸습니다. 고통에 무감각해 보이는 칼로의 무표정한 얼굴이 오히려 절절한 슬픔을 자아냅니다.

관람자는 마치 자신이 그 화살을 맞은 듯한 심리적 충격을 받습니다. 뇌에서 변연계가 본격적으로 작동하는 순간입니다. 변연계는 감정에 작용하는 중심 회로로, 시각자극에 대한 정서적 반응을 일으킵니다(24쪽). 그중에서도 편도체는 공포와 불안, 위협 같은 본능적 정서를 즉각적으로 감지합니다. 관람자가 그림을 보고 불편을 느꼈다면 편도체 때문입니다. 해마는 현재의 경험을 과거의 기억과 연결해 내면의 상처를 소환합니다. 그림이 관람자만의 정서적 기억과 겹쳐지면서 깊은 울림을 가져다줍니다. 시

칼로, 〈상처 입은 사슴〉, 1946년, 메이소나이트에 유채, 22×30cm, 개인 소장

상하부는 이러한 감정반응을 신체반응으로 전환시킵니다. 가령 그림을 보고 손에 땀이 나거나 심장이 뛰었다면, 시상하부가 자율신경계를 통해 심박수, 혈압, 체온 등을 조절한 것입니다. 감정이 머릿속 반응에 그치지 않고 몸 전체로 퍼지는 이유가 여기에 있습니다.

변연계에서 측좌핵의 역할도 중요합니다. 이곳은 도파민을 수용하여 강렬한 감정적 경험을 보상과 쾌감으로 연결합니다. 때로는 눈물이 나거나 가슴이 저민 뒤에 느껴지는 일종의 카타르시스는 측좌핵 때문입니다.

화가의 변연계가 개인적 고통을 선과 색으로 전환해 '표현의 통로' 역할을 한다면, 관람자의 변연계는 그 표현을 받아들여 '공명의 거울'로 기능합니다. 칼로의 고통은 캔버스 위에서 변연계를 거쳐 다시 정서적 경험으로 되살아나고, 관람자는 그 과정 속에서 자신의 내면을 비추게 되지요. 그렇게 그림은 뇌의 가장 깊은 곳을 건드리는 '말없는 고백'이 되기도 합니다.

모방과 학습에서 공감으로, 거울신경계의 마법

물끄러미 그림을 바라보다가 문득 이런 생각이 들 때가 있습니다. '그림 속 인물의 감정이 왜 이렇게 생생하게 전해질까?' 마치 내가 그림 속 인물이 된 것 같습니다. 그것은 단지 시각자극이 아니라 뇌가 누군가의 몸짓과 기분에 깊이 반응하고 있다는 신호입니다.

장 오귀스트 도미니크 앵그르Jean-Auguste-Dominique Ingres, 1780-1867의 〈발팽송의 목욕하는 여인〉을 몰입해서 감상하다 보면, 관람자는 그림 속 인물이 된 듯한 착각에 빠집니다. 가령 관람자는 인물의 이완된 자세와 부드러운 분위기에 저절로 동조됩니다. 피부를 감싼 빛의 온기 그리고 등을 타고 흐르는 물기 머금은 공기의 감촉을 직접 느끼듯이 몰입하게 되는 까닭은, 뇌 속의 거울신경계가 그림 속 대상을 비추고 있기 때문입니다. 거울신경계란 타인의 행동을 관찰할 때 마치 자신이 직접 그 행동을 하는 것처럼 뇌가 활

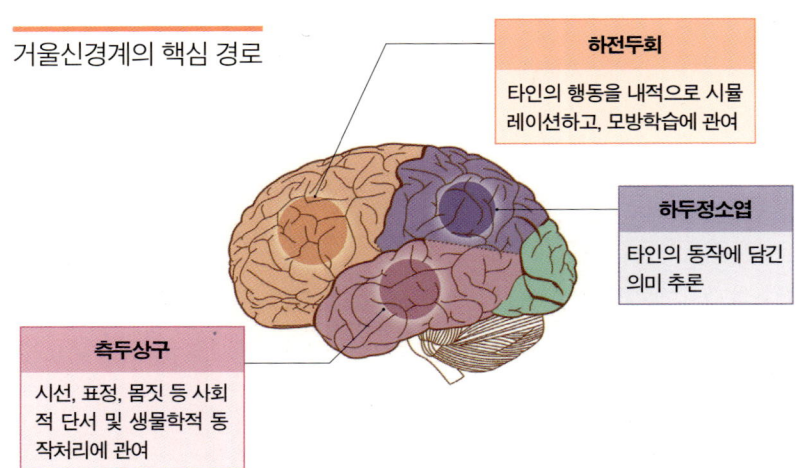

거울신경계의 핵심 경로

하전두회
타인의 행동을 내적으로 시뮬레이션하고, 모방학습에 관여

하두정소엽
타인의 동작에 담긴 의미 추론

측두상구
시선, 표정, 몸짓 등 사회적 단서 및 생물학적 동작처리에 관여

앵그르,
〈발팽송의 목욕하는 여인〉,
1808년, 캔버스에 유채,
146×98cm,
루브르 뮤지엄, 파리

성화되는 회로로, 공감과 모방, 학습, 사회적 상호작용의 기초가 되는 신경세포 네트워크입니다.

거울신경계에서 하전두회는 캔버스 속 인물의 표정이나 자세, 몸짓을 관람자의 몸속에서 시뮬레이션 합니다. 가령 캔버스 속 여인이 한없이 느슨하게 앉아 있는 모습을 보면, 관람자의 몸도 무의식적으로 긴장을 풀고 그 감각에 동조하게 되지요. 하두정소엽은 동작인식에서 한 걸음 더 나아가, 그 행동이 어떤 의도를 지녔는지를 추론합니다. '앉아 있다'는 정보를 넘어서 왜 그 자세로 앉아 있는지, 그러한 몸짓이 어떤 정서를 반영하는지 사고를 확장시킵니다. 그리고 측두상구는 시각정보와 사회적 단서를 통합하여 인물의 감정상태나 장면 전체의 정서를 예측하도록 돕습니다.

화가의 거울신경계가 손의 움직임을 반복학습하도록 만드는 '창작의 엔진'이라면, 관람자의 거울신경계는 인물의 감정과 동작을 자신의 신체감각으로 번역하는 '공감의 창'이라 할 수 있습니다. 단순히 타인의 동작을 흉내 내는 수준에 그치지 않고, 정서적 공감을 확장시키는 것이지요. 〈발팽송의 목욕하는 여인〉 앞에서 그림 속 여인의 피부에 흐르는 공기의 온기를, 근육의 이완을, 내면의 평온을 느꼈다면, 뇌 속에서 타인의 감정을 자신의 감각으로 공감한 것입니다.

도파민이 흐르는 그림

화면 위로 불어오는 바람소리, 조개껍데기 위에 선 비너스의 투명한 피부, 파도처럼 흐르는 머리칼에 이르기까지 그림을 보는 순간 감탄이 절로 나옵니다. 산드로 보티첼리Sandro Botticelli, 1445-1510의 〈비너스의 탄생〉은 뇌 깊숙한 곳에서 도파민이 터져 나오게 만드는 마법 같은 작품입니다.

그림 속 비너스의 몸은 해부학적으로 비현실적인 비율이지만, 이는 신화 속의 아름다움을 표현하기 위해 화가가 의도한 왜곡일 뿐입니다. 그림에 등장하는 신들의 몸짓은 마치 시의 운율에 맞춰 춤을 추는 것 같습니다. 섬세한 붓터치와 따뜻한 색조는 시각적 즐거움을 넘어 '정서적 보상'으로 이어집니다. 이러한 미적 감상은 뇌의 깊은 곳에서 감정과 기억, 쾌감을

보티첼리, 〈비너스의 탄생〉, 1485년, 캔버스에 템페라, 172×278cm, 우피치 갤러리, 피렌체

통합하는 정교한 회로들이 함께 작동한 결과입니다.

　그림 앞에서 감정이 움직이는 순간, 시각피질에서 출발한 자극은 정서회로를 거쳐 도파민 보상회로에 도달합니다. 그리고 전전두엽과 연결되면서 감정과 의미가 어우러진 통합적 경험으로 확장됩니다.

　〈비너스의 탄생〉처럼 아름다운 대상을 마주할 때 느껴지는 '기분 좋은 감정'은 도파민 보상회로가 작동하면서 시작됩니다. 복측피개영역에서 도파민이 방출되어 측좌핵으로 전달되면, 쾌감이나 감탄 같은 정서가 강화됩니다. 이러한 도파민 경로는 원래 생존에 필수적인 자극인 음식섭취, 성행위, 사회적 연대에 반응하도록 진화했지만, 예술감상과 같은 고차원적 경험에서도 동일하게 활성화된다는 점이 흥미롭습니다. '아름다움'을 느끼는 감각은 생존과 무관한 사치가 아니라, 뇌가 보상자극으로 인식하는 신경과학적 경험이라 하겠습니다.

도파민은 화가의 뇌에서 창작욕을 지속시키는 에너지로 쓰인다면, 관람자의 뇌에서는 감상을 즐거움으로 바꾸는 보상이 됩니다. 같은 회로가 다른 방식으로 쓰이면서 예술의 두 축인 '창작'과 '감상'을 이어주는 역할을 하는 것입니다. 아름다움이 인간을 기쁘게 하는 이유는 참 단순합니다. 그것은 뇌가 아름다움을 보상으로 인식하며 스스로 즐거워하기 때문입니다. 그림을 즐겨야 하는 이유입니다.

화가의 뇌와 관람자의 뇌 영역별 작용

뇌 영역	화가의 뇌 (창작하는 뇌)	관람자의 뇌 (감상하는 뇌)
후두엽 (시각피질)	색채와 형태를 창조적으로 표현 및 조율	외부 시각정보를 해석 및 분석
측두엽	상상, 기억, 감정을 이미지로 변환	기억과 감정을 불러와 작품에 연결
전전두엽	구도와 전략을 계획하고 창작 실행	의미와 맥락을 해석하고 자기성찰
두정엽	시각과 운동 변환, 손동작 조율	공간감과 현장감 인지 및 몰입감 형성
운동피질, 소뇌, 기저핵	손의 세밀한 조작 및 반복적 리듬	공간감과 현장감 인지, 거울신경계로 공감반응 유발
변연계	감정과 정서를 작품에 반영	작품을 통한 감정적 공명 및 정서적 반응 강화
거울신경계	상대적으로 덜 관여	그림 속 인물을 보며 공감과 몰입 유발
신경 전달 물질	• **도파민**: 창작의 즐거움, 보상감, 아이디어 창출 • **아세틸콜린**: 집중과 주의조절 강화 • **노르에피네프린**: 긴장과 각성 유지로 세밀한 손동작 및 계획적 사고에 기여 • **세로토닌**: 정서적 균형 유지 • **엔도르핀**: 몰입이 깊어질수록 즐거움 제공	• **도파민**: 아름다운 그림에서 쾌감 및 작품 감상 욕구 생성 • **세로토닌**: 정서적 안정감, 심리적 평온함 • **옥시토신**: 감정이입을 통해 공감 및 정서적 유대 형성 • **엔도르핀**: 감동적인 작품에서 즐거움과 해방감

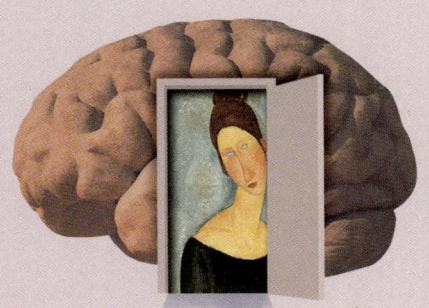

When Neuroscientist met Muse

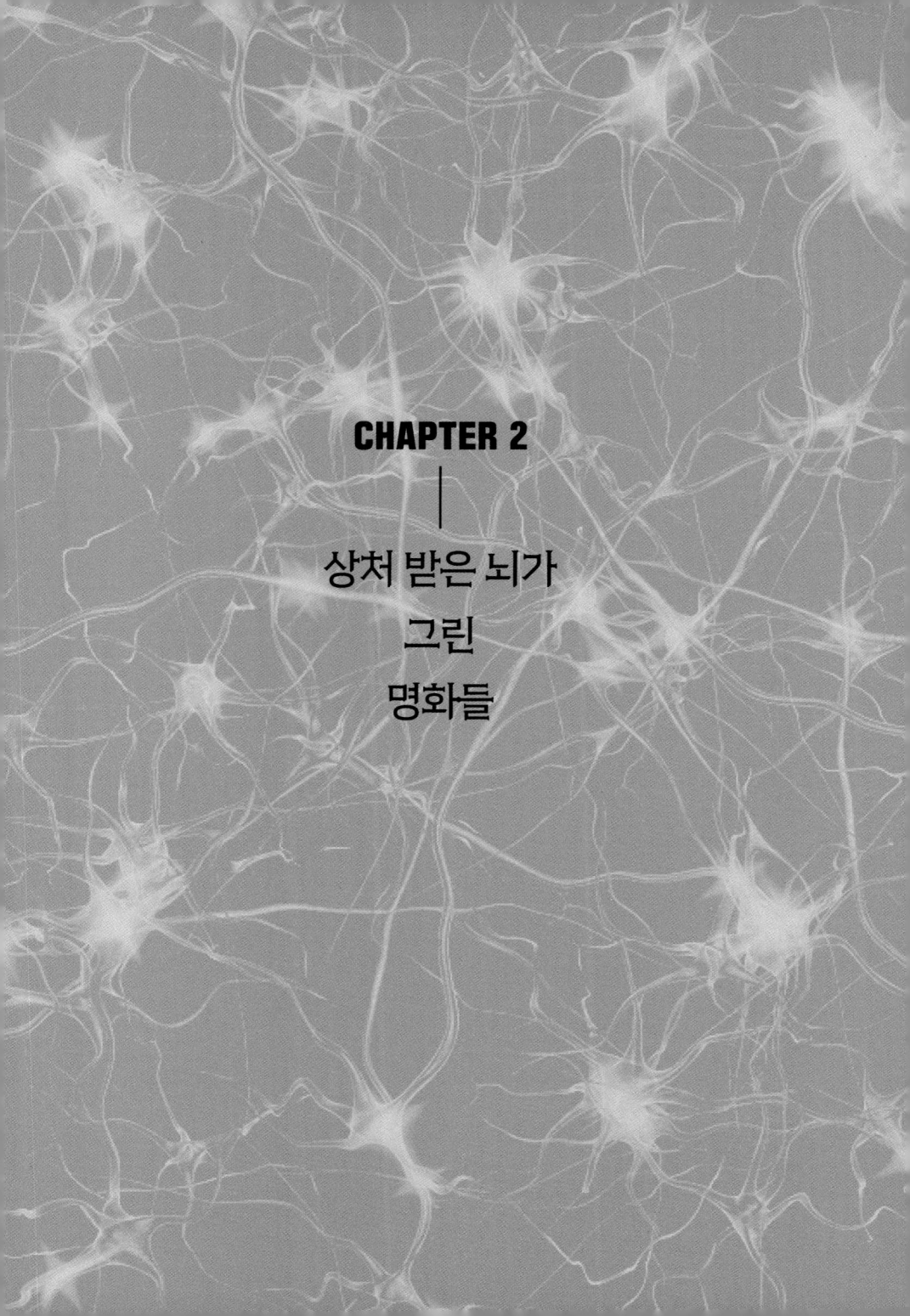

CHAPTER 2

상처 받은 뇌가
그린
명화들

캔버스에 써내려간
우울한 편지들

우울증에 빠진 화가들의 뇌

"내 안에는 언제든 무너질 것 같은 두려움과 슬픔이 머물러 있어. 그러나 붓을 드는 동안에는 고통이 덜해진다."

빈센트 반 고흐Vincent van Gogh, 1853-1890가 동생 테오에게 보낸 편지의 한 구절입니다. 아마도 고흐에게 그림은 고통을 잊게 해주는 '구원의 방패' 같은 것이었나 봅니다. 그렇습니다. 예술은 인간의 마음속 가장 깊은 골짜기를 비추는 거울이자 보이지 않는 상처를 꿰매는 도구입니다.

고흐는 옐로 계열의 밝은 색을 사랑한 화가였지만, 그의 내면은 블루톤이 섞인 짙은 그레이로 채색되어 있었습니다. 그는 우울증의 심연에서 헤어 나오지 못할 때가 참 많았지요. 고흐처럼 우울증과 처절한 사투를 벌였던 화가들의 작품 앞에 서면 그들의 고통이 전해집니다.

고흐, 〈자화상〉, 1889년, 캔버스에 유채, 65×54cm, 오르세 뮤지엄, 파리

자기혐오의 증명사진 같은 그림들

어두운 정서에 평생을 몸부림쳤던 화가들의 작품 속에는 극단을 오가는 감정상태에서도 고통을 치유하고자 했던 흔적이 있습니다. 그것은 대게 무기력함, 고립감, 비탄, 죽음에 대한 집착 혹은 존재의 의문 같은 주제로 나타납니다.

지나치게 강렬한 색채는 화가의 심리적 불균형을 반영합니다. 그리고 인물의 무표정한 얼굴이나 흐릿한 눈동자는 자책과 내면의 침잠을 드러냅니다. 비대칭적이고 닫힌 공간구도를 선택하거나 정적인 구성에 집착하는 이유도, 외부세계와의 단절과 불안정한 자아를 암시하는 것으로 볼 수 있습니다.

붓질의 방식에서도 화가들의 감정을 읽을 수 있습니다. 조심스럽고 억눌린 터치는 감정의 억제를, 반대로 날카롭고 거친 붓질은 감정의 분출을 투영합니다. 특히 그들은 자화상을 통해 본인의 내면을 들여다보는 듯한 심리를 고스란히 드러냅니다. 어둡게 처리된 얼굴, 일그러진 표정, 왜곡된 시선은 자기존재에 대한 끊임없는 회의와 자기혐오의 증명사진처럼 보입니다.

고흐가 1889년 생레미 요양병원에서 그린 〈자화상〉은 고흐의 우울증을 가장 강하게 암시하는 그림 중 하나입니다. 그림은 고흐가 귀를 자해한 사건 이후 그려졌습니다. 귀를 자를 만큼 격정적인 감정의 폭풍우가 지나간 뒤 고흐는 침울함의 긴 터널로 빠져 들었습니다. 배경은 여전히 강렬한 붓터치로 진동하며, 혼돈으로 가득한 고흐의 내면이 읽힙니다. 눈은 초점을 잃었고, 굳게 다문 입은 언어를 상실한 것 같습니다.

오스트리아 표현주의를 대표하는 화가 에곤 실레Egon Schiele, 1890-1918의 〈자화

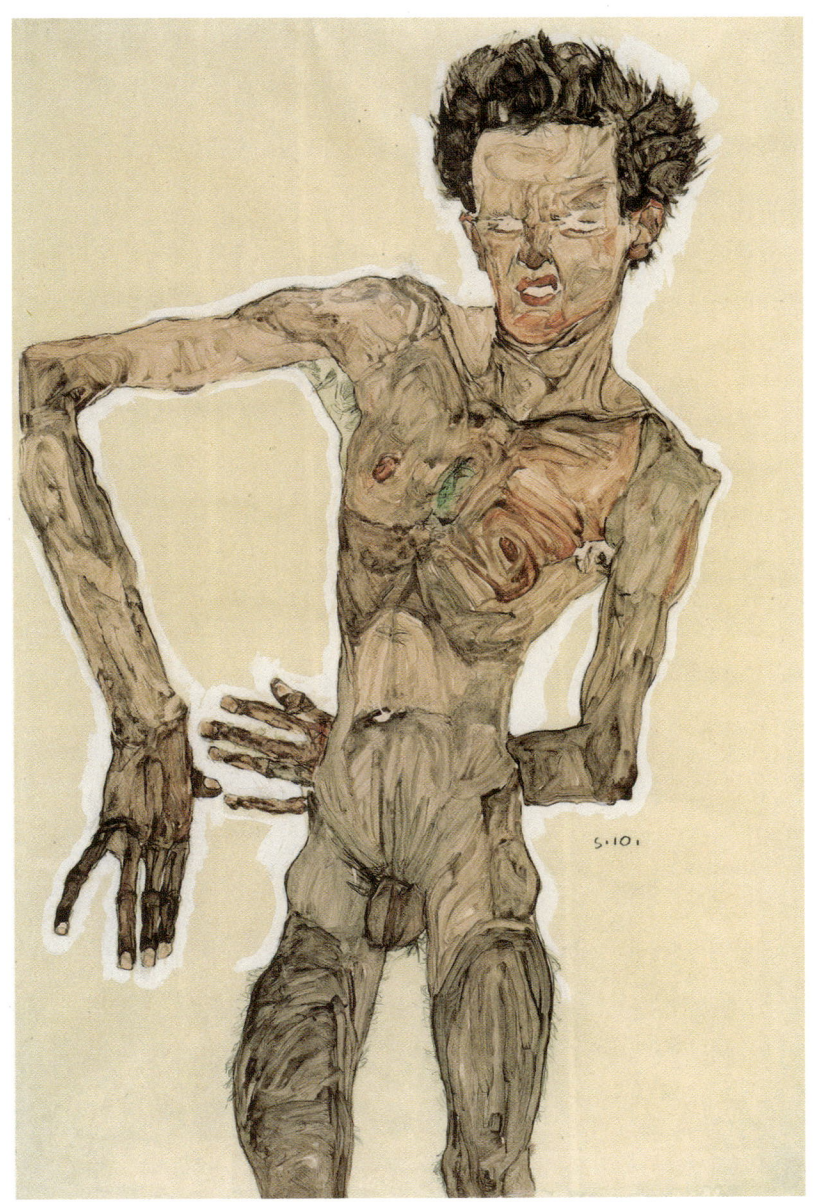

실레, 〈자화상〉, 1910년, 종이에 연필, 목탄, 구아슈, 55×36cm, 알베르티나 뮤지엄, 빈

상〉은 평소 화가가 겪은 우울증으로 인한 뒤틀린 감정의 굴곡을 보여줍니다. 실레는 인간의 고독, 죽음, 욕망 등을 날카로운 선과 창백한 색채로 표현했습니다. 그림 속 인물들의 신체를 왜곡해 그려 화가의 불안정한 심리를 시각화했지요.

실레는 아버지의 죽음으로 인한 상실감에서 우울증이 심해졌다고 전해집니다. 또 평소 예민한 성격이 극심한 불안과 반사회적 성향으로까지 이어졌습니다. 실제로 그의 자필 편지나 드로잉에서 우울증의 심각한 징후들이 관찰됩니다.

실레의 〈자화상〉은 정형화된 미적 규범을 파괴합니다. 인물의 포즈는 비정상적으로 과장되거나 죽은 자의 얼굴처럼 보입니다. 1918년 스페인 독감으로 젊은 나이에 유명을 달리한 그는, 죽음에 대한 집착과 극단적 감정을 강렬한 필치로 드러냈습니다. 특히 1910년의 〈자화상〉은 분열된 자아에서 비롯한 뒤틀린 선들의 조합이 화가의 내면 깊은 곳에 기생해온 괴물을 끌어낸 것 같습니다.

화가의 우울한 감정은 자화상을 통해서만 표출되지 않습니다. 고흐는 〈별이 빛나는 밤〉에서 그가 남긴 수많은 자화상 못지않게 자신의 어두운 정서를 가감 없이 드러냅니다. 소용돌이치듯 격렬하게 움직이는 밤하늘, 고요한 마을과의 극단적 대비 그리고 화면을 가로지르는 어두운 사이프러스 나무는 우울과 불안, 현실과 초월의 경계를 넘나듭니다. 1889년 고흐는 생레미 정신병원에 스스로 입원한 직후 앞서 본 〈자화상〉과 함께 이 작품을 완성했습니다. 그림을 보고 있으면 불안정하고 고통스러운 현실에서 벗어나기 위해 초월적 세계로 해방되기를 바라는, 화가의 절박한 심정이 읽힙니다.

고흐, 〈별이 빛나는 밤〉, 1889년, 캔버스에 유채, 73×92cm, 모마, 뉴욕

예술가들의 눈에 비친 세상이 유독 어두운 이유

화가의 뇌는 '깊은 슬픔'과 '빛나는 창의성' 사이를 끊임없이 오갑니다. 화가들은 자신의 고통을 감추는 대신 그것을 선과 색, 빛과 어둠으로 펼쳐내며 예술이라는 이름 아래 새로운 의미로 탄생시킵니다. 우리는 그들의 작품 속에서 귀에 들리지 않는 비명과 울음을 느끼게 됩니다. 말로 표현할 수 없는 고통입니다.

그런데 예술가들의 눈에 비친 세상은 왜 그렇게도 어둡고 우울한 걸까요? 우울증은 단지 기분이 침체되거나 무기력해지는 수준에 그치는 정서적 상태가 아닙니다. 뇌과학적으로 들여다보면, 우울증은 매우 복잡한 신

고흐, 〈아를 병원의 병동〉, 1889년, 캔버스에 유채, 74×92cm, 암뢰머홀츠 뮤지엄, 취리히

경회로의 변화 및 뇌 구조의 미세한 손상에서 비롯합니다. 또한 신경전달 물질 조절의 실패와도 연관이 있습니다. 그것은 뇌의 신경회로와 감정의 균형이 무너져 생긴 '보이지 않는 폭풍' 같은 것이지요. 특히 예술가들의 뇌에서는 그러한 폭풍이 좀더 자주, 거세게 몰아치면서 창작과 고독이 맞 부딪치게 만듭니다. 실제로 창의성이 높은 화가들은 일반인보다 우울증 발병률이 훨씬 높은 것으로 보고되고 있습니다. 원인은 우울증에 취약한 뇌 구조에 있습니다.

가장 먼저 주목해야 할 뇌 구조는 대뇌 측두엽 깊숙한 곳의 좌우 양쪽에 각각 하나씩 위치한 해마입니다. 해마는 새로운 사실(사건)을 기억하도록 저장하고(기억형성), 위치와 방향을 조절하며(공간인지), 감각정보를 단기저 장한 다음 대뇌피질로 전달해 장기기억으로 저장(정보처리)하는 역할을 합니다. 길고 구부러진 모양이 마치 바다생물 해마(海馬)를 닮았다고 해서 붙여진 명칭입니다. 해마는 뇌에서 감정을 조율하는 영역인 변연계의 중심을 이룹니다.

만성적인 우울증 환자에서는 해마의 부피가 눈에 띄게 줄어드는 현상이 관찰됩니다. 이 변화는 기억과 감정의 조화를 방해하고, 부정적인 기억을 활성화시켜 우울한 정서를 장기화하는데 기여합니다. 정서적 자극에 민감한 예술가들에게서 해마의 변화가 더욱 두드러지게 관찰됩니다.

다음으로 살펴볼 곳은 전두엽의 앞쪽에 위치한 전전두피질입니다. 그 중에서 배외측전전두피질은 계획과 판단, 감정의 인지적 조절에 매우 중요합니다. 많은 우울증 환자에게서 유독 왼쪽 배외측전전두피질의 기능저하가 나타납니다. 배외측전전두피질이 약해질수록 주의전환과 사고의 유연성이 떨어져 부정적 생각에 빠지기 쉽습니다. 반대로 복내측전전두피질은 지나친 자기성찰적 사고로 인해 과도하게 활성화되거나 기능적으로 불균형해지는 경우가 많습니다. 이로 인해 상황을 이성적으로 판단하지 못하고, 충동적인 감정에 빠져드는 경향이 두드러집니다. 이처럼 감정의 파도를 제어하는 전전두피질의 기능이 떨어질수록, 예술가의 뇌는 격정의 물결 속으로 휩쓸리게 됩니다.

변연계의 과도한 활성화도 우울증의 중요한 원인으로 지목됩니다. 변연계는 감정처리, 사회적 행동, 동기와 보상, 기억형성, 자율신경조절 등을 담당하는 영역으로 '감정의 뇌'라 불립니다. 새로운 기억을 형성하는 해마, 공포와 위협을 감지하고 사회적 신호를 처리하는 편도체, 자율신경계를 조절하는 시상하부, 기억회로를 중계하는 유두체 등 뇌의 다양한 영역을 포함합니다(24쪽).

우울증 환자일수록 신체적 통증에 과민하게 반응하는 이유 중 하나는, 위협과 부정적 자극에 민감하게 반응하는 편도체가 과도하게 활성화된 탓입니다. 편도체는 공포와 불안을 비롯한 다양한 감정처리에 관여하지만, 우울증 상태에서는 특히 부정적인 감정에 과도하게 반응하는 경향이 나타납니다.

화가들은 대게 부정적인 감정을 시각화하려는 성향이 높습니다. 뇌는 정서적으로 강한 자극이 있을 때 그 장면의 색채나 구도를 더 선명하고 강렬하게 재구성하는 경향을 보입니다. 화가들 뇌의 변연계 구조를 이해하는 데 중요한 개념이 '파페츠 회로'입니다. 미국의 신경과학자 제임스 파페츠 James Papez, 1883-1958가 처음 제안한 신경회로로, 변연계의 핵심 영역을 연결합니다. 여러 기억과 감정을 엮는 뇌의 순환고리라고 할 수 있지요.

뇌에서 파페츠 회로의 경로

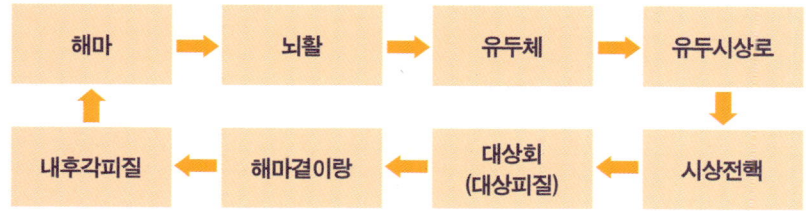

- **해마** : 새로운 경험을 장기기억으로 전환하는 핵심 구조.
- **뇌활** : 해마에서 나오는 신경세포의 긴 돌기가 시상하부로 향하는 통로.
- **유두체** : 시상하부의 일부로 기억정보 중계소 역할.
- **시상전핵** : 기억정보를 중계하는 과정에서 감정과 맥락을 이어줌.
- **대상회(대상피질)** : 대뇌의 내측면에 위치한 띠이랑과 그 주변 구조를 포함하는 영역으로, 감정·기억·주의·통증·의사결정 등 뇌의 고차원적 기능에 관여.
- **해마곁이랑** : 맥락정보 처리 및 위치와 길찾기 등 공간인지 기능에 관여.

우울한 화가의 뇌에서는 파페츠 회로의 구조적·기능적 변이로 인해 부정적 기억은 보다 선명해지고, 긍정적 기억은 약화되곤 합니다. 이를테면 우울한 화가의 뇌에서 파페츠 회로는 마치 고장 난 영사기처럼 어두운 장면을 반복 재생하고, 밝은 장면은 점점 희미하게 지워버립니다.

팽팽한 외줄타기를 하는 예술가의 뇌

우울증을 일으키는 원인으로 신경전달물질의 불균형도 간과할 수 없습니다. 신경전달물질은 신경세포(뉴런)에서 시냅스로 분비되어 이웃한 신경세포의 수용체에 결합하고 신경세포 간에 정보를 주고받는 화학물질로, '뇌의 화학언어'라 불립니다. 이것이 어떻게 균형을 이루느냐에 따라 감정과 행동 심지어 성격에까지 영향을 미칩니다.

가령 신경전달물질 중 하나인 세로토닌의 감소는 기분을 가라앉히는 것을 넘어, 감정의 회복력과 안정성을 떨어뜨려, 불안과 슬픔 같은 부정적인 정서를 오래 지속시킵니다. 아울러 노르에피네프린의 저하는 각성과 에너지 수준을 낮추고 동기부여와 집중력을 떨어뜨립니다. 그리고 도파민의 감소는 삶에서 기쁨과 보람을 느끼는 능력, 즉 쾌감회로의 기능을 현저하게 위축시킵니다.

예술가들의 창작활동은 이러한 보상시스템과 긴밀히 맞물려 있습니다. 따라서 우울증이 심해져 신경전달물질의 균형과 전전두엽-변연계 회로가 크게 흐트러지면, 창작의욕 및 집중력 등이 급격히 떨어지게 됩니다.

우리가 아무것도 하지 않을 때, 즉 외부자극에 집중하지 않고 멍하니 있을 때 뇌에서 활성화가 과하게 일어나는 신경회로도 있습니다. 디폴트 모드 네트워크(Default Mode Network, 이하 DMN)는 복내측전전두피질 등이 관여하는 회로로, 아무 일도 하지 않을 때 혹은 멍하니 상상을 하거나 과거를 회상할 때 두드러지게 활성화됩니다(74쪽). DMN은 대게 창의성과 자유연상에 기여하지만, 과도하게 활성화될 경우 자기반성이 커지면서 자칫 자기비난에 빠지기 쉽습니다. 우울증 환자들은 DMN이 너무 자주 그리고 지나치게 활성화되어 외부와의 소통을 줄이고 내면 깊은 곳으로 침잠해 들어가곤 합니다.

이와 반대로 중앙 집행 네트워크(Central Executive Network, 이하 CEN)는 문제해결, 집중력, 인지적 유연성에 관여합니다. CEN은 배외측전전두피질을 중심으로 구성되는데, DMN과는 반대로 외부자극에 반응합니다. 그런데 우울증 상태에서는 이곳의 기능이 저하되어 뇌신경 간 조절 및 전환 능력이 손상을 입게 됩니다. 우울증이 심해질 경우 감정이 통제되지 않는 상태에서 집중력은 저하되고 신체마저 무기력해지면서, 어떤 문제에 봉착했을 때 이를 해결하려는 의지가 꺾이게 됩니다.

결국 뇌 회로의 불균형은 화가의 인생에 양면적인 효과를 가져옵니다. 깊은 성찰과 내면을 향한 탐색은 예술적으로 뛰어난 작품을 낳게 하지만, 반대로 심각한 우울감은 삶과 죽음 사이로 화가를 내몰기도 합니다. 이를테면 실례처럼 DMN이 과도하게 활성화된 화가는 강렬한 자기반성과 내면 탐구를 통해 독창적인 이미지를 창출하지만, 그 균형이 무너지는 순간 현실감각을 잃고 극단적인 감정에 휘둘릴 수 있습니다.

화가들의 뇌는 마치 팽팽한 외줄타기를 하는 것과 같습니다. 한쪽 끝에는 고통이, 다른 쪽 끝에는 창작의 희열이 공존하기 때문입니다. 화가들은 둘 사이를 연결한 외줄 위에서 휘청대면서도 (비록 모든 화가들이 그런 것은 아니지만) 마침내 작품을 완성해냅니다. 그렇게 탄생한 예술이야말로, 균형을 잃은 듯 위태로운 삶에서 피어난 가장 눈부신 기록입니다.

통증과 우울이 만나는 지점

'고통의 여왕'이라 불릴만한 화가가 있습니다. 멕시코를 대표하는 프리다 칼로Frida Kahlo, 1907-1954입니다. 칼로의 그림과 마주하면 우리는 가장 먼저 고통을 떠올립니다. 살을 찌르는 듯한 신체의 통증과 끝없는 슬픔이 하나의 화면 속에서 얽혀, 마치 두 가지 상처가 한데 겹쳐진 듯 느껴집니다. 몸과 마음에서 피어나는 서로 다른 고통이 뇌 속에서 어떻게 하나의 언어로 합쳐지는지 칼로의 그림은 조용히 증언합니다.

칼로는 어릴 적 앓은 소아마비와 성인이 되어 겪은 불의의 전차사고로 평생을 장애와 통증 속에서 살았습니다. 특히 전차사고로 척추와 골반에 심각한 손상을 입게 되지요. 이로 인해 평생을 괴롭힌 극심한 통증이 그를 우울증이라는 감정의 수렁에 빠트렸습니다.

뇌는 때때로 신체적 통증과 정서적 고통을 구분하지 않고 처리합니다. 두 가지 신호는 뇌 안에서 밀접하게 얽혀 있으며, 일부 신경회로와 신경전달물질 체계를 공유합니다. 신체적 통증이 정서적 고통으로 전이되는 까닭은 왜일까요? 신체적 통증은 체성감각피질에서 받아들입니다. 이후 섬엽과 전측대상피질로 정보를 보내 정서적 의미로 해석합니다.

섬엽은 통증의 감각과 그에 대한 감정을 통합하는 중요한 역할을 합니

섬엽	바늘에 찔리는 물리적 통증을 '끔찍하다'는 정서적 고통으로 인지하게 작용. 사방이 바다로 둘러싸인 섬처럼 전두엽과 측두엽, 두정엽에 덮여 있어 섬을 뜻하는 라틴어 'insula'라는 명칭이 붙음.

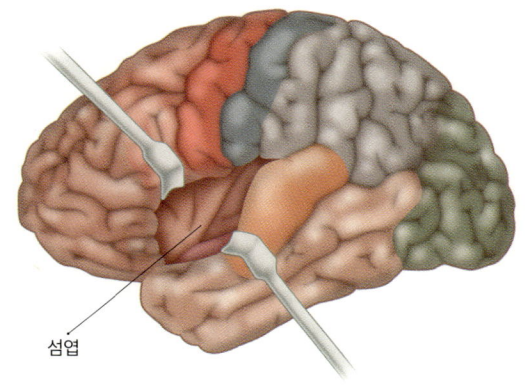

섬엽

다. 예를 들어 뾰족한 바늘에 찔리는 물리적 통증 자체는 척수와 대뇌 체성감각피질에서 인식되지만, 그 고통을 '끔찍하다'고 정서적으로 느끼는 것은 섬엽의 작용입니다. 이곳이 활성화될수록 우리는 단순히 통증을 '느끼는' 것이 아니라 '정서적으로 해석'하게 되는 것입니다.

특히 전측대상피질은 더욱 고통에 민감하게 반응하도록 만들어, 신체적 통증을 정서적인 고통으로까지 확대시킵니다. 우울증 환자의 경우 전측대상피질 중 정서를 담당하는 부분은 지나치게 활성화되고, 인지를 담당하는 부분은 오히려 활성이 저하된다고 알려져 있습니다. 이처럼 전측대상피질에 이상이 생기면 통증에 대한 감정반응이 왜곡·과장되어 나타납니다.

다음으로 주목할 뇌 영역은 중뇌수도관 주변 회백질입니다. 이곳은 편도체나 시상하부에서 들어온 위협과 통증 정보를 통합해 하행성 진통경로를 조절하는 핵심 허브입니다. 중뇌수도관 주변 회백질은 내인성 오피오이드

전측대상피질

고통에 민감하게 반응하도록 만들어 신체적 통증을 감정적인 고통으로 확대시킴.

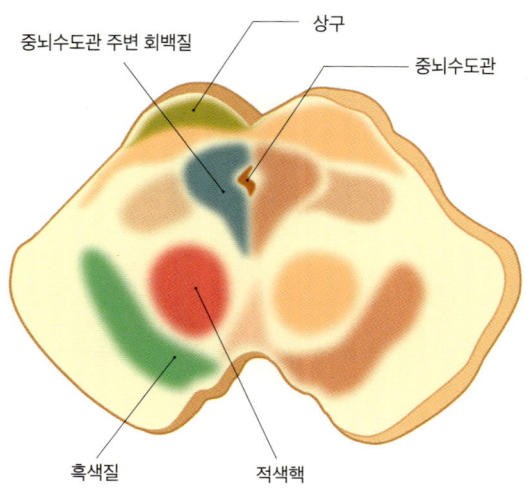

중뇌수도관 주변 회백질

세로토닌과 노스에피네프린을 이용해 통증신호의 세기를 줄여주는 뇌의 진통 스위치.

칼로, 〈두 명의 프리다〉, 1939년, 캔버스에 유채, 173×173cm, 멕시코 모던 아트 뮤지엄, 멕시코시티

    신경회로를 활성화해 통증전달 뉴런의 활동을 억제하고, 동시에 연수의 솔기핵(세로토닌)과 청반핵(노르에피네프린)을 통한 하행성 조절경로를 강화하여 진통효과를 높입니다.

    하지만 우울감이 깊어질수록 중뇌수도관 주변 회백질의 기능은 저하됩니다. 이로 인해 통증을 억제하는 진통효과는 줄어들고, 사소한 신체적 자극에도 과도하게 고통을 느끼게 됩니다. 가령 우울할 때 뇌에서는 세로토닌의 분비가 줄어들어 신체적 통증이 증가하면서 정서적 안정이 무너지게 됩니다. 그리고 노르에피네프린이 감소하면 통증에 대한 민감성과 우울감이 동시에 강하게 나타납니다. 특히 도파민이 감소하면 고통을 이겨내려는 의욕과 에너지가 사라지고, 엔도르핀의 저하 역시 신체적 통증에 대한 감수성을 더욱 높입니다.

결국 증폭된 신체적 고통은 섬엽, 전측대상피질, 편도체 등의 감정회로를 자극하여 정서적 고통을 불러옵니다. 실제로 만성통증을 앓는 환자들의 절반 이상이 우울증을 동반한다고 보고되고 있습니다. 반대로 우울증 환자들 중 절반 이상이 '몸이 아프다'고 호소하며 병원을 찾기도 합니다. 이처럼 신체적 고통과 정서적 고통이 뇌 속에서 서로를 증폭시키며 악순환의 반복을 일으키는 것입니다.

신체적 통증과 정서적 고통을 동시에 겪어야 했던 칼로의 작품을 보겠습니다. 칼로는 〈두 명의 프리다〉란 작품에서 자아분열, 정체성 혼란 그리고 이혼으로 인한 상실감을 에두르지 않고 직설적으로 표현합니다.

그림 속 왼쪽의 칼로가 이혼 후 자아라면, 오른쪽은 여전히 강한 정체성을 간직한 칼로입니다. 두 인물을 연결하는 혈관과 지혈집게는 칼로의 정서적 분열과 감정의 흐름을 상징합니다. 이 작품은 한 여성의 내면을 두 개의 실루엣으로 분할해, 자아와 우울 그리고 상실을 동시에 보여줍니다.

그림 속 칼로의 심장은 아직도 고통을 품은 채 조용히 뛰고 있습니다. 칼로의 그림을 보고 있으면 깨닫게 됩니다. 누군가의 고통이 때로는 예술이 되어 타인의 상처를 감싼다는 것을 말입니다. 화가들이 캔버스에 써내려간 우울한 편지가 우리의 삶을 위무하는 까닭입니다.

조율을 거부한
광기의 예술

**조현병 화가들의 그림에 새겨진
뒤틀린 뇌 회로**

중동과 이집트를 여행하던 리처드 대드Richard Dadd, 1817-1886는 태양신의 계시가 들린다는 망상에 사로잡혀 있었습니다. 여행에서 돌아온 그는 아버지가 악마에게 조종당하고 있다는 해괴망측한 생각에 빠져 결국 아버지를 살해하고 맙니다. 순간 그의 삶은 돌이킬 수 없게 되지요.

대드는 영국 빅토리아 시대에 활동했던 화가로, 십대 시절에 왕립아카데미에 입학할 정도로 전도유망했습니다. 하지만 세상은 그에게 '광기의 화가'라는 낙인을 찍습니다. 현실을 심각하게 왜곡하는 정신이상 증세가 그의 발목을 잡았지요.

아버지를 살해한 대드는 결국 중증 정신질환을 인정받아 감옥에 수감되는 대신 정신병원에서 치료감호 조치를 받습니다. 그리고 그는 정신병원에서 삶의 대부분을 보내는 내내 그림을 그렸습니다. 그의 대표작으로 꼽

대드, 〈나무꾼 요정의 숙련된 도끼질〉, 1855년, 캔버스에 유채, 54×39cm, 테이트 브리튼 뮤지엄, 런던

히는 〈나무꾼 요정의 숙련된 도끼질 : The Fairy Feller's Master-Stroke〉도 그가 한때 입원했었던 브로드무어 정신병원에서 완성한 것입니다.

대드는 이 그림을 완성하는 데 무려 9년이 걸렸다고 전해집니다. 그림에는 요정, 기사, 마법사 등 현실과 동떨어진 존재들이 등장합니다. 복잡한 구도 속에서도 도끼를 든 요정이 나무를 내리치기 직전의 모습은 극도의 긴장감을 불러옵니다. 그림의 영문제목 가운데 'feller'는 (나무를) 쓰러트리는 사람, 즉 나무꾼을 의미하는 동시에 화가 자신으로 읽히기도 합니다. 한결같이 아들을 걱정했던 아버지는 나무와 같은 존재였을 것입니다. 대드는 그런 아버지를 도끼로 내려친 것입니다. 그런 의미에서 그림은 망상에서 헤어 나오지 못한 채 참상을 저지른 화가의 자기고백적 자화상이라 할 수 있습니다.

망상 속 화가의 정신세계를 촬영한 드라마 같은 그림

대드가 앓았던 정신질환은 오늘날 진단기준으로 볼 때 '조현병'과 가장 유사한 것으로 추정됩니다. 조현병이란 망상, 환청, 와해된 언어와 행동, 정서적 둔감 등으로 사회적·직업적 기능에 심각한 장애를 일으키는 정신질환입니다. '조현(調絃)'은 현악기의 줄을 고른다는 뜻으로, 악기의 줄이 어긋나면 제대로 연주할 수 없듯이 뇌의 신경회로가 불균형해지면 비정상적인 생각이나 행동을 일으킨다는 의미가 담겨 있습니다. 과거에 '정신분열증'으로 불리던 것을 환자에 대한 부정적 인식을 줄이기 위해 2011년부터 조현병으로 명칭을 바꾼 것입니다.

조현병에 시달렸던 대드의 뇌는 무엇이 문제였던 걸까요?

뇌에서 시상은 감각정보의 중계소이자 대뇌피질로 전달할 때 중요한 것과 그렇지 않은 것을 걸러내는 관문 역할을 합니다. 그런데 조현병 환자의 뇌에서는 시상-대뇌피질 회로의 조절기능이 약화되어 '중요하지 않은' 자극까지 대뇌로 보내면서, '감각 필터링 장애'가 발생합니다. 이러한 현상은 〈나무꾼 요정의 숙련된 도끼질〉에서 확인할 수 있습니다. 대드는 그림에서 '중요한 인물'과 '배경요소'를 구분하지 못하고 모든 디테일에 집착하는 양상을 보입니다. 화면 가득히 들어찬 인물과 배경의 과도한 세부묘사는 조현병 환자에게서 나타나는 '과잉 주의집중'과 '과민한 감각처리' 그리고 '의미 왜곡적 해석'의 흔적이라 하겠습니다.

이러한 강박적 세부묘사는 대드가 정신병원에 입원하기 전에 그렸던 〈잠자는 티타니아〉에서도 관찰됩니다. 그림은 셰익스피어의 희곡 『한여름 밤의 꿈』에서 요정 티타니아가 잠든 장면을 대드가 재해석한 것입니다. 티타니아가 잠든 숲속은 현실과 동떨어진 초현실적 공간으로, 대드의 망상적 세계관이 반영된 듯합니다. 그림 속 요정들의 기이한 동작과 비현실적 생명체들은 대드의 환각을 시각화한 것으로 해석됩니다. 화면 전체가 복잡하게 얽혀 중심인물 외에도 수많은 요소들이 관람자의 시선을 분산시킵니다.

조현병 환자의 뇌에서 흔히 발견되는 복외측전전두피질의 기능장애는 현실을 판단하는 능력과 논리적 사고 그리고 생각과 생각을 자연스럽게 이어주는 힘을 약화시킵니다. 〈나무꾼 요정의 숙련된 도끼질〉를 자세히 살펴보면, 서사적 연결이 부재하다는 인상을 지울 수 없습니다. 그림은 마치 꿈속에서 조각조각 떠다니는 환상의 파편처럼 구성되어 있습니다.

대드, 〈잠자는 티타니아〉, 1841년, 캔버스에 유채, 65×79cm, 루브르 뮤지엄, 파리

　결국 대드의 그림들은 그의 뇌 속에서 일어난 비현실적 사고의 구조를 드러냅니다. 마치 시간과 공간이 정지된 환각의 세계를 시각화한 것과 같습니다. 현실과 환상의 경계가 무너진 그에게 그림은 단지 시각적 표현이 아니라 그의 정신세계를 촬영한 한 편의 드라마 같습니다.

사랑스런 고양이가 기괴하게 변한 까닭

"고양이들이 내게 세상을 구하라고 명령한다."
한때 세상에서 가장 사랑스런 고양이를 그리던 화가 루이스 웨인Louis Wain, 1860-1939이 정신병원에서 한 말입니다. 악마에게 영혼을 빼앗긴 아버지를 죽이라는 신의 명령을 들었다는 리처드 대드의 환청과 겹쳐집니다.

19세기경 영국에서 고양이는 그다지 호감이 가는 존재는 아니었습니다. 심지어 고양이를 '악마의 애완동물'이라며 금기시하는 사람들도 있었으니까요. 저잣거리 쓰레기통이나 뒤지던 고양이를 영국인들이 애정하게 된 것은 가난에 찌든 한 삽화가가 크리스마스카드에 귀여운 고양이 캐릭터를 그려 넣은 것이 시쳇말로 대박이 터지면서입니다.

성스러운 성탄절에 악마의 애완동물이라니…… 아무튼 영국인들의 변덕을 이끌어냈던 건 웨인의 기가 막힌 솜씨였습니다. 영국인들은 웨인의 그림을 통해서 고양이가 얼마나 귀여운 표정을 짓는 동물인지 깨달은 것입니다. 고양이 그림은 웨인에게 부와 명성을 가져다주었습니다. 웨인만큼 고양이를 사랑스럽게 그릴 수 있는 사람은 없었기 때문입니다. 아니 그때까지 그 누구도 고양이를 웨인처럼 그리지 않았습니다. 〈익살꾸러기들〉에서 알 수 있듯이, 고양이를 의인화해서 그림에 위트 있는 이야기를 불어넣는 웨인의 상상력은 갈수록 진화했습니다.

그러나 웨인의 삶은 그림처럼 유쾌하지만은 않았습니다. 평생 그림만 그렸던 웨인은 세상물정에 어두웠습니다. 그의 돈과 재능을 노리는 사람들로부터 웨인은 거의 무방비 상태였습니다. 작업에 관한 계약에 서툴렀고, 그의 그림들이 도용되는 일도 적지 않았습니다. 바다 건너 미국에서는 그

웨인, 〈익살꾸러기들〉, 1898년, 컬러 석판화, 46×70cm, 조세프 레보빅 갤러리, 시드니

의 저작권이 헐값에 넘어가는 일도 생겼습니다. 그러는 사이 여동생이 정신질환으로 병원에 입원하고 갑자기 어머니를 여의는 불행이 찾아옵니다. 웨인은 한동안 깊은 실의에 빠졌고 재기하기 위해 마음을 고쳐먹었지만, 세상은 이미 많이 변해있었습니다. 그의 그림을 향한 대중의 관심은 갈수록 시들해졌습니다.

순진하기만 했던 화가는 냉혹한 현실 앞에서 무너져갔습니다. 좌절감이 커질수록 성격은 날카로워지고 작업의 집중력도 현저하게 떨어졌습니다. 스스로 제어할 수 없을 만큼 난폭해지기까지 했습니다. 하지만 웨인은 현실을 받아들이지 못했습니다. 현실에서 도피하려는 듯 망상에 사로잡히고 말았지요. 보다 못한 가족들은 웨인을 병원으로 데려갔고, 그에게 심각한 정신질환 진단이 내려집니다.

당시 그는 주변 사람들에게 고양이에 대한 망상과 환각을 자주 이야기했다고 전해집니다. 밤마다 고양이들이 병실 창문으로 들어와 말을 건다거나, 고양이가 자신의 손을 움직여 그림을 그리게 한다고 했습니다. 웨인의 망상과 환각은 그의 그림에도 직접적인 영향을 미쳤습니다. 위트 있고 자연스러운 묘사에서 점점 추상적인 스타일로 변해갔지요. 그가 그린 고양이들은 더 이상 사랑스럽지 않았습니다. 스케치북에는 웨인이 그렸다고는 믿기 어려울 정도로 낯설고 그로테스크한 고양이들로 채워졌습니다.

웨인이 그렸던 고양이들을 시계열순으로 보고 있으면, 망상에 빠져 현실을 왜곡하는 뇌가 어떻게 변해가는 지 목도하게 됩니다. 영국의 정신과 의사이자 예술치료 연구자인 월터 맥클레이Walter Maclay, 1902-1964는 조현병 환자들의 그림을 통한 정신분석 연구로 학계로부터 크게 주목받았는데요. 그는 특히 웨인의 고양이 그림들을 콜라주하여 정신상태의 변화를 시각적으로 분석해 화제가 되기도 했습니다.

웨인의 정신상태를 뇌과학적으로 좀더 들여다보면, 그의 병증이 고양이에 대한 피해망상에서 비롯되었음을 알 수 있습니다. 고양이는 점차 그에게 위협적인 존재로 인식되었습니다. 그가 처음 고양이를 그렸을 때는 익살스러운 몸짓과 사랑스런 표정이 대중들에게 큰 호감을 얻었습니다. 하지만 망상증세가 시작되면서 고양이의 눈동자가 비정상적으로 커지는가 하면, 그림에 과도한 기하학적 패턴이 등장하는 등 인지왜곡이 나타납니다. 특히 그의 병세가 악화된 1920년대 후반 작품에서는 분열된 공간감각, 해체된 형태, 환각적 색채구성이 현저해집니다.

월터 맥클레이가 조현병 환자들의 그림들을 통해 정신상태의 변화를 분석하고자 활용한 웨인의 고양이 그림들. 고양이의 모습이 갈수록 난해한 형상으로 변하고 있다. 이미지 출처 : 베들레헴 마인드 뮤지엄(런던 베들레헴 왕립병원)

    조현병 환자는 시각정보 처리체계와 뇌신경망이 비정상적으로 작동하면서 현실과 상상의 경계가 무너지게 됩니다. 이로 인해 뇌는 시상-대뇌피질 회로와 전전두엽, 변연계 네트워크의 균형이 무너지면서 시각피질로부터 들어오는 정보를 지나치게 강조해서 인식하지요. 뇌과학에서는 이를 '감각 게이팅(gating) 장애' 혹은 '현실검증 회로의 이상'으로 설명합니다. 웨인의 후기작품들에서 나타나는 과도한 시각적 강조가 여기에 해당합니다. 시상과 감각피질 간의 연결이상, 전전두엽의 억제기능 저하, 편도체의 지나친 활성화가 맞물리면서 감정이 과잉반응을 일으킨 것입니다.

웨인의 후기작품들에는 화가의 왜곡된 공포감이 시각적으로 난해한 패턴으로 나타납니다. 실제로 조현병이 악화된 시기에 그린 작품들을 보면, 고양이라고 할 수 없을 만큼 추상적이고 비현실적인 형상에다 감정의 소통이 전혀 불가능해 보이는 무표정한 눈만 남아 있습니다. 이는 도파민 및 흥분성과 억제성 신호의 불균형으로 현실과 상상을 구분하는 능력이 쇠퇴했을 때 나타나는 신경과학적 변화입니다. 웨인은 병세가 심해질수록 불안과 망상, 환각에 빠진 자아를 그림 속 고양이에 투영시켰던 것입니다.

이상한 나라의 화가가 그린 난해한 지도

누군가는 쓸쓸한 병실에서 고양이만 그리다 생을 마감했다면, 다른 누군가는 닫힌 병실에서 자신만의 우주를 그렸습니다. 아돌프 뵐플리Adolf Wölfli, 1864-1930는 거의 평생을 정신병원에서 보냈지만 내면은 예술적 영감으로 넘쳐났고, 그림들에서는 뜻 모를 문자와 기호, 색채가 폭발했습니다.

스위스 베른 근교에서 태어난 뵐플리는 알코올 중독자 아버지의 학대로 불우한 유년기를 보내야 했습니다. 심지어 채 열 살도 되기 전에 고아가 되었고, 강간미수를 저지르는 등 성년이 되어서도 온전치 못한 삶을 살았지요. 여기에 심각한 망상장애까지 찾아오면서 오랜 세월을 정신병원에서 지내야 하는 신세가 됩니다.

절망의 고통에서 시름하는 뵐플리의 유일한 낙은 뜻밖에도 그림이었습니다. 처음에 그는 병실의 벽에 낙서처럼 그림을 그리기 시작했습니다. 이후 그림들이 예사롭지 않음을 간파한 병원 관계자의 도움으로 스케치북과 물감을 지원받게 되면서 본격적으로 그림작업에 돌입하지요. 제대로 미술교육을 받아본 적 없는 뵐플리의 그림들은 거칠고 투박했지만, 어디서도 볼 수 없었던 유니크한 창의성으로 예술적 진가를 인정하는 이들이 하나 둘 생겨납니다. 특히 정신과 의사 발터 모르겐탈러 Walter Morgenthaler, 1882-1965는 뵐플리의 그림들을 통해 정신질환자에게서 탁월한 예술적 재능이 발현될 수 있음에 주목합니다.

뵐플리는 '아르브뤼' 개념을 보여주는 대표적인 작가입니다. 아르브뤼는 '가공되지 않은(Brut) 예술(Art)'이라는 뜻으로 1945년 프랑스 화가 장 뒤뷔페 Jean Dubuffet, 1901-1985가 처음으로 사용한 개념입니다. 전통적인 미술교육이나 문화적 영향 없이 창작된 순수하고 본능적인 예술을 가리키지요.

뵐플리의 그림들은 뇌과학적으로도 흥미로운 연구대상입니다. 조현병 진단을 받은 뵐플리는 스스로를 '성 아돌프(Saint Adolf)'라 부르고 세상을 재건할 특별한 사명을 받았다며 종교적·제국주의적 망상에 빠져있었습니다. 그는 병실에서 수천 장의 그림과 글, 심지어 악보를 그렸는데, 이러한 작업들은 '성 아돌프 왕국'을 구축하기 위한 망상 속의 의식이었습니다.

그의 그림들에서는 강박적인 기호의 반복과 숫자의 배열, 기하학적 대칭 및 상징적 서사구조가 특징적으로 나타납니다. 그는 평범한 풍경이나 인물보다는, 문자와 숫자, 음표 등의 기호들을 조합하여 자신만의 세상을 시각화하는 데 몰두했습니다. 대표작 가운데 하나인 〈Neveranger 섬의 전경〉에서 뵐플리만의 독특한 예술세계를 확인할 수 있습니다.

'Neveranger'는 그가 만든 가상의 나라입니다. 이곳의 지도자는 물론 뵐플리입니다. 화면을 가득 메운 숫자와 기호, 음표는 그의 내면세계를 반

뷜플리, 〈Neveranger 섬의 전경〉, 1911년, 종이에 색연필, 99×71cm, 쿤스트 뮤지엄, 베른

영합니다. 좌우로 반복되는 기하학적 패턴에서 그의 감각체계가 얼마나 혼란스러운지 짐작할 수 있습니다. 이는 조현병 환자들이 흔히 보이는 과민한 시각반응, 강박적인 반복행동, 감정조절의 어려움과 깊은 관련이 있습니다.

대체로 뵐플리의 그림들은 의미가 통합되지 못한 채 분열된 이야기 구조를 보여줍니다. 화면구성은 초점 없이 산만하게 전개되고, 도식화된 언어와 기호들은 무질서하게 왜곡되어 배치됩니다. 이러한 구성방식은 현실과 환상, 자아와 타자 사이의 경계가 무너진 '자아경계의 붕괴' 상태를 암시하면서 긴장과 불안을 시각적으로 표현한 것입니다. 강박적으로 반복된 숫자와 상징기호는 무너져가는 현실 속에서 자신만의 질서를 붙잡으려 했던 자아의 흔적이 아니었을까 추측해 봅니다.

뵐플리의 예술은 과잉감각과 왜곡된 의미부여가 만들어낸 자신만의 '비현실적인 우주'이자 그의 삶을 지탱하는 하나의 방식이었는지도 모르겠습니다.

뇌 영역 간의 단절 그리고 세상과의 단절

조현병은 조화롭게 이어져야 할 뇌의 신경회로들이 엉키고 끊겼을 때 나타납니다. 뇌의 한 곳이 고장이 나서 생기는 게 아니라 여러 영역 간의 연결에 심각한 장애가 발생하는 복합적인 뇌질환이지요. 환자들은 현실 판단력의 저하, 사고의 와해, 감정조절의 실패 그리고 환각과 망상 같은 인지 왜곡을 경험하게 됩니다.

조현병 환자의 뇌에서 대표적으로 나타나는 특징은 배외측전전두피질의 구조적·기능적 이상입니다. 배외측전전두피질은 작업기억, 집행기능, 계획수립 및 주의력 조절과 의사결정 등 주로 고차원적 인지기능을 담당합니다. 그런데 이 부위의 회백질이 위축되거나, 해마와 시상, 측두엽 등과의 연결에 장애가 발생할 경우, 논리적 사고 및 현실검증 능력이 떨어져 왜곡된 사고와 비현실적 신념이 형성됩니다. 가령 아버지에게 악귀가 씌었다는 신의 계시를 들었다는 리처드 대드, 세상을 구하라는 고양이의 목소리를 들었다는 루이스 웨인, 자신이 성 아돌프 왕국의 지배자라 여긴 아돌프 뵐플리는 공통적으로 배외측전전두피질의 기능장애와 주변 영역 간의 네트워크 불균형으로 심각한 망상에 빠진 것으로 보입니다.

한편, 뇌에서 감각정보를 선별하고 통합하는 시상의 필터링 기능이상도 조현병의 주요 원인 중 하나로 지목됩니다. 시상은 감각신호를 단순히 중계하는 곳이 아니라, 전두엽 및 측두엽과 상호작용하면서 불필요한 자극을 억제하고 중요한 정보만 대뇌피질로 전달하는 역할을 합니다. 하지만 시상의 필터링 기능에 이상이 생기면, 중요하지 않은 자극까지 대뇌피질에 전달되어 사소한 소리나 시각정보마저 의미 있는 신호로 과도하게 해석합니다. 이러한 감각 게이팅 장애는 감각기관의 과부하 및 정보통합의 혼란을 일으켜, 현실과 상상의 경계를 허물면서 환청이나 환시 증상을 초래합니다.

아울러 편도체의 지나친 활성화도 조현병 환자의 뇌에서 자주 관찰되는 증상으로 꼽힙니다. 편도체는 감정, 특히 공포와 불안을 처리하는 핵심 영역입니다. 조현병 환자들은 외부의 사소한 자극도 위협신호로 해석해서 과민반응을 보입니다. 조현병 환자들이 피해망상을 호소하는 이유가 여기에 있습니다.

베르니케도 조현병에서 자주 회자되는 뇌 영역 가운데 하나입니다. 이곳은 독일의 신경과학자 칼 베르니케Carl Wernicke, 1848-1905가 발견한 부위로, 청각 및 시각 피질에서 전달된 언어정보를 해석하는 역할을 담당합니다. 베르니케 영역과 전전두엽의 연결에 장애가 발생하면, 자신의 내부 언어신호를 외부에서 들리는 목소리로 잘못 인식하는 '자기 모니터링 장애'가 발생합니다. 이로 인해 실제로 존재하지 않는 목소리를 듣는 환청이 나타나고, 타인의 말을 잘못 해석하기도 합니다.

조현병은 측좌핵을 포함하는 보상회로에서도 이상기능이 관찰됩니다. 측좌핵은 도파민 신호를 기반으로 동기부여와 보상예측을 조절하는데, 조현병 환자들은 이 회로가 제대로 작동하지 않아 감흥이 무뎌지거나 의욕을 상실하는 경우가 빈번해집니다.

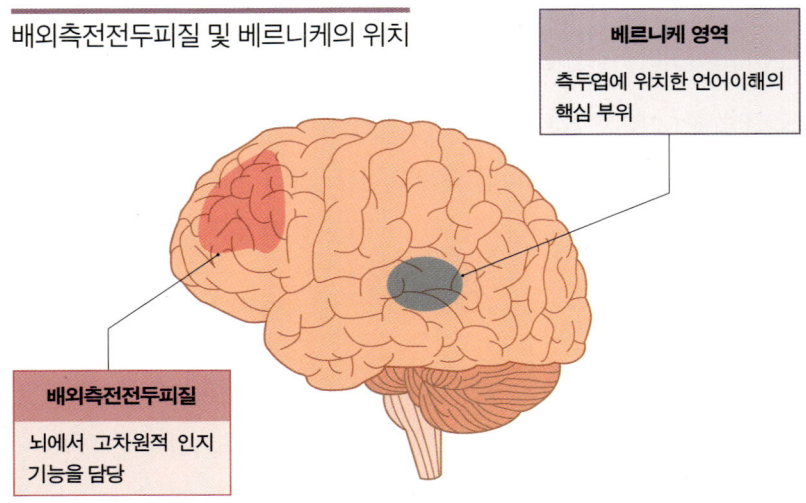

배외측전전두피질 및 베르니케의 위치

베르니케 영역
측두엽에 위치한 언어이해의 핵심 부위

배외측전전두피질
뇌에서 고차원적 인지 기능을 담당

이처럼 조현병은 하나의 특정 뇌 영역의 손상이 아니라, 전두엽-측두엽-시상-변연계 사이의 신경망이 제대로 조율되지 않아 발생하는 복합적인 뇌질환입니다.

리처드 대드와 루이스 웨인, 아돌프 뵐플리의 그림을 보고 있으면, 과도한 채색과 불안정한 구도, 문자와 기호의 난해한 패턴 등으로 조금은 혼란스럽기도 합니다. 하지만 예술이란 때론 불편을 감수하며 감상해야 하는 것이지요.

그들의 그림은 단지 불안한 눈으로 바라본 세상이 아니라, 무너져가는 뇌를 부여잡고 삶의 마지막까지 버텨내려 했던 흔적이 아니었을까요. 상처받은 뇌가 세상과 소통하길 얼마나 간절하게 염원했는지 그림에 오롯이 새겨져 있습니다. 지독한 병증 속에서도 꺼지지 않는 화가들의 예술적 본능을 봅니다.

그들의 밤은 낮보다 아름답다

불면의 밤을 그린 화가들의 뇌

"해가 뜨기 훨씬 전 새벽하늘에 아주 큰 별들이 빛나고 있었어."
빈센트 반 고흐 Vincent van Gogh, 1853-1890가 아를에 있을 무렵 동생 테오에게 보낸 편지의 한 구절입니다. 고흐는 밤새 잠을 이룰 수가 없었던 모양입니다. 그는 침대 대신 캔버스 앞으로 가서 별빛으로 찬란한 밤하늘을 그렸습니다.

고흐를 비롯한 수많은 예술가들이 불면의 밤을 보냈습니다. 어두울수록 선과 색이 선명해지고, 고요할수록 멜로디가 떠오르며, 아무도 없는 적막함 속에서야 비로소 원고가 채워집니다. 밤이 깊어져야만 이 모든 게 가능한 일입니다. 예술가들에게 밤은 창작의 감각이 깨어나는 시간입니다. 밤사이 그들의 뇌에서 어떤 일이 벌어진 걸까요?

고흐의 뇌를 깨운 밤빛

고흐는 우울증과 함께 불면증도 앓았습니다. 뜬눈으로 밤을 지새워야 하는 시간은 몸서리칠 만큼 고독하고 고통스러웠을 것입니다. 하지만 밤은 고흐에게 선물 같은 시간이기도 했습니다. 어두워질수록 밤하늘의 별은 밝게 빛났고, 그것을 바라보는 고흐의 눈은 더욱 형형해졌을 것입니다.

"밤은 낮보다 더 강한 생명력과 더 풍부한 색채를 가지고 있어."

고흐는 동생 테오에게 보내는 편지에서 이렇게 쓰기도 했습니다. 그는 낮보다 오히려 밤의 시간 속에서 더 강렬한 영감을 받았던 것으로 보입니다. 〈별이 빛나는 밤〉, 〈론강의 별이 빛나는 밤〉, 〈밤의 카페 테라스〉 등 밤을 배경으로 한 작품들이 떠오릅니다. 그 중에서 〈밤의 카페 테라스〉는 아를의 포룸 광장에 있는 카페를 배경으로 그린 것으로, 고흐가 밤 풍경을 본격적으로 탐구하며 그린 첫 번째 그림으로 알려져 있습니다.

그림을 살펴보면, 고흐는 밤 풍경을 그렸음에도 불구하고 검은색을 사용하지 않았습니다. 밤이 낮보다 더 풍부한 색을 담고 있다고 여겼기 때문입니다. 노란 가스등과 푸른 밤하늘의 강렬한 대비 속에서 독특한 정서적 긴장감이 느껴집니다. 당시 고흐가 겪었던 불면과 과도한 각성상태가 감정처리 회로(편도체와 전전두엽)의 균형을 흔들면서, 밤의 적막함을 오히려 강렬한 색채대비로 재해석한 것이지요. 밤의 차분함과 동시에 감각의 긴장감을 불러일으키는 화면에서 고흐의 내면에 흐르는 불안과 고독을 느낄 수 있습니다.

고흐에게 불면은 단순한 수면부족이 아니라, 뇌의 감정 네트워크와 인지 네트워크의 균형이 무너지면서 과도한 각성이 지속되는 상태였을 가능성

고흐, 〈밤의 테라스〉, 1888년, 캔버스에 유채, 81×65cm, 크뢸러 뮐러 뮤지엄, 오테를로(네덜란드)

이 큽니다. 불면상태에서는 전전두엽의 이성적인 조절력이 떨어지고, 편도체가 지나치게 활성화되면서 불안과 두려움으로 더욱 예민해집니다.

고흐가 마주한 밤은 어둠이 아니라 깨어 있는 의식의 폭풍이 아니었을까 생각됩니다. 폭풍 속에서도 고흐의 뇌가 각성한 세상의 색깔은 더욱 명징하게 빛났고, 그는 이를 캔버스로 옮겼습니다. 그 각성의 고독이 아직도 캔버스 위에서 쉼 없이 깜박이고 있는 것 같습니다.

고독한 화가의 '끝없는' 밤

"고독하다는 것은 어떤 기분인가? 그건 배고픔 같은 기분이다. 주위 사람들은 모두 잔칫상에 앉아 있는데 자신만 굶고 있는 것 같은 기분이다 …… 시간이 지나면서 이런 기분이 밖으로도 드러나, 고독한 사람은 점점 더 고립되고 점점 더 소외된다."

영국의 논픽션 작가 올리비아 랭Olivia Laing은 『외로운 도시』라는 책에서 한때 절절하게 느꼈던 고독이란 감정에 대해서 이렇게 썼습니다. 젊은 시절 그는 사랑을 찾아 뉴욕으로 향했지만, 실연을 당하고 낯선 도시에서 밤마다 지독한 외로움과 싸워야 했습니다. 그때 우연히 찾은 휘트니 미술관에서 에드워드 호퍼Edward Hopper, 1882-1967의 〈밤을 지새우는 사람들 : Nighthawks〉을 만났습니다. 랭은 호퍼의 그림 속 인물들이 아무도 서로를 바라보지 않는 모습에서 자기 자신을 봤습니다. 화려한 파티가 끝난 도시의 밤에서 사무치도록 고독한 자신을.

호퍼 앞에는 '고독한 화가'라는 수식어가 붙습니다. 〈밤을 지새우는 사람들〉처럼 그는 불면의 밤을 보내는 사람들을 그렸습니다. 호퍼의 그림에서 나타나는 불면은 고독과 정서적 긴장 사이에서 뇌가 감정적 각성에 빠진 상태입니다. 호퍼는 고요하지만 차갑고 무거운 새벽의 정서를 도시의

호퍼, 〈밤을 지새우는 사람들〉, 1942년, 캔버스에 유채, 84×152cm, 시카고 아트 인스티튜트

풍경과 인물의 표정 속에 옮겨 놓았습니다.

〈밤을 지새우는 사람들〉은 깊은 밤 뉴욕의 카페가 배경입니다. 조명이 환하게 켜진 내부와 차가운 거리 사이로 유리벽이 놓여있습니다. 유리벽 너머로 서로를 바라보지 않는 사람들은 자기 안에 스스로를 가두고 있습니다. 그림은 자기성찰을 이끄는 디폴트 모드 네트워크가 과도하게 활성화된 상태를 시각화한 것처럼 보이기도 합니다. 외부자극이 거의 사라진 깊은 밤, 오히려 뇌는 스스로의 정체성과 내면의 감정을 더 깊이 되묻게 되지요.

한편, 그 시절 작가 랭이 〈밤을 지새우는 사람들〉 대신 〈오토매트 : Automat〉를 봤다면, 그림에 훨씬 더 깊이 감정이입이 되었을 지도 모르겠습니

호퍼, 〈오토매트〉, 1927년, 캔버스에 유채, 71×91cm, 디모인 아트센터, 아이오와(미국)

다. 늦은 밤 카페테리아에 무표정한 여성이 혼자 커피를 마시고 있습니다. '오토매트'는 20세기 초 미국에서 유행하던 셀프카페로, 벽에 설치된 유리창 너머로 음식이나 음료를 보고 동전을 넣으면 문이 열려 직접 꺼내 먹을 수 있었습니다.

밤늦게 혼자 오토매트를 찾은 여성의 사연이 궁금합니다. 작가 랭처럼 실연의 아픔을 간직한 걸까요? 그림 속 모델은 호퍼의 아내 조지아로 알려져 있습니다. 조지아는 한때 심각한 불면증에 시달렸다고 합니다.

그림에서 추정해 보건건대 호퍼 역시 불면증을 겪었을 가능성이 높습니다. 가령 〈오토매트〉에는 불면증에서 보고되는 시감각의 왜곡현상이 은유적으로 나타납니다. 만성적인 불면상태에서는 시상과 전전두엽, 해마가 관여하는 수면-각성 네트워크의 리듬이 깨지면서, 밤이 '끝없이' 계속될 것 같은 주관적 경험이 나타날 수 있습니다. 그림 속 통유리창에 카페 조명들이 '끝없이' 비쳐 드러나는 어두운 밤거리가 이를 방증합니다.

호퍼의 그림 속 인물들에게서 감지되는 고요한 긴장감은, 불면으로 인한 자율신경계의 과각성과 감정회로의 불균형이 빚어내는 내적 갈등을 시각화한 것처럼 보입니다. 불면상태에서는 전전두엽의 조절력이 떨어지고, 편도체의 반응성이 높아지며, 해마와 편도체의 연결이 강화되어 감정과 기억이 자주 얽히는 경향이 나타납니다. 그림 속 인물들은, 비록 깨어 있지만 멍한 시선을 하고 있고, 무표정하지만 감정이 짙게 배어 있습니다. 불면증은 뇌를 쉬게 하지 못한 채 수면-각성 네트워크를 과도하게 활성화시킵니다. 이러한 상태가 계속될수록 신경계의 피로도 누적될 수밖에 없습니다.

고흐와 호퍼를 포함한 수많은 화가들은 불면의 밤을 창작의 시간으로 버텨냈습니다. 그들에게 고요하고 적막한 밤은 인간의 감정이 가장 선명하게 드러나는 시간이었습니다. 그 순간 위대한 작품들이 탄생했음을 부인할 수 없습니다. 다만 그들에게 찾아온 몽롱한 아침은, 피폐한 현실로 돌아가야 하는 시간이기도 했습니다. 어쩌면 그들의 예술은 안온한 잠을 지불한 대가였는지도 모르겠습니다.

밤새 통증을 막아준 방패 같은 캔버스

누군가의 밤은 더 이상 고요하지도 거룩하지도 않았습니다. 프리다 칼로 Frida Kahlo, 1907-1954의 이야기를 또 다시 꺼내야 할 것 같습니다. 어린 시절 소아마비로 다리를 절었던 칼로는 18세에 끔찍한 전차사고로 척추와 골반, 자궁에 이르기까지 크게 다쳐 평생을 장애와 고통 속에 살아야 했습니다. 밤마다 몸속을 파고드는 극심한 통증은 칼로의 잠을 산산조각 냈습니다. 1930년대 디트로이트에 머물렀던 칼로가 친구에게 보낸 편지에는 이런 구절이 있었습니다.

"밤이 되면 도무지 잠을 이룰 수가 없어. 새벽까지 깨어 있다가 아침이 되면 지쳐 쓰러지곤 해."

실제로 밤에 통증이 심해지는 건 기분 탓이 아니라, 우리 몸의 호르몬 변화에 따른 신경학적인 원인 때문입니다. 코르티솔은 항염작용을 하는 스트레스 호르몬으로, 낮에는 높고 밤에는 낮아집니다. 밤부터 서서히 낮아져 새벽 무렵 최저치를 보이기 때문에 통증신호가 더 예민하게 전달된다는 연구결과도 있습니다.

이처럼 만성적인 통증은 수면의 질을 떨어트려 불면증과 우울증을 초래합니다. 칼로는 평생 침대에 누워 있었던 시간이 많았고, 밤마다 잠을 이루지 못한 채 신체의 고통과 감정의 격랑 속에서 살아야만 했습니다.

칼로가 지옥 같은 밤을 견딜 수 있었던 건 그림 덕분이었습니다. 그의 캔버스에는 육체와 영혼이 버텨낸 밤들이 오롯이 새겨져 있습니다. 칼로의 그림들은 단순히 신체적 고통을 묘사한 것에 그치지 않습니다. 그는 극심한 통증에서 오는 절망을 캔버스 위에 시각적으로 해체하고 재구성하여, 뇌가 감각을 조절할 수 있다는 점을 예술로 증명해낸 것입니다.

칼로의 〈꿈 : 취침〉에는 침대 위에서 잠을 이루지 못하는 화가 위에 거대한 해골이 폭탄처럼 놓여 있습니다. 이는 잠든 자신의 의식 위에 폭발하듯 터지는 고통, 즉 수면 중에도 멈추지 않는 내적 불안을 형상화한 것입니다.

칼로, 〈꿈 : 취침〉, 1940년, 캔버스에 유채, 74×98cm, 네수이 에르테군(Nesuhi Ertegun) 컬렉션, 뉴욕

이러한 경험은 뇌에서 섬엽을 중심으로 한 통증-정서회로의 변화와 관련이 있습니다. 섬엽은 우리 몸의 감각과 감정 상태를 통합해 고통을 단순한 감각이 아닌 정서적으로 불쾌한 경험으로 인식하게 만듭니다(146쪽). 불면이나 불안이 심해지면 뇌에서 섬엽과 편도체, 전전두엽 등의 조절기능이 약화되어, 미세한 자극에도 큰 고통을 호소하게 됩니다.

　작은 통증 하나조차 거대한 파도로 밀려오던 칼로의 밤들은 그야말로 폭풍의 나날이었습니다. 하지만 칼로는 격랑을 피하지 않고 온몸으로 받아냈습니다. 커다란 캔버스가 방패가 되어 그를 지켰던 것입니다.

불면의 고통을 '절규'하듯 호소하는 그림들

"밤마다 그림자들이 나를 덮쳐와 통 잠을 이룰 수가 없어."

칼로가 신체적 통증으로 잠을 이루지 못했다면, 뭉크는 정신적 고통으로 불면증을 호소했던 화가였습니다. 깊은 밤에도 에드바르 뭉크 Edvard Munch, 1863-1944에게 잠은 찾아오지 않았습니다. 어린 시절 가족을 잃은 슬픔의 그림자가 평생 그의 삶을 따라다니며 밤마다 '불안'을 흔들어 깨웠습니다. 불면의 시간 속에서 뭉크는 세상을 있는 그대로가 아닌, 뒤틀리고 떨리는 감각으로 바라보게 되었습니다.

뭉크가 지인과 주고받은 편지 및 여러 기록에 따르면, 그는 평소 불안증과 우울증, 공황장애 그리고 불면증에까지 시달렸던 것으로 전해집니다. 그림 속 인물들은 언제나 깨어 있지만, 어디에도 속하지 못한 소외된 존재들처럼 보입니다. 낮도 밤도 아닌 애매한 시간 속에서 몽롱한 상태로 떠도는 인물들의 모습에서 뭉크가 경험했던 불면과 불안이 읽힙니다.

뭉크의 그림들을 보고 있으면, 전전두엽과 편도체, 시상회로의 불균형으로 증폭된 감각이 화면에 투영된 것 같습니다. 그 중에서 특히 〈절규〉는 지나치게 활성화된 감각의 반응상태에서 표출된 극심한 불안을 형상화한 것으로 해석됩니다. 그는 그림의 모티브가 된 어떤 순간을 경험한 것에 대해 "해가 지고 하늘이 피처럼 붉게 물든 순간, 갑자기 자연 전체가 절규하는 것 같았다"는 소회를 밝힌 적이 있습니다.

뭉크의 경험은 뇌과학적으로 편도체의 과도한 활성과 전전두엽의 억제 기능 저하 그리고 전측대상피질 등을 포함한 정서회로의 불균형으로 해석됩니다. 그 결과 외부자극이 위협적으로 증폭되고, 감정은 과잉반응으로

뭉크, 〈절규〉, 1893년, 보드에 템페라와 크레용, 91×73cm, 노르웨이 내셔널 뮤지엄, 오슬로

뭉크, 〈불안〉, 1894년, 캔버스에 유채, 94×74cm, 뭉크 뮤지엄, 오슬로

치닫게 됩니다.

　〈절규〉가 발표된 다음해에 그려진 〈불안〉에서도 몽롱한 배경 속에 현실과 유리된 듯한 인물들이 매우 혼란스러워 보입니다. 이 그림에서도 만성적 불안과 수면부족으로 인한 인지적 피로와 정서적 고립감을 호소하는 뭉크의 고통을 읽을 수 있습니다. 불면상태에서는 디폴트 모드 네트워크와 실행 네트워크 간의 연결성이 흐트러집니다. 이 과정에서 자기의 심에서 오는 불안감이 급격히 커지면서 강한 공허감을 느끼게 됩니다.

뭉크의 그림 속 풍경은 현실이 아니라, 깨어 있는 두려움이 만든 또 하나의 밤입니다. 소리 없는 절규와 흔들리는 하늘, 길을 잃은 사람들의 표정은 그의 뇌가 기억한 '불안의 파장'이라 하겠습니다.

창작에 대한 가혹한 대가

밤이 깊어지면 뇌는 꿈과 현실의 경계를 잃고 서서히 다른 풍경을 펼쳐 보입니다. 잠들지 못한 감각은 낮에는 보지 못한 색채와 소리를 끌어올려 낯선 세상으로 안내합니다. 이렇게 뒤엉킨 감각과 기억의 조각들이 예술가의 눈앞에서 새로운 장면으로 피어납니다.

　수면은 단순한 휴식이 아니라 뇌가 스스로를 회복하고 정리하는 중요한 과정입니다. 수면 중 뇌는 감정을 조절하고, 기억을 재구성하며, 경험을 통합해 새로운 연상을 만들어 냅니다. 우리는 잠을 잘 때 렘수면(REM Sleep)과 비렘수면(NREM Sleep) 두 가지 단계를 주기적으로 반복합니다. REM은 빠른 안구운동을 뜻하는 'Rapid Eye Movement'의 약자로, 꿈을 가장 생생하게 꾸는 수면상태로 알려져 있습니다. 렘수면에서 뇌는 감각경험과 기억조각들이 재조합되어 새로운 상징과 이미지를 만들어 내고, 비논리적 연상과 상징적 사고가 가능해 집니다. 반면, 비렘수면에서는 해마와 대뇌피질이 상호작용해 낮 동안 경험한 기억을 안정화시키고, 장기기억으로 전환시킵니다. 렘과 비렘수면이 주기적으로 진행될 때, 뇌는 기억과 정서를 통합하고 새로운 연상작용을 통해 예술적 상상력을 키우는 것입니다. 수면 중에 디폴트 모드 네트워크는 깨어 있을 때와 다른 독특한 활동패턴을 보이며, 자아성찰 및 내적 이미지의 재구성을 돕습니다. 이 활동은 창의적 사고의 핵심 기반이 됩니다.

불면은 수면이 뇌에 미치는 긍정적 효과를 저해합니다. 수면부족은 단순한 피로감을 넘어서 전전두엽과 편도체, 해마 등 뇌 영역의 균형을 무너뜨려 감정조절, 주의력, 시청각 정보처리에 영향을 미칩니다.

무엇보다 불면상태에서는 시상하부의 각성회로가 과활성화되고, 스트레스 호르몬인 코르티솔 분비가 증가하며, 시교차상핵과 송과체가 조절하는 멜라토닌 분비가 불안정해져 생체리듬이 흐트러집니다. 또한 시상하부의 시교차상핵에서 감마-아미노뷰티르(GABA)와 갈라닌 분비가 제대로 이뤄지지 않으면서 수면상태로의 전환이 어렵게 됩니다. 이로 인해 만성적인 불면상태로 이어지는 것이지요.

앞서 화가들의 사례에서 살펴봤듯이, 불면증으로 인한 뇌 회로의 불균형은 예술가의 시각경험에도 적지 않은 영향을 미칩니다. 시각자극에 대한 주관적 민감성이 커지고, 이로 인해 평소보다 더 예민한 색채와 패턴, 공간인식이 초래됩니다. 전전두엽의 조절력이 약화되면 감정과 논리적 판단 사이의 균형이 흔들려 그림에 비현실적인 구도나 과장된 시점이 표현될 가능성도 커집니다.

불면상태는 시각·청각·후각 등 다양한 감각기관을 민감하게 만들어 현실과 환상이 혼재된 듯한 상징적 이미지나 몽환적인 화면구성을 초래합니다. 이러한 변화는 환각이 아니라 뇌의 네트워크 불균형 속에서 상상과 기억이 뒤섞이는 주관적 경험이라고 하겠습니다.

결국 불면은 화가에게 고통인 동시에 창의적 자극이 되기도 합니다. 감각은 예민해지고 현실감은 희미해지지만, 그 속에서 새로운 이미지를 찾으려는 뇌의 시도가 예술적 언어를 낳기도 하지요. 뭉크의 〈절규〉처럼 몽환적인 장면들은, 잠들지 못한 뇌가 감정과 기억을 재조합해 만든 화가 내면의 풍경입니다.

불면의 뇌는 고통 속에서도 멈추지 않고 이미지를 엮어 갑니다. 현실과 꿈의 경계가 풀린 그 순간, 감정과 기억은 예술의 언어로 변해 캔버스에 스며듭니다. 화가들의 예술적 성취 뒤에 잠 못 이룬 수많은 밤들이 있었음을 새삼 깨닫게 되는 밤입니다.

수면에 관여하는 뇌 영역

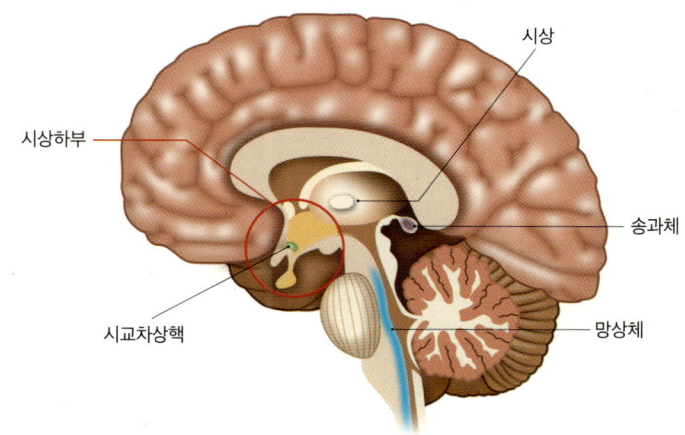

- **시상**: 감각정보의 중계소로, 수면상태에서는 피질로 감각을 전달하는 것을 차단.
- **시상하부**: 시상하부의 시교차상핵이 감마-아미노뷰티르(GABA)와 갈라닌을 분비하여 각성을 억제하고 수면을 유도.
- **시교차상핵**: 수면-각성 주기조절 및 멜라토닌 분비신호를 송과체에 보내는 역할.
- **송과체**: 시교차상핵의 신호에 따라 멜라토닌이 분비되어 수면을 유도.
- **망상체**: 렘수면의 시작에 관여하는 핵심 부위로, 특히 각성과 수면상태 전환에 중요하며, 기본적인 뇌 활성상태 조절.

참을 수 없는 자기애의 초상

●

**나르시시스트의 뇌가
해체하고 재구성한 세계**

자기중심적 사고를 이야기할 때 자주 회자되는 개념으로 '나르시시즘(Narcissism)'이 있습니다. 이 말은 그리스 신화에 나오는 '나르키소스'에서 유래했는데요. 연못에 비친 자신의 모습에 반해 물에 빠져 죽은 인물이지요. 존 윌리엄 워터하우스 John William Waterhouse, 1849-1917는 물가에 엎드려 자신의 반영(反影)에 도취된 나르키소스와 그 모습을 애절하게 바라보는 에코를 그렸습니다. 그림은 고대로마의 작가 오비디우스가 그리스 신화를 바탕으로 쓴 『변신 이야기』에서 나르키소스와 에코의 비극적 사랑을 담고 있습니다.

심리학적으로 나르시시즘은 자기애를 뛰어넘어 자기이상화, 과도한 인정욕구, 공감능력 저하, 타인을 수단화하는 경향 등을 특징으로 합니다. 최근 신경과학 연구에서는 나르시시즘을 성격적 경향을 넘어 뇌의 특정 회로에서 나타나는 구조적·기능적 특성과 연관된 현상으로 보고 있습니다.

워터하우스, 〈에코와 나르키소스〉, 1903년, 캔버스에 유채, 109×189cm, 워커 아트 갤러리, 리버풀

뇌에서 복내측전전두피질, 편도체, 측좌핵, 전측대상피질 등은 자기인식, 감정공감, 사회적 보상처리, 도덕적 판단에 중요한 역할을 하는데, 나르시시즘적 성향이 강한 사람들에게서 이들 회로 간의 연결성이나 기능적 활성패턴에 차이가 관찰됩니다. 이 경우 보상회로가 과도하게 활성화되거나 전전두엽-편도체 네트워크의 조절기능이 상대적으로 약화되어, 타인의 정서에 대한 공감능력이 떨어지는 것입니다.

세상을 해체하고 재구성한 피카소의 복내측전전두피질

"나는 보이는 것을 그리지 않고 생각하는 것을 그린다."

파블로 피카소 Pablo Picasso, 1881-1973의 말에는 세상을 자신의 사고 안에서 재구성하려는 뇌인지 성향이 담겨있습니다. 피카소는 현실을 있는 그대로 받아들이지 않고 자기만의 세계관에 실어 재해석한 뒤 캔버스로 옮겼습니다.

피카소는 20세기 미술사에서 가장 혁신적인 예술가로 꼽히지만, 동시에 '자기중심성'이 강한 인물로 알려져 있습니다. 심리학과 뇌과학 연구에서 말하는 자기중심적 성향은 전전두엽-편도체 회로의 공감조절 및 도파민 보상회로 등과 관련이 깊습니다. 피카소에게서 나타난 '강한 자기확신'과 '관계의 통제욕구', '낮은 정서공감'은 이러한 뇌과학적 특성과 맞닿아 있습니다. 피카소의 자기중심적 성향은 부정적인 측면이 있지만, 동시에 외부의 평가보다 내적 확신과 보상에 따른 창작 에너지로 이어져 독창적인 예술세계를 구축하는 원동력이 되기도 했습니다.

피카소는 많은 자화상을 남겼는데, 그 중에서 1907년에 그린 것은 그의 예술인생에서 매우 중요한 의미가 담겨 있습니다. 그림은 단순한 자기묘사를 넘어서 '입체주의'라 불리는 큐비즘(Cubism)의 탄생을 예고하는 선언적 작품으로 평가받습니다. 큐비즘은 대상을 하나의 시점이 아닌 여러 관점에서 동시에 입체적으로 바라본 듯한 시선으로 그린 회화기법입니다.

피카소는 자기 모습을 의도적으로 왜곡된 형태로 그렸는데요. 자신의 정체성을 해체하고 다시 조립한 것이지요. 이처럼 예술가가 자기 이미지를 재구성하는 과정은 심리학적으로 자기개념을 유연하게 탐색하려는 시도

피카소,
〈자화상〉,
1907년,
캔버스에 유채,
56×46cm,
프라하 내셔널 갤러리

이며, 뇌과학적으로는 전전두엽과 측두-두정연합영역 등이 관여하여 기존의 자기표상과 기억, 감각정보를 새로운 방식으로 통합하는 과정으로 이해됩니다.

피카소의 자화상에서는 '자기이상화'와 '자기파괴'라는 상반된 심리기제가 동시에 읽힙니다. 다만 이를 병리적 나르시시즘으로만 파악하기보다는 자신을 해체하고 재구성하는 예술적 시도로 이해할 필요가 있습니다.

피카소가 실험했던 대상의 해체와 재구성은 자화상 뿐 아니라 타자를 그린 그림에서도 나타납니다. 〈아비뇽의 여인들〉은 여성들의 신체와 그들이 머문 공간을 단일한 시점에서 바라보는 전통방식에서 벗어나, 형태를 해체하고 여러 시각정보를 한 화면에 재조합한 것입니다.

화면 속 여인들의 몸은 마치 해부학적 도면처럼 단편화되어 배치되었고, 일부 얼굴에는 아프리카 부족의 가면처럼 보이는 것이 덧씌워져 있습니다. 이러한 표현은 여성을 성적 대상이자 예술의 도구로 삼아 타자의 인격을 피카소 자신의 예술적 욕망에 종속시키는 자기중심적이고 자기우월적인 의미로 읽히기도 합니다. 실제로 그림 속 여인들은 바르셀로나 고딕지구 아비뇽 거리의 아프리카 출신 매춘부로 알려져 있습니다.

〈아비뇽의 여인들〉을 뇌과학적으로 접근해보면, 인간의 지각체계가 하나의 시점과 시간에 묶이지 않고 여러 관점으로 얻은 정보를 통합해 재구성하는 과정을 회화적으로 실험한 것으로 읽힙니다. 그림은 두정엽, 측두엽, 후두엽의 시각연합피질이 통합하는 다중시점 정보를 의도적으로 하나의 화면에 재조합하여, 관람자가 평소 바라보던 시선을 깨뜨립니다. 관람자가 느끼는 불편함은, 후두엽 시각피질이 익숙한 인물인식 패턴을 처리하려다 전두엽의 예측·통합 회로와 충돌하면서 생기는 인지적 부조화에서 비롯합니다.

결과적으로 〈아비뇽의 여인들〉은 특정 여성들을 단순히 권력적으로 소유하려는 표현이라기보다는, 지각과 표상의 기본원리를 전복하려는 피카소의 실험정신이 깃든 작품이라 하겠습니다. 화면에서 중심이 되는 것은 여성이 아니라 지각하는 시선 자체를 해체하고 재구성하는 창조적 두뇌작

피카소, 〈아비뇽의 여인들〉, 1907년, 캔버스에 유채, 244×234cm, 모마, 뉴욕

용이기 때문입니다.

　이처럼 피카소의 작품들에서는 고정관념에서 벗어나 자신이 설계한 질서를 예술의 중심에 두려는 욕망이 강하게 드러납니다. 그는 대상을 사실적으로 재현하기보다 자신의 시각과 해석에 따라 새로운 스타일로 표현하는 방식으로 캔버스를 채웠습니다.

　한편, 편도체와 거울신경계가 담당하는 감정공감 및 외부정서에 대한 인식이 균형을 이루지 못할 경우, 자기중심적 사고가 강하게 나타날 수 있습니다. 복내측전전두피질은 우리 뇌에서 '나와 관련된 가치'를 평가하는 중심 역할을 합니다. 이곳은 보상회로, 특히 측좌핵과 아주 긴밀하게 연결되어 있는데, 이 회로가 강하게 활성화되면 외부의 평가보다 자기만의 기준과 만족감에 더 집중하게 됩니다.

피카소의 예술방식은 자기표상을 형성하는 네트워크, 보상과 동기 부여를 담당하는 측좌핵 중심의 보상회로 그리고 정서반응을 조율하는 전전두엽-편도체 네트워크가 서로 긴밀히 상호작용할 때 나타날 수 있는 특성과 맞닿아 있습니다. 다시 말해 이러한 뇌 회로들의 상호작용은 외부 시선에 얽매이지 않고 자기만의 내적 기준에 따라 창조적 실험을 이어가는 경향을 보입니다.

피카소의 그림들을 보고 있으면, 한 천재 예술가의 뇌가 직조한 나르시시즘적 예술의 절정을 만끽하게 됩니다. 그에게 예술이란 보이는 대상을 그저 아름답게 재현하는 일이 아니었습니다. 그것은 인간 존재의 본질을 알아내기 위해 자기만의 방식으로 세상을 해체하고 재조립하는 여정이었습니다.

황금색으로 물든 클림트 뇌의 보상회로

구스타프 클림트Gustav Klimt, 1862-1918의 그림들은 마치 온 세상이 황금색으로 빛나고 있는 듯한 착각에 빠지게 합니다. 그림에 몰입할수록 신화와 꿈, 욕망이 서로 얽혀 새로운 이미지로 다시 태어나는 것 같습니다.

클림트, 〈다나에〉, 1907년, 77×83cm, 캔버스에 유채, 개인 소장

황금빛의 화려한 이면에서는 세상을 자기만의 질서로 물들이려는 화가의 내밀한 시선이 느껴집니다. 가령 클림트가 그린 〈다나에〉에는 시각적 쾌락과 장식적 요소 그리고 서사적 상징들이 복합적으로 얽혀 있습니다. 그는 여성의 몸을 현실 그대로 묘사하기보다는 신화적 이미지로 재해석하여 관능미와 숭고함을 동시에 부여했습니다. 황금빛 장식과 비현실적인 공간감을 통해 인간과 신의 경계를 흐리게 했지요. 그림 속 다나에가 관능적이면서도 동시에 신성한 상징으로 읽히는 까닭입니다. 화면 속 여성의 이미지는 현실적인 인물이라기보다, 화가 자신의 미적 욕망과 세계관이 투사된 매개체로 재구성되었습니다.

클림트는 그리스 신화에서 제우스가 '황금비(golden rain)'로 변신해 다나에의 몸으로 스며들어 관계를 맺는 장면을 그렸습니다. 다나에는 황금빛 제우스의 비가 몸을 적시는 순간, 눈을 감은 채 황홀경에 도취해 있습니다. 스스로를 감싸 안은 것처럼 둥글고 닫힌 자세를 한 다나에의 몸은, '자기애적 자기포옹'을 상징하는 것 같습니다.

다른 화가들이 제우스의 접근에 놀라거나 두려워하는 다나에를 그린 것과는 달리, 클림트는 자기애적 쾌락에 빠진 다나에를 그렸습니다. 신화적 서사보다 자신의 미적 욕망과 표현 욕구를 강조한 것이지요.

그림 속 금박장식 역시 클림트 특유의 미적 욕망이 발현된 상징으로 읽힙니다. 클림트는 〈다나에〉를 비롯한 여러 작품에서 금박을 사용했습니다. 그는 금박을 통해 자기표현을 신화화하고 자기애를 이상화했습니다. 그림 속 황금빛 색채에서 나르시시즘적 의미가 발광하는 이유입니다.

화려한 금박장식은 그의 대표작 〈키스〉에서도 볼 수 있습니다. 황금빛으로 물든 화면 안에서 남성이 여인의 얼굴을 강하게 감싸며 키스를 주도

클림트, 〈키스〉, 1908년, 캔버스에 유채, 180×180cm, 벨베데레 궁전, 빈

하고 있습니다. 여인은 눈을 감고 무릎을 꿇은 채 수용적인 자세를 취하고 있습니다.

   미술사가들은 캔버스 속 남성을 클림트 자신으로 해석합니다. 그림 속 여성으로 추정되는 에밀리 플뢰게는 클림트의 정신적 동반자로 알려져 있습니다. 두 사람은 결혼하지 않았지만 평생 우정 이상의 관계를 유지한 것으로 전해집니다. 클림트가 죽기 직전에도 플뢰게를 찾았다는 일화는 유명합니다.

〈다나에〉와 〈키스〉에서 드러난 클림트의 나르시시즘적 태도는 뇌과학으로도 해석이 가능합니다. 이 그림들에서는 전전두엽, 편도체, 보상회로가 상호작용하는 패턴이 읽힙니다. 전전두엽이 자기표상에 관여한다면, 편도체는 정서적 의미를, 보상회로는 내적 만족과 동기를 부여합니다.

공감 네트워크가 고장 난 나르시시스트의 뇌

자기애가 극단으로 기울면, 뇌는 세상을 비추는 창이 아니라 자기 도습만을 비추는 거울이 됩니다. 나르시시스트의 뇌는 공감회로를 서서히 닫으며 타인의 시선보다 자신의 목소리에 더 크게 반응합니다. 순간 세상은 오로지 '나'로 가득 찬 풍경으로 변해 버립니다.

나르시시스트, 즉 '자기애성 성격장애(Narcissistic Personality Disorder, NPD)를 겪는 사람'은 뇌의 특정 회로에서 일반인과 차별화된 기능적 패턴을 보입니다. 겉으로는 자존감이 높아 보이지만, 실제로는 불안정하고 쉽게 흔들리는 성향 탓에 외부의 인정과 찬사를 강하게 갈망하지요. 가령 〈키스〉에서 남녀가 절벽 가장자리에서 위태롭게 서로를 감싸고 있는 장면은 클림트의 불안정한 내면상태를 나타냅니다. 클림트는 불안한 감정을 브상받고자 화려한 금박장식을 사용한 것으로 해석됩니다.

과도한 자기중심성 및 공감의 결핍은 뇌의 전전두엽, 특히 복내측전전두피질과 관련이 깊습니다. 이곳은 자기인식, 자기조절, 도덕적 판단, 사회적

나르시시스트의 뇌에서 주목해야 할 영역

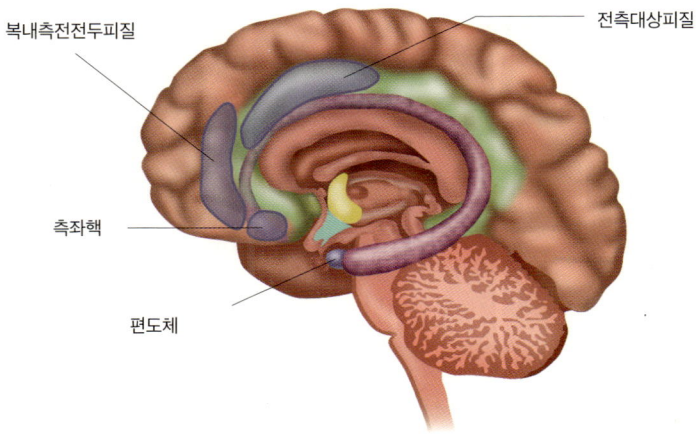

- **복내측전전두피질** : 자기 자신에 대한 가치판단에 중요하게 작용하는 부위로, 나르시시스트의 뇌에서 과활성화되어 자기이상화된 정보에 민감하게 반응.
- **편도체** : 나르시시스트의 뇌에서 활성도가 낮아, 타인의 정서적 신호에 둔감하고 공감능력이 부족.
- **전측대상피질** : 나르시시스트의 뇌에서 활성도가 낮아, 자기 잘못을 교정하지 않은 채 합리화하는 성향이 강함.
- **측좌핵** : 나르시시스트의 뇌에서 과도하게 반응하고 특히 전전두엽과의 상호작용이 불균형해져 자기중심적 보상회로가 지나치게 활성화 됨.

가치평가에 중요한 역할을 합니다. 또한 나르시시스트의 뇌에서는 편도체의 반응성이 전반적으로 낮게 나타난다는 연구가 있습니다. 편도체는 공포와 불안, 죄책감, 수치심과 같은 정서를 감지하고 의미를 부여하는 뇌 영역으로, 이곳의 반응성이 약화되면 오히려 타인의 고통이나 거절 같은 사회적 신호를 제대로 인지하지 못하고 정서적 공감이 둔화될 가능성이 높습니다.

다만 복내측전전두피질 및 편도체의 불안정한 상태가 아예 정서적 무감각을 의미하진 않습니다. 가령 자신과 직접 관련된 자극에서는 오히려 과민하게 반응하는 양상이 나타나기도 하지요. 즉 자신과 밀접한 정보에는 주의를 기울이지만, 타인의 감정이나 고통에는 상대적으로 둔감하게 반응합니다.

전측대상피질 또한 충동조절과 자기통제 및 타인과 갈등에서의 판단에 중요한 뇌 영역인데, 나르시시스트에게서 이곳의 조절기능 장애가 제한적으로 나타난다는 연구가 있습니다. 이 경우 타인을 비판하는 과정에서 쉽게 분노하거나, 자신의 실수를 합리화하는 경향이 짙어질 수 있습니다.

이처럼 나르시시스트의 뇌에서는 자기표상과 관련된 회로가 선택적으로 활성화되면서, 자기이상화가 강하게 나타나는 것입니다. 이 회로가 반복적으로 활성화되면 '나는 특별하다', '나는 누구보다 뛰어나다'라는 사고가 뇌 안에서 습관화된 자동반응처럼 자리 잡게 되는 것이지요.

나르시시스트의 공감부족은 단순한 감정처리의 문제가 아니라 '인지적 공감'의 기능저하와도 관련이 있습니다. 측두-두정 접합부는 타인의 관점에서 사고하고 추론하는 데 있어서 중요한 뇌 영역인데, 이곳의 활성패턴이 낮으면 타인의 입장이나 감정을 논리적으로 이해하는 능력이 떨어집니다.

한편, '감정적 공감'을 매개하는 회로 역시 전반적으로 약화되어 있지만, 거울신경계는 어느 정도 기능이 남아 있어, 겉으로만 공감하는 듯한 모방적 공감, 즉 흉내내기 행동이 나타나기도 합니다. 이로 인해 나르시시스트에게서 때때로 진심 없는 감정표현이 관찰됩니다. 거울신경계는 타인의 행동을 거울처럼 이해해 모방행동을 하는데 중요한 역할을 하는 신경회로입니다.

나르시시스트의 뇌에서는 보상회로의 과민성도 두드러집니다. 중뇌의 복측피개에서 선조체와 전두엽으로 이어지는 도파민 경로가 강하게 반응할 경우, 외부로부터의 칭찬과 명성, 지위 같은 사회적 보상에 민감해질 수 있습니다. 외부로부터 인정받지 못하면 공허감을 느끼고, 이를 보상받기 위해 반복적으로 자기과시적 행동을 강화하는 경향을 보입니다.

나르시시스트의 뇌에서 나타나는 네트워크의 기능적 변화도 신경과학에서 중요한 연구과제로 꼽힙니다. 나르시시스트의 뇌에서 '자기 관련 처리 네트워크'는 상대적으로 강화된 반면, '공감·사회 인지 관련 네트워크'와의 연결은 약화된 양상을 보입니다. 이러한 네트워크의 불균형은 자기중심적 사고, 공감부족 및 타인에 대한 낮은 관심을 초래합니다. 나르시시스트의 뇌는 세상을 자기 안으로 끌어당겨 자신이 주인공인 무대로 바꿉니다. 무대 위에 서 있는 존재는 자신을 끝없이 증폭한 또 하나의 자아입니다.

예술가들의 나르시시즘 성향은 자신만의 독창적 예술세계를 구축하는 원동력이 됩니다. 다만 자기애가 지나쳐 자아도취에 빠지면, 삶은 삐걱거리게 되지요. 피카소와 클림트의 예술은 위대하지만, 그들은 원만한 삶을 영위하진 못했습니다. 피카소와 클림트가 나르키소스처럼 연못에 비친 자신의 예술만을 바라보는 동안, 그들의 가족과 연인, 지인들은 에코의 심정으로 그 모습을 안타깝게 지켜봤을 것입니다. 이는 비단 피카소와 클림트에게만 국한되지 않지요. 삶과 예술 사이에서 갈등하는 수많은 예술가들에게서 워터하우스의 그림 속 나르키소스가 겹쳐지는 건 지나친 비약일까요?

 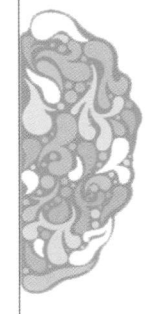

뇌마저 붕괴한 상처는 어떻게 예술이 되었나

화가의 트라우마가 투영된 그림들

미술관에서 머리털이 쭈뼛 설만큼 섬뜩한 그림들과 마주칠 때가 있습니다. 이탈리아 출신 바로크 화가 미켈란젤로 메리시 다 카라바조Michelangelo Merisi da Caravaggio, 1571-1610의 그림들이 그렇습니다. 그리스 신화에서 메두사가 페르세우스에게 참수당한 장면을 그린 그림은 마치 괴기영화의 포스터 같습니다. 머리카락 대신 뱀들로 휘감긴 메두사의 잘린 목에서 피가 분출하고, 살기 가득한 눈빛은 분노로 가득 차 있습니다.

카라바조는 르네상스의 이성적 질서와 고전주의의 균형을 거부하고, 날것 그대로 인간의 고통과 어둠을 화폭에 담아낸 화가입니다. 하지만 카라바조만의 극사실주의적 표현과 강렬한 명암대비를 회화적 기법으로만 이해하는 것은 아쉽습니다. 화가의 내면 깊숙이 각인된 트라우마의 흔적이 짙게 배어 있기 때문입니다.

카라바조, 〈메두사〉,
1598년, 캔버스에 유채,
60×55cm,
우피치 갤러리, 피렌체

스스로를 참수한 화가의 자화상

카라바조의 삶은 비극 그 자체였습니다. 어린 시절 역병으로 가족을 잃고 불우한 환경에서 자랐고, 성인이 된 이후에도 주변 사람들과의 잦은 갈등과 싸움, 폭력과 살인, 도피 등으로 피폐한 삶을 살아야 했지요. 그림에 있어서만큼은 천재적인 재능을 타고났지만, 거칠고 다혈질적인 성정으로 주변에 물의를 일으키는 일이 잦았습니다.

어느 날 그는 사소한 다툼이 걷잡을 수 없이 커지면서 급기야 살인을 저지르고 사형선고를 받습니다. 법정에서 도주한 카라바조는 객지를 떠돌다 사망했습니다. 정확한 사인(死因)은 밝혀지지 않았습니다.

끔찍한 사고나 폭행 등 생명을 위협하거나 극심한 공포를 유발하는 사건을 경험한 이후, 그 기억이 지속적으로 정신적·신체적 고통을 유발하는 상태를 의학적으로 '외상후스트레스장애(Post-Traumatic Stress Disorder, 이하 PTSD)'라고 합니다. PTSD는 피해자 뿐 아니라 카라바조 같은 가해자에게도 관찰됩니다. 가령 자신의 경솔한 행동이 살인처럼 예상치 못한 결과로 이어지고 후회와 수치심이 커지면서 극심한 정신적 고통을 호소하는 경우가 그렇습니다.

카라바조의 트라우마는 그의 그림들에서 읽을 수 있습니다. 그는 분노와 공포, 불안한 감정들을 회화라는 언어로 재구성했습니다. 그래서 일까요, 카라바조의 그림들에는 살인과 폭력 속에서 유혈이 낭자한 장면들이 자주 등장합니다. 카라바조의 외상기억이 시각적 이미지로 재생된 것이지요.

특히 그의 그림들에서는 '키아로스쿠로(Chiaroscuro)'라 하여, 어둠과 밝음의 극단적 대비가 강조됩니다. 어둠 속에서 갑자기 드러나는 얼굴과 신

카라바조, 〈골리앗의 목을 벤 다비드〉, 1605년, 캔버스에 유채, 125×101cm, 보르게세 갤러리, 로마

체는 PTSD 환자가 경험하는 '플래시백'과 닮았습니다. 암흑 같은 무의식 속에서 외상사건이 마치 지금 이 순간에 다시 일어나는 것처럼 느껴지는 현상이지요. 가령 〈골리앗의 목을 벤 다비드〉에서 참수당한 골리앗의 머리에 카라바조 본인의 얼굴을 그려 넣은 장면은 현실에서 저지른 살인에 대

한 자기처벌이자 자기동일화로 재현된 플래시백 작용으로 해석됩니다.

이처럼 자책과 죄책감, 자기파괴적 충동은 PTSD 환자에게서 트라우마 이후 흔히 나타나는 심리적 반응입니다. 그림 속 다비드의 얼굴에는 승자의 환희는 온데간데없고, 무겁고 침울한 표정에서 '살아남은 자의 죄책감'이 읽힙니다. 화가는 살인으로 인한 죽음의 그림자를 다비드에게 대신 짊어지게 한 것처럼 보입니다.

PTSD는 뇌의 과도한 위협감지를 특징으로 하는 '만성적 과각성'을 포함합니다. 카라바조처럼 매우 불안정하고 광폭한 삶에서 나타나는 트라우마의 경험은 뇌의 여러 곳에 깊은 흔적을 남깁니다. 특히 편도체와 전전두엽, 해마 그리고 전측대상피질의 기능적 불균형이 관찰됩니다.

편도체는 두려움과 위협적 자극을 빠르게 감지하는데, 반복된 폭력 경험이나 생존의 위기 상황에서 지나치게 민감해집니다. 카라바조의 다혈질 성향은 편도체의 과활성화와 밀접한 관련이 있습니다. 그림 속 인물들과 구도에서 나타난 극도의 긴장감과 칼날 같은 빛의 대비는, 편도체의 과활성화에서 비롯하는 '항상 위험하다'는 지각을 시각적으로 형상화한 것으로 읽힙니다.

카라바조가 저지른 일탈행위들은 트라우마로 인해 전전두엽의 억제기능이 약화되어 편도체가 일으킨 격한 분노를 조절하지 못하고 폭력적인 행동으로 나아간 것으로 해석됩니다. 대게 전전두엽을 통해 충동적 감정을 억제하고 논리적 판단을 내리지만, 트라우마로 이 기능이 약화될 경우 분출하는 화를 다스리지 못하게 됩니다.

트라우마는 해마와 전측대상피질 회로에도 심각한 영향을 미칩니다. 해마는 사건의 맥락적 기억을 저장하고, 전측대상피질은 도덕적 판단을 담당하는 곳인데, 트라우마로 인해 과거의 폭력장면이 반복해서 떠오르면서 스스로를 심판하는 감정으로 몰아갑니다. 카라바조는 죄책감을 시각적으로 표출하기 위해, 골리앗의 머리에 본인의 얼굴을 새겨 넣어 자기처벌적 감정을 그림으로 풀어낸 것으로 보입니다.

카라바조는 죽음을 앞두고 〈골리앗의 목을 벤 다비드〉을 완성했습니다. 살인을 저지르고 오랜 도피생활 끝에 교황청에 사면을 구하기 위해 이 그림을 그렸다고 전해집니다. 훗날 교황청이 사면을 내렸을 때 그는 이미 이 세상 사람이 아니었습니다.

외상은 사라지지 않지만, 서사는 바꿀 수 있다

잔혹한 순간의 기억을 카라바조만큼 신랄하게 그린 화가가 있습니다. 아르테미시아 젠틸레스키Artemisia Gentileschi, 1593-1652는 카라바조의 후계자로 여겨질 만큼 극사실주의적 표현이 두드러진 화가였지만, 두 사람 사이에 교류가 있었는지는 밝혀진 바 없습니다.

두 사람 모두 성경에 나오는 유디트 이야기를 그렸는데, 키아로스쿠로 기법을 활용한 그림의 구도가 서로 닮았습니다. 그 중 젠틸레스키의 그림에 좀 더 눈길이 가는 건 화가가 겪은 끔찍한 성폭행의 기억이 오롯이 화폭에 담겨 있기 때문입니다.

스무 살의 젠틸레스키는 아버지 친구가 운영하는 화실에 그림을 배우러 갔다가 강간을 당합니다. 범인은 아버지 친구인 화가 아고스티노 타시였습니다. 명백한 성폭행 범죄였지만, 당시 이탈리아에서는 오히려 피해자

젠틸레스키, 〈홀로페르네스의 목을 베는 유디트〉, 1620년, 캔버스에 유채, 199×162cm, 우피치 갤러리, 피렌체

여성을 의심하는 사회적 분위기가 팽배해 있었습니다. 젠틸레스키는 재판 과정에서 진술의 진위를 가린다는 명목으로 손가락에 나사를 죄는 고문을 당해야 했습니다. 믿기지 않지만 역사적 사실입니다. 성폭행의 치욕스러운 기억만으로도 죽고 싶은 심정일텐데 심지어 고문이라니, 더욱이 화가에게 손은 생존의 도구이자 정체성을 지탱하는 화구(畵具) 같은 것이지요. 젠틸레스키가 겪어야 했던 지옥 같은 경험은 육체적 고통을 넘어 삶 전체를 도륙했을 것입니다. 그리고 평생 동안 그의 뇌 깊숙이 외상으로 남았을 것입니다.

동서고금을 막론하고 성폭행을 당한 여성들은 사회적 편견과 2차 가해로 외상이 치유되지 못한 채 극심한 트라우마의 고통 속에 살아갑니다. 트라우마는 지나간 사건이 아니라 끊임없이 다시 떠오르는 위협입니다. 성폭행으로 인한 PTSD 환자들은 대게 무력감에 시달립니다. 어처구니 없는 상황에서 젠틸레스키가 할 수 있는 건 아무 것도 없었지요. 분노를 표출할 수 있던 공간은 오직 캔버스뿐이었습니다. 젠틸레스키의 뇌 회로 속에서 반복되던 위협의 신호는 그렇게 그림이라는 언어로 표출되었습니다.

젠틸레스키는 〈홀로페르네스의 목을 베는 유디트〉를 여러 버전으로 그렸습니다. 유디트는 유대인 동족을 위협하는 적장 홀로페르네스를 유혹해 술이 취하게 한 뒤 목을 베어버립니다. 젠틸레스키의 그림에서 유디트와 하녀 아브라는 단호한 표정과 단단한 근육으로 홀로페르네스를 제압합니다. 피는 분수처럼 뿜어져 나오고, 칼날은 뼈와 살을 관통해 마치 캔버스 한가운데를 가로지르는 것 같습니다. 그림은 단순히 성경 속 서사를 담은 게 아니라 화가 자신이 겪은 폭력을 전복시켜 재현한 심리적 기록으로 읽힙니다.

PTSD 환자들이 플래시백이나 악몽 속에서 사건을 반복적으로 재경험하듯이, 젠틸레스키 역시 캔버스 위에 끔찍한 기억을 소환해 가해자를 제압하고 응징하는 장면을 담았습니다. 이는 PTSD 치료에서 외상기억을 새로운 의미로 재배치하는 '재맥락화'와 유사하게 읽힙니다.

　원전의 서사를 한층 더 폭력적으로 묘사한 그림에서 당시 젠틸레스키의 편도체가 과활성화된 상태임을 추론해 볼 수 있습니다. 적장을 잔혹하게 응징하는 장면은 전측대상피질이 정서적 갈등을 처리하는 기능과 연관 지어, 무력감과 수치심을 정의로운 행동으로 바꿔 상징적으로 표현한 것으로 해석됩니다. 고정된 화면에서 유디트의 응징행위를 반복된 동작으로 보이도록 역동성을 강조한 것은 젠틸레스키의 해마가 파편적 외상기억을 맥락 속에 재구성하는 시도로 보입니다. 그리고 균형 있는 구도와 어둠을 밝히는 조명에서 분노를 조절하는 전전두엽의 역할을 엿볼 수 있습니다. 이는 트라우마로 무너진 뇌의 균형을 회복하려는 화가의 무의식적 의지로 읽힙니다.

　카라바조가 그린 유디트에서 소녀처럼 나약하고 미묘한 망설임을 품고 있는 모습이 느껴지는 것과는 대조적으로 젠틸레스키의 유디트는 주저함 없이 결단하는 표정을 하고 있습니다. 카라바조가 무력감과 죄책감에 빠진 유디트를 그렸다면, 젠틸레스키는 유디트를 통해 트라우마의 기억을 회피하지 않고 정면으로 응시하는 것 같습니다.

　젠틸레스키는 〈홀로페르네스의 목을 베는 유디트〉를 그린 뒤에 홀로페르네스를 처단한 이후 유디트와 하녀 아브라의 모습도 그렸습니다. 유디트는 한 손에 칼을 쥐고, 다른 한 손은 문 밖을 향해 경계하는 제스처를 하고 있습니다. 아브라는 홀로페르네스의 머리를 담은 자루를 감싸고 있는

카라바조, 〈홀로페르네스의 목을 베는 유디트〉, 1599년, 캔버스에 유채, 145×195cm, 국립 고전 회화관, 로마

데, 그 모습이 유디트의 하녀가 아닌 동등한 신분의 조력자로 읽힙니다. 두 사람 사이에서 홀로페르네스로 상징되는 남성 중심의 폭력적 세상에 맞서는 연대감이 느껴집니다. 성폭행 사건 이후 폭압적인 재판과 2차 가해 등으로 힘겨운 일상을 보내는 젠틸레스키에게 절실했던 건 그림 속 아브라 같은 동지가 아니었을까 싶습니다.

젠틸레스키, 〈유디트와 아브라〉, 1625년, 캔버스에 유채, 184×142cm, 디트로이트 아트 인스티튜트

트라우마로 인한 뇌의 왜곡과 분열

트라우마는 한순간의 상처로 끝나지 않습니다. 끔찍한 경험은 뇌 속 깊이 각인되어, 세상을 바라보는 시선에 그림자를 드리웁니다. 예술가들에게 그 그림자는 때로 세상을 전혀 다른 색으로 보게 만드는 렌즈가 되기도 합니다. 트라우마는 뇌 회로에 흔적을 남겨 시간이 흐른 뒤에도 현재의 지각과 감정, 창조적 상상력까지 끊임없이 왜곡하고 분열시킵니다.

PTSD 환자의 뇌는 외상 이후에도 계속해서 경보를 울리는 상태에 놓입니다. 일상생활에서도 뇌는 과도하게 위험신호를 감지하고, 이로 인해 감정이 쉽게 폭발하거나 무기력하게 가라앉습니다.

PTSD 환자의 뇌에서 특히 주목해야 할 변화는 편도체의 과활성화입니다. 외상을 겪은 이후 편도체는 마치 고장 난 경보기처럼 사소한 자극에도 과민하게 반응합니다. 젠틸레스키의 그림에서 볼 수 있듯이, 편도체의 과민반응은 작품 속 과장된 긴장감과 극적인 장면연출로 드러납니다. 인물의 표정이 심하게 일그러지거나, 어두운 배경 속에서 어떤 장면을 갑자기 부각시키며 그리는 경우가 많습니다. 이는 화가의 뇌가 현실을 있는 그대로 받아들이지 못하고, 항상 위협이 도사린다는 불안에 휩싸여 있음을 은유합니다.

편도체가 위협에 민감해진다면, 해마는 트라우마의 기억을 조각내 버립니다. 해마는 사건의 맥락과 기억을 저장하고 시간적 순서를 연결하는 역할을 하지만, 외상 이후에는 기능이 저하되어 기억이 파편적으로 남습니다. 그래서 PTSD 환자는 특정한 장면만이 갑작스럽게 되살아나는 플래시백을 경험하게 되지요. 해마의 왜곡은 예술작품에서 독특한 방식으로 나타납니다. 서사의 흐름이 끊어지고 단편적 장면만 과도하게 부각되거나, 특정 이미지가 반복적으로 그려지게 되는 것이지요. 화가에게 플래시백은 '다시 그 순간을 겪는다'는 체험이 되고, 작품 속 장면은 일관된 이야기가 아닌 파편적 이미지의 집합체처럼 보입니다.

전측대상피질은 감정조절과 갈등 모니터링을 담당하는 핵심 영역으로, 정상적이라면 이곳이 편도체의 반응을 제어하여, 공포나 분노를 적절히 조절해야 합니다. 하지만 PTSD 환자는 전측대상피질의 기능저하로 감정표현에 어려움을 겪으며 대인관계에서 갈등을 일으키곤 합니다. 그림 속 인물들의 지나치게 긴장된 표정, 극적인 응징장면은 전측대상피질이 제어

트라우마와 밀접한 뇌 영역

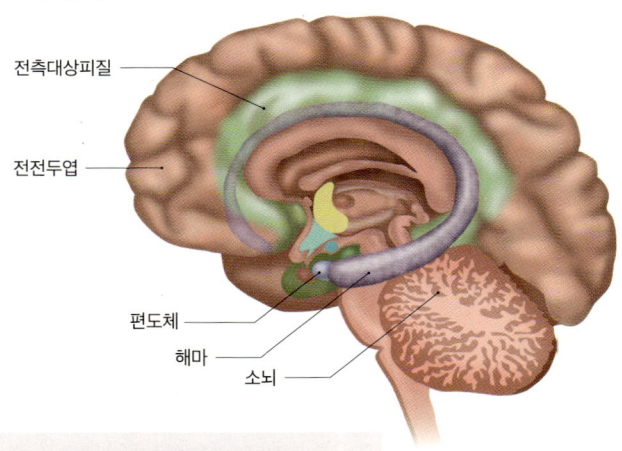

- **편도체** : 사소한 자극에도 민감해지면서 공포감 확대.
- **전전두엽** : 분노와 공포감을 조절하거나 억제하는 기능 저하.
- **전측대상피질** : 감정표현의 어려움 호소, 대인관계 갈등 심화.
- **해마** : 트라우마 기억이 일상에서 재현되는 고통 초래.
- **소뇌** : 미세운동 조절기능 장애로 몸이 자주 긴장되고 경직.

하지 못한 감정의 과잉신호로 읽힙니다.

트라우마로 인한 전전두엽의 기능저하도 두드러집니다. 외상 이후에는 전전두엽의 억제력이 떨어져 편도체의 신호가 고스란히 행동으로 이어지고 작품의 구도에도 영향을 미칩니다. 충동적인 붓질로 화면은 전체적으로 불균형해지고, 인물들이 예측불가능한 몸짓으로 묘사되기도 하지요.

소뇌와 운동 관련 회로도 트라우마의 영향을 받습니다. 반복된 외상은 자율신경계 이상으로 신체의 긴장을 고착화시키며, 소뇌의 미세운동 조율기능에 변화를 초래합니다. PTSD 환자들이 몸의 긴장을 풀지 못하고 자주 경직되는 것은 이 때문입니다. 화가의 경우 그림 속 인물의 근육을 과도하게 긴장된 것처럼 묘사하거나, 손과 팔의 움직임을 부자연스럽게 그릴 수 있습니다. 화가 자신이 느끼는 신체적 긴장이 그림 속 인물에 투영된 것이지요.

이처럼 트라우마는 뇌의 여러 회로에 불균형을 일으킵니다. 트라우마를 겪은 화가의 작품을 두고 단순히 '폭력적'이거나 '불안정'하다고만 평가해선 곤란합니다. 그것은 뇌 속에서 치열하게 일어나는 왜곡과 분열의 전쟁에 관한 기록이기 때문입니다. 트라우마는 삶에 깊은 상처를 남기지만, 우리의 뇌는 그 상흔을 새로운 이야기로 다시 엮어 낼 저력이 있습니다. 젠틸레스키의 작품에서 느껴지는 강렬한 응징과 생존의 서사는, 고통을 딛고 일어서려는 뇌의 의지를 보여주는 듯합니다.

예술은 중독된 삶을 구원할 수 있을까

중독된 뇌가 그린 공허한 풍경

한 사람의 눈동자가 텅 비어 있다면, 그 속에는 고요가 아니라 폭풍이 숨어 있는지도 모릅니다. 텅 빈 눈에서 처절할 만큼 고통스런 삶을 살아야 했던 화가의 일생을 봅니다. 아메데오 모딜리아니 Amedeo Modigliani, 1884-1920는 텅 빈 눈을 그렸습니다.

모딜리아니를 평생 괴롭혔던 건 가난과 쇠약한 몸 그리고 번뇌로 가득한 마음이었습니다. 이탈리아 북부 항구도시 리보르노에서 태어난 모딜리아니는 부모의 파산으로 어머니의 뱃속에서 나오는 순간부터 가난을 숙명처럼 여기며 살아야 했습니다. 어려서부터 매우 병약했는데, 16세에 걸린 폐결핵이 치명적이었지요. 당시 폐결핵은 전염성이 강한 불치병으로, 걸리는 순간 낙인이 찍히고 맙니다. 모딜리아니는 폐결핵을 숨기기 위해 어리석게도 술을 마셨습니다. 기침이나 각혈이 술 때문이라고 주변에 둘러댔

모딜리아니, 〈잔느 에뷔테른의 초상〉, 1918년, 캔버스에 템페라, 101×66cm, 노턴 사이먼 뮤지엄, 패서디나(캘리포니아)

예술은 중독된 삶을 구원할 수 있을까 — 209

지요. 하지만 과도한 음주는 그를 알코올중독으로 몰아넣었고, 급기야 아편에까지 손을 대기에 이릅니다.

"나는 너무 많이 느껴서, 술과 아편이 없으면 견딜 수 없어."

모딜리아니가 입버릇처럼 내뱉은 말에서 알 수 있듯이, 술과 마약에 중독되면서 그의 모든 감각은 극도로 예민해져갔습니다. 이러한 중독은 단순한 습관이 아니라, 뇌의 회로를 비틀어 세상을 바라보는 감각까지 심각하게 왜곡시킵니다. 중독에 빠진 뇌는 약물에 대한 보상신호를 과도하게 학습해, 스스로 원해서가 아니라 (약물을) 하지 않고는 불안과 긴장을 견디기 어려운 '강박적 추구' 상태로 빠져듭니다. 그 결과 도파민 보상회로가 과도하게 활성화되고, 전전두엽의 억제기능 약화 및 전측대상피질의 갈등 모니터링 저하가 함께 나타나 충동조절이 무너지는 증세가 이어집니다.

모딜리아니는 평생을 중독과 싸운 예술가였습니다. 폐결핵뿐 아니라 장티푸스 같은 전염병에 시달렸고, 성인이 되어 파리로 이주해 그림을 그리면서부터는 술과 마약에 의존해 살았습니다. 만성적 질병과 약물중독은 모딜리아니의 정서적 고립을 심화시켰을 가능성이 큽니다. 결국 그는 서른여섯이란 젊은 나이에 결핵성 뇌막염으로 영면합니다. 그의 삶이 더욱 비극적인 건 연인 잔느 에뷔테른과의 애달픈 사랑 때문입니다. 모딜리아니가 죽은 지 얼마 안 돼 에뷔테른은 2층에서 뛰어내려 스스로 생을 마감합니다.

모딜리아니의 안타까운 삶은 그의 그림들에 고스란히 배어있습니다. 셀 수 없이 많이 그린 에뷔테른의 초상화들을 보면, 초점을 잃은 듯한 텅 빈 눈, 가늘고 길게 늘어진 얼굴과 목에서 가늘 수 없는 슬픔이 느껴집니다.

동공이 사라진 눈은 마치 감정이 차단된 것 같습니다. 왜곡된 신체비례에서는 화가의 정서적 불안감이 전해집니다. 약물중독이 장기간 지속되면, 자기인식 회로의 균형이 무너지고, 이로 인해 감정은 남아있지만 그것이 자기정체성과 연결되지 못하는 해리상태가 나타날 수 있습니다. 모딜리아니가 그린 초상화들에서 현실과 자아의 경계가 흐려진 심리적 혼돈상태가 읽히는 까닭입니다.

술에 취한 잿빛 거리의 화가

파리 몽마르트르 언덕 위 흐린 하늘 아래 고요히 잠든 거리. 모딜리아니와 에뷔테른이 마지막을 함께 했던 그곳. 지금은 전 세계 관광객들로 인산인해를 이루지만, 백여 년 전에는 가난한 예술가들의 '터전' 같은 곳이었지요. 모딜리아니를 비롯해 피카소와 로트레크 같은 화가는 물론 아폴리네르와 콕토 그리고 샤르트르 같은 문인들도 몽마르트르의 거리와 카페를 떠돌며 예술을 나눴습니다. 그리고 그 거리 모퉁이에 이젤을 놓고 쪼그리고 앉아 몽마르트르의 풍경을 그리던 화가 모리스 위트릴로 Maurice Utrillo, 1883-1955도 있었습니다.

위트릴로는 몽마르트르에서 태어났고 성인이 되어선 몽마르트르의 거리 곳곳을 그린 화가입니다. 그의 어머니 수잔 발라동 Suzanne Valadon, 1865-1938은 몽마르트르의 화가들 사이에서 꽤 인기 있는 모델이었습니다. 아버지는 누군지 몰랐습니다. 어린 위트릴로는 몽마르트르의 카페에서 예술가들과 늦은 밤까지 술을 마시는 어머니 곁에서 자랐습니다. 발라동은 위트릴로가 보챌 때마다 와인을 한 스푼씩 먹여 재웠지요. 그렇게 위트릴로는 음주

위트릴로,
〈코탱의 막다른 골목〉,
1911년, 종이에 구아슈,
62×46cm,
퐁피두 센터, 파리

에 노출되는, 말도 안 되는 유년기를 보냈습니다. 청소년기에는 술로 인해 학교에서 퇴학을 당했고, 열여덟이 되었을 땐 이미 알코올중독으로 정신병원 신세를 져야 했습니다.

위트릴로가 퇴원하고 돌아간 곳은 몽마르트르에 있는 어머니의 아틀리에였습니다. 발라동은 우여곡절 끝에 꿈꿔왔던 화가로 인정받기 시작했습니다. 정신병원을 나와 아무 것도 할 게 없었던 위트릴로는 어머니의 붓과 캔버스를 밖으로 들고 나가 몽마르트르의 거리 곳곳을 그렸습니다. 술 생

위트릴로,
〈사크레쾨르 대성당이
보이는 생뤼스티크 거리〉,
1937년, 종이에 구아슈,
68×52cm,
인디애나폴리스 아트 뮤지엄

각을 지우려면 뭐든 몰입해야 했고, 다행히 그림을 그리는 동안에는 중독의 후폭풍에서 잠시나마 벗어날 수 있었지요.

위트릴로는 서서히 '몽마르트르를 그리는 화가'로 알려지기 시작했습니다. 하지만 그의 그림들은 화단에서 그다지 좋은 평가를 받진 못했습니다. 당시 몽마르트르에는 위트릴로 같은 무명화가들이 수없이 많았고, 대부분 거리의 화가 신세를 벗어나지 못했지요. 위트릴로가 인정받게 된 건 서른이 넘어서 연 첫 개인전에서였습니다. 쓸쓸하고 처연하게 채색된 몽마르트르의 풍경화가 뜻밖에도 파리지앵들의 감성을 건드렸습니다.

위트릴로가 그린 몽마르트르는 대게 회색빛이었습니다. 그의 그림을 마주하면 누구라도 몽마르트르 언덕의 흐린 하늘과 고요한 거리, 그 안에 깃든 쓸쓸한 정서를 느끼게 됩니다. 위트릴로의 삶은 예술과 중독, 외로움과 회복 사이에서 끊임없이 흔들렸고, 그림에는 이러한 감정의 흔적들이 고스란히 담겼습니다.

파리 18구 몽마르트르 언덕에 위치한 좁고 가파른 계단길을 그린 〈코탱의 막다른 골목〉은 위트릴로의 쓸쓸한 정서가 가장 잘 표현된 그림입니다. 그림 속 건물들은 회색빛을 띠며, 하늘은 무겁게 내려앉아 있습니다. 따뜻한 온기나 생동감은 거의 느낄 수 없고, 오랫동안 술에 의존해왔던 화가의 우울한 정서가 그대로 묻어납니다.

〈사크레쾨르 대성당이 보이는 생뤼스티크 거리〉에는, 좁게 난 길 걸리로 하얗게 채색된 사크레쾨르 대성당이 보입니다. 길바닥도 흰색이고, 군데군데 건물의 낡은 벽들도 흐릿한 회색을 띱니다. 위트릴로는 유난히 흰색을 자주 사용한 화가였습니다. 그는 흰색을 가리켜 '침묵의 색'이라 부르곤 했습니다. 세상과의 소통이 단절된 공간을 하얗게 칠한 것입니다. 멀리서 두 사람이 걸어가고 있지만, 오히려 아무도 없는 거리보다도 더 적막해 보입니다.

위트릴로의 그림에서 드러나는 쓸쓸함과 공허함은 외부 세계와의 단절에서 오는 고립감을 시각화한 무의식적 표현으로 읽힙니다. 오랜 세월 겪었던 중독과 사회적 격리의 경험이 자기지각과 내적 사고에 관여하는 디폴트 모드 네트워크 및 주의 조절 네트워크에 불균형을 초래한 것으로 해석됩니다. 이로 인해 내면으로 깊이 침잠하거나 타인과의 소통을 회피하려는 경향이 강하게 나타납니다.

뇌과학 연구에 따르면, 만성적인 알코올 남용은 전전두엽의 조절능력을 약화시키고, 편도체와 스트레스 반응회로의 과민성을 높여 정서적 균형을 무너뜨릴 수 있습니다. 알코올은 단기적으로 중추신경계에 작용하는 신경전달물질인 GABA(감마-아미노뷰티르)의 억제작용을 강화해 진정효과를 주지만, 반복적으로 섭취하면 뇌의 보상 및 억제 시스템 모두에 신경적응을 일으켜 감정기복, 불안, 우울감이 심해질 수 있습니다. 알코올의 장기간 남용은 해마와 전두엽 네트워크에 구조적·기능적 퇴화를 초래해 기억력과 현실판단 능력에도 악영향을 미칠 수 있지요.

위트릴로의 만성적인 알코올 의존은 도파민과 세로토닌을 포함한 신경전달물질 시스템에 장기적인 불균형을 일으켜, 쾌감저하와 의욕상실, 우울감이 반복적으로 교차하는 감정기복을 심화시켰을 가능성이 있습니다. 그럼에도 불구하고 그의 두정엽과 시각연합영역은 비교적 공간감각과 구도설계 능력을 유지한 것으로 보입니다. 그림들이 대체로 구조적인 안정감을 잃지 않고 있기 때문입니다. 다만 전전두엽의 자기조절 기능과 감정통합 능력은 반복적인 중독으로 약화되었을 수 있으며, 이로 인해 그림들은 균형 잡힌 구도 속에서도 차갑고 고립된 정서가 묻어납니다.

이처럼 위트릴로의 그림들을 자세히 들여다보면, 인물의 부재와 공허한 공간이 만들어내는 정서적 진공상태가 감지됩니다. 술은 위트릴로에게 일시적으로 현실의 고통을 잊게 해주는 도피였을지 모르지만, 결국 더 깊은 고립으로 이끌었고, 그의 캔버스는 차갑고 고요한 거리들로 채워나갔습니다.

중독된 뇌, 고장 난 보상회로

한 번 빠지면 좀처럼 벗어나기 어려운 중독의 길, 그 시작은 뇌의 작은 균열에서 비롯됩니다. 쾌락을 좇던 회로는 어느새 고장 난 나침반이 되어, 더 강한 자극만을 찾아 헤매게 되지요. 그리고 그 길 위에서 예술가들은 무너져가는 뇌로, 가장 창백하고 쓸쓸한 인물과 풍경을 그렸습니다.

중독에 빠진 뇌에서 두드러지는 특징 중 하나는 보상회로의 작동방식이 변화한다는 점입니다. 초기에는 반복적인 약물이나 알코올, 특정 행동자극으로 인해 측좌핵과 복측피개영역 중심의 도파민 시스템이 과도하게 활성화되지만, 장기적으로는 도파민 활동이 저하되어 일상적인 자극으로는 보상을 느끼지 못하고 점점 더 강하고 격렬한 자극을 찾아 나서게 되지요. 이러한 변화는 동기부여 및 쾌감 등의 경험을 왜곡시키고, 무기력과 강박이 교차하는 중독의 악순환으로 이어집니다.

보상회로의 변화는 화가들에게 예술적 주제나 표현방식에도 영향을 미칠 수 있습니다. 강렬한 색채대비, 반복된 상징, 과감한 형태의 왜곡 같은 표현은 스타일의 문제가 아니라, 자극을 통해 강한 정서적 효과를 추구하려는 심리적 경향일 수 있습니다.

중독이 지속되면 전전두엽의 조절기능이 약화되어 충동억제와 판단력이 더욱 저하될 수 있습니다. 이런 변화는 작품 속에서 즉흥적이고 감정적인 표현, 현실감각이 희미한 상징적 이미지, 공간구성의 불안정성으로 나타나기도 합니다. 비례나 구도에서 의도적 (혹은 무의식적) 왜곡이 많아지는 것은 전전두엽의 통합적 사고기능이 저하되었을 때 나타나는 하나의 양상입니다.

중독과 관련된 대표적인 도파민 회로

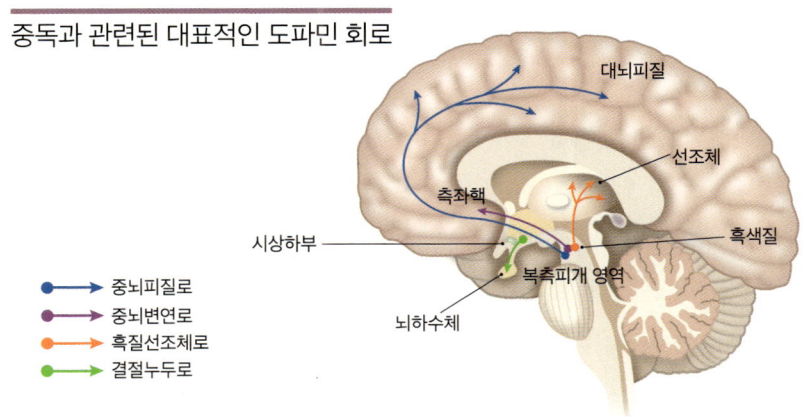

- **중뇌피질로** : 전전두엽으로 도파민을 공급해 판단능력 및 충동억제를 담당하며, 중독으로 기능 저하.
- **중뇌변연로** : 복측피개영역에서 측좌핵으로 연결되며, 중독으로 과도하게 활성화될수록 강한 자극 요구.
- **흑질선조체로** : 운동조절에 핵심적인 도파민 회로로, 중독으로 습관적 행동과 절차적 학습을 강화.
- **결절누두로** : 시상하부에서 뇌하수체로 이어져 도파민을 분비하는 역할. 만성적인 약물사용으로 호르몬 불균형 유발.

중독이 장기간 이어지면, 해마와 전전두엽의 협력기능에도 변화가 생겨 '기억의 맥락화'가 어려워지고, 시간과 공간의 감각이 경험을 왜곡시킬 수 있습니다. 이로 인해 화가의 경우 현실과 상상의 경계가 흐려지면서, 그림에 초현실적 구도나 비정상적인 시점, 몽환적인 장면이 등장하기도 합니다. 여기서 기억의 맥락화란 어떤 정보를 기억할 때 그 정보가 발생한 상황이나 환경, 감정, 장소, 시간 등과 함께 저장되는 현상을 말합니다. 기억은 단순한 정보의 저장이 아니라, 그 정보가 얽힌 '맥락'과 함께 저장되고 소환되는 것이지요. 결국 중독은 예술가의 표현을 생생하고 강렬하게 만들 수도 있지만, 그 과정에서 자율성과 통제력, 정서균형을 약화시키는 뇌의 퇴화를 동반합니다.

이밖에도 중독은 뇌의 곳곳에 영향을 미칩니다. 소뇌는 반복적인 알코올 노출에 취약한 부위 중 하나로, 손상될 경우 균형감각 및 미세한 손동작의 조절이 어려워져 화가의 경우 정교한 드로잉 능력이 저하될 수 있습니다. 섬엽은 신체 내부 감각과 감정의 연결에 관여하는데, 이 기능이 약화되면 자신의 감정상태를 명확하게 인식하기 어렵고 욕망의 통제도 힘들어질 수 있습니다. 편도체는 중독 초기에는 과민해지다가 만성기에는 오히려 둔화되어, 감정을 제대로 조절하지 못하거나 심할 경우 감정표현에 큰 어려움을 겪게 됩니다.

그렇다면 중독으로 손상된 뇌는 예술활동을 통해 회복될 수 있을까요? 그림을 그리는 행위는 뇌의 보상체계에 새로운 자극을 제공하고, 감정을 표현할 기회를 가져다 줍니다. 특히 창작활동을 통해 억눌린 감정과 긴장을 해소하면, 도파민 시스템이 긍정적으로 활성화되고 전전두엽의 실행 및 자기조절 기능이 향상되며, 감정회로의 연결이 개선될 수 있습니다. 이런 이유로 그림을 그리는 행위는 중독으로 인해 약화된 자기통제 능력을 보완하는 데 이롭게 작용할 수 있습니다.

비록 그림을 그리는 행위가 뇌의 손상된 회로를 완전히 정상으로 되돌리지는 못하더라도, 새로운 신경경로를 형성하고 남아 있는 기능을 보완하는 데 도움을 줄 가능성이 충분히 있습니다. 그림을 그리는 행위 자체가 감각, 운동, 기억, 감정을 통합하는 복합적 활동이기 때문입니다. 중독으로 손상된 뇌의 회복과정에서 자기표현과 자기조절을 촉진하는 훌륭한 통합적 치료도구로 장려되는 까닭입니다.

위트릴로, 〈물랭 드 라 갈레트와 사크레쾨르 대성당〉, 창작연도 미상, 캔버스에 유채, 24×32cm, 개인 소장

    모딜리아니가 중독을 이기지 못하고 불행한 삶을 마감한 것과 달리, 위트릴로는 다행히 나이가 들수록 성공한 화가의 길을 걸었습니다. 비록 그가 말년에 그린 몽마르트르에서도 잿빛하늘이 관찰되곤 하지만, 〈물랭 드 라 갈레트와 사크레쾨르 대성당〉처럼 초록식물들이 비중 있게 묘사된 점은 매우 인상적입니다. 미술사가들은 창백한 흰색에 갇혀 있던 위트릴로의 창작시기를 '백색시대'로, 여러 색상으로 채색한 그림들을 발표한 시기를 '다색시대'로 부릅니다.

    그림이 위트릴로를 중독에서 구원했다고 단정할 수는 없습니다. 붓과 캔버스로 상처 난 뇌를 완전히 치유할 수는 없지요. 다만 그 상흔 위에 새로운 길을 그릴 수는 있습니다. 그림과 함께 조금씩 깨어나는 뇌의 회로는, 잿빛 안에서도 빛을 찾으려 애씁니다.

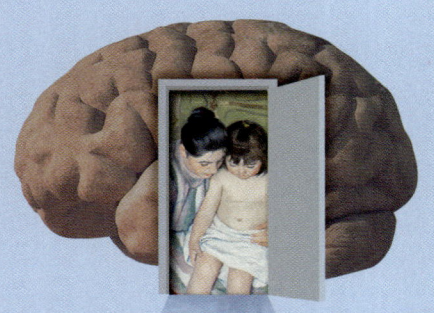

When Neuroscientist met Muse

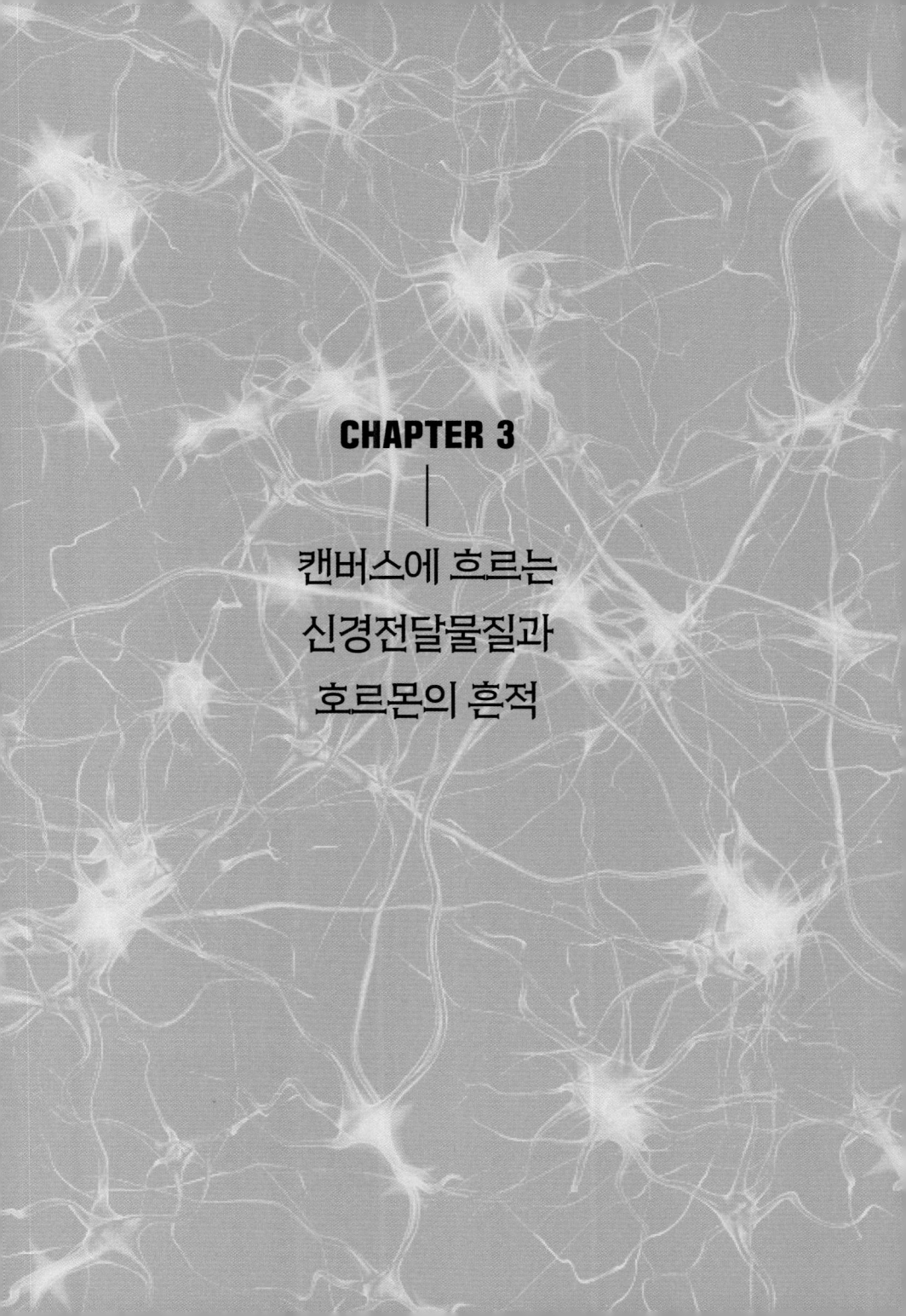

CHAPTER 3

캔버스에 흐르는
신경전달물질과
호르몬의 흔적

햇살이 뇌를 비출 때면
르누아르의 그림을 봐야 한다

햇빛에 반응하는 신경전달물질의 마법

따스한 햇볕이 스미는 그림 앞에 서면 마음이 평온해지면서 잠시나마 일상의 그늘을 잊게 됩니다. 탁자 위에 놓인 와인 잔과 웃음소리 그리고 사람들의 유쾌한 표정을 비추는 밝은 햇살이 그림 속으로 초대합니다. 피에르 오귀스트 르누아르Pierre-Auguste Renoir, 1841-1919가 화폭에 담아낸 빛은 뇌 깊은 곳을 쓰다듬는 '따뜻한 언어' 같습니다.

워싱턴D.C.에 있는 필립스 컬렉션에서 르누아르의 〈뱃놀이 파티에서의 오찬〉을 처음 본 순간이 떠오릅니다. 우연히 마주한 그림을 바라보는 내내 입꼬리가 올라갔지요. 가림막 옆으로 들어온 햇빛을 받으며 한낮의 여유로움을 만끽하는 그림 속 낯선 이들이 이상하리만치 익숙하고 편안하게 느껴졌습니다.

그림의 배경은 파리 외곽 센 강변에 위치한 레스토랑 메종 푸르네즈의

르누아르, 〈뱃놀이 파티에서의 오찬〉, 1881년, 캔버스에 유채, 130×175cm, 필립스 컬렉션, 워싱턴 D.C.

넓은 발코니입니다. 뱃놀이를 마친 한 무리가 이곳에 모여 오찬을 즐기고 있습니다. 오후의 햇살이 흥겨움에 취한 사람들의 표정을 한층 더 행복하게 비춥니다.

르누아르는 프랑스 인상주의를 대표하는 화가로, 빛과 인간을 향한 따뜻한 시선을 화폭에 담았습니다. 모네, 시슬레 등과 함께 자연광을 캔버스로 옮기는 실험에 참여했는데, 온기 가득한 분위기를 자아내는 색감과 행복이 넘치는 인물 중심의 구성으로 많은 이들에게 사랑받았지요.

르누아르의 그림에서 가장 중요한 소재는 '햇빛'입니다. 르누아르의 햇빛은 고흐의 이글거리는 태양빛이나 먼 바다 수평선 너머 서서히 떠오르는 모네의 찬란한 해돋이와 다릅니다. 그것은 나뭇잎 사이로 살며시 반짝이거나 사람들의 살갗을 감싸듯이 비추는 햇살입니다. 강렬하게 내리쬐는 직접광이 아니라 공기 중에 은은하게 퍼지는 간접광이지요.

그의 대표작 〈뱃놀이 파티에서의 오찬〉을 다시 찬찬히 살펴보겠습니다. 그림은 단순히 식사장면을 묘사하는데 그치지 않습니다. 르누아르가 추구해온 미학, 즉 일상의 경쾌한 숨결과 사람들 사이에 흐르는 따스한 온기 그리고 햇빛을 머금은 피부의 생기로운 모습을 화폭에 고스란히 담아냈지요. 그의 팔레트에는 눈을 자극하는 강렬한 원색보다는 은은하고 부드러운 색들이 자리합니다. 젊은이들의 살결을 닮은 연한 분홍과 살구색, 햇살이 스미는 듯한 옅은 노랑 그리고 푸르른 청록색이 조화를 이루며 캔버스를 수놓습니다. 이러한 색감은 시각적인 효과에 머무르지 않습니다. 햇빛을 받은 피부에 어른거리는 온도, 공기를 타고 흐르는 부드러운 촉감까지 그대로 옮겨놓은 듯합니다.

멜라토닌을 채색하는 붓질

르누아르의 붓질은 따뜻한 한 줄기 바람이 화면 위를 스치고 지나가듯 가볍고 유연하게 느껴집니다. 그림 앞에 서 있는 관람자는 어느새 빛과 공기의 촉감까지 체감하게 되지요. 마치 보는 이의 감각을 자극하는 멜라토닌의 마법 같습니다.

햇빛은 눈으로 들어와 망막에서 빛을 감지하는 세포로 이뤄진 광수용체를 자극하고, 이 신호는 시신경을 따라 이동하여 뇌의 시상하부에 자리한 시교차상핵에 도달합니다. 시교차상핵은 마치 정교한 시계추처럼 우리 몸의 하루 리듬을 맞춰 주는 생체시계 역할을 합니다. 이곳에서 생성된 신경 신호는 송과체의 활동을 조율하여 밤에는 멜라토닌이 충분히 분비되도록 하고, 낮에는 그 분비를 억제시킵니다. 송과체는 뇌의 깊은 중심부에 위치한 작은 내분비기관으로, 생체리듬과 호르몬 조절에 중요한 역할을 합니다. 솔방울(pine cone) 모양을 닮아서 송과체(松果體)라는 이름이 붙었지요(179쪽).

멜라토닌 분비가 낮과 밤의 리듬에 맞춰 조절되면, 수면과 각성의 주기가 일정해지고 깊은 잠에 들면서, 뇌가 쉴 틈을 얻습니다. 휴식과 회복의 시간을 보낸 뇌는 감정을 정리하고 기억을 정교하게 분류하며, 상상과 현실을 연결하는 창의적인 회로를 다시 작동시킵니다. 가령 화가는 이러한 과정을 통해 작품 구상에 필요한 창의력을 얻습니다. 아울러 색과 형상을 배열하는 능력인 '구도감각'을 선명하게 발휘할 수 있게 됩니다.

멜라토닌이 안정을 찾으면 스트레스 반응에 깊이 관여하는 코르티솔의 과도한 분비가 누그러집니다. 이때 교감신경과 부교감신경 사이의 균형이 회복되면서 몸과 마음이 한층 평온해지지요. 긴장으로 곤두선 감각들이 풀리면서 그림을 보는 눈에도 여유가 생기고, 미세한 색채변화나 붓질의 떨림까지 느낄 수 있는 감수성이 깨어납니다.

햇빛은 또 다른 길을 통해 우리 뇌에 영향을 미칩니다. 망막에서 출발한 빛의 신호는 뇌줄기에 있는 봉선핵의 세로토닌 신경계를 자극합니다(285쪽). 봉선핵에서 분비되는 세로토닌은 대뇌피질과 변연계, 시상하부 등 뇌 영역 곳곳으로 퍼져나가며 기분을 차분하게 가라앉히고 집중력을 높이며, 내면에서 잔잔한 행복감을 피워올립니다. 흥미롭게도 세로토닌은 밤이 되면 멜라토닌으로 변환됩니다. 낮 동안 받은 빛의 선물이 밤에는 깊은 잠의 안내자가 되는 거지요. 햇빛은 낮에는 우리의 뇌가 맑아지게 비추고, 밤에는 뇌가 휴식을 취할 수 있도록 숙면으로 유도하는 셈이지요.

그런 까닭에 화가의 눈에 비친 햇빛은 단순한 밝음이 아니라, 뇌 속의 신경전달물질이 물감을 통해 캔버스 위에 펼쳐진 것과 같습니다. 르누아르가 그린 부드러운 빛의 얼룩들은 우리 뇌의 시각피질을 자극하는 동시에 시교차상핵과 봉선핵, 해마를 차례로 흔들어 깨웁니다. 그림 속 빛의 스펙트럼에 시선을 맞추다 보면, 뇌 깊숙한 곳에서 피어오르는 평화를 경험하게 됩니다. 햇빛이 뇌의 회로를 따라 옮겨 다니며 마음속 어두운 부분을 환하게 비춰 생기를 불어넣는 것이지요.

이제 빛을 온몸으로 받아들이듯 감각을 활짝 열고 〈뱃놀이 파티에서의 오찬〉에 등장하는 인물들의 표정을 살펴보겠습니다. 그들이 서로 주고받는 미소와 몸짓 하나하나가 얼마나 생기 넘치는지 새삼 놀라게 됩니다. 이 여유롭고 다정한 분위기는 관람자로 하여금 그림 속 파티에 초대받고 싶은 생각을 불러일으킵니다. 그들 옆자리에서 함께 잔을 들어올리고 싶은 작은 충동마저 생겨납니다.

이러한 장면은 우리 뇌에서 거울신경계를 활성화시킵니다. 거울신경계는 다른 사람의 표정과 몸짓, 감정을 관찰할 때, 마치 내가 그 행동을 하고 있는 것처럼 뇌의 운동 및 정서 영역이 함께 반응하게 만드는 회로입니다. 이곳이 활발하게 작동하면, 타인의 즐거움이 마치 내 기분이 된 듯 전이되면서 공감이 일어납니다(127쪽). 이러한 정서적 동기화는 변연계에서 나타나는 경계심을 풀어 주면서, 긴장감 대신 온화한 안정감을 불러오지요. 관람자의 호흡은 한결 편안해지고, 어깨근육마저 느슨하게 풀어집니다.

〈뱃놀이 파티에서의 오찬〉을 마주하는 순간, '다른 사람을 바라본다'는 시각적 경험을 넘어, 그림 속 흥겨운 파티를 내가 경험하는 듯한 생생한 감각으로 느끼게 되는 이유가 여기에 있습니다. 르누아르가 햇빛을 담아 우리 뇌에 보내는 근사한 초대장입니다.

도파민 분비를 도와 행복감을 자아내는 색과 형태

레스토랑 메종 푸르네즈 발코니의 즐거운 분위기를 좀더 살려보겠습니다. 파티의 규모를 키워서 파리 몽마르트르 언덕에 있는 야외 무도장 '물랭 드 라 갈레트'로 안내합니다. 이곳은 한때 파리지앵들이 음주가무를 즐기던 명소입니다. 무성하게 자란 나무들의 흐드러진 줄기 틈새로 햇빛이 춤추듯 퍼져나가 사람들의 흥겨운 미소와 몸짓을 비추는 순간을 르누아르는 그대로 화폭에 담았습니다. 리드미컬한 왈츠와 사랑의 밀어들이 캔버스를 가득 채우고 있습니다. 그리고 어느새 우리는 몽마르트르 언덕의 한가운데로 걸어 들어가고 있습니다. 르누아르가 〈물랭 드 라 갈레트의 무도회〉로 파티장소를 바꿔 다시 한 번 우리를 초대합니다.

르누아르는 오후의 햇살을 머금은 채 여유로운 일상과 낭만이 교차하는 공간을 그렸습니다. 짧고 경쾌한 붓질로 흐릿한 경계와 빛의 떨림 등 순간의 '인상'을 포착한 것이지요. 그는 사진처럼 정밀하게 묘사하기보다는 감각적으로 느껴지는 분위기를 전달했습니다. 이 그림 역시 가장 큰 매력은 햇빛과 사람들에 있습니다. 그림 속 인물들의 옷과 모자 그리고 홍조 띤 얼굴에 살포시 내려앉은 햇살은 단순한 물리적 밝기가 아니라 따스한 온도의

르누아르, 〈물랭 드 라 갈레트의 무도회〉, 1876년, 캔버스에 유채, 131×175cm, 오르세 뮤지엄, 파리

감각으로 다가옵니다. 르누아르의 붓끝을 타고 내려온 햇살은 시각적 요소에 그치지 않고 우리 몸의 생리반응을 이끄는 촉매제처럼 작동합니다.

빛이 망막에 닿는 순간 시각신호는 후두엽의 시각피질로 전달되고, 여기에서 처리된 감각은 중뇌의 복측피개영역에까지 영향을 미쳐 보상회로를 깨웁니다. 보상회로가 활성화되면 도파민이 분비되어 전전두엽과 변연계로 퍼져나갑니다. 도파민은 기쁨과 기대, 호기심을 이끄는 중요한 신경전달물질로, 가령 '나는 즐겁다'는 뇌의 해석을 이끌어냅니다. 이 과정은 단순한 흥분이 아니라 적당한 자극과 안정이 어우러진 지속적인 몰입상태를 가리킵니다.

르누아르의 색채선택은 도파민 회로의 반응을 더욱 섬세하게 이끕니다. 원색의 강한 대비보다는 파스텔에 가까운 연한 푸른색, 노랑, 살구색, 복숭아 빛을 조합하여 안정된 색채리듬을 조성합니다. 이러한 색감은 예측가능한 시각적 패턴을 제공해 우리 뇌가 과하게 흥분하지 않도록 조절해 줍니다. 심신이 지나친 자극에 지치지 않도록 도와주는 거지요.

그래서 르누아르의 그림은 오랫동안 보고 있어도 피로하지 않고, 오히려 시간이 지날수록 서서히 스며드는 행복감을 경험하게 됩니다. 심지어 그림 속 인물들의 생생한 표정과 몸짓, 음악에 맞춰 리듬을 타는 듯한 군중의 율동감은 거울신경계를 자극하여 마치 무도회에 와있는 것 같은 기분을 느끼게 합니다.

그림 속 파티에 와있는 것 같은 각성효과

르누아르의 햇빛을 뇌과학적으로 정리하면, 뇌의 감각·보상·정서 회로를 동시에 깨우는 '시각적 신경전달물질의 칵테일'이라고 하겠습니다. 햇빛은 뇌의 도파민 회로를 타고 들어가 편안함 뿐 아니라 행복감과 기대감까지 동시에 느끼도록 도와줍니다. 이처럼 르누아르는 햇빛이 뇌에 미치는 긍정적 효과를 탁월하게 투영한 화가입니다.

〈뱃놀이 파티에서의 오찬〉과 〈물랭 드 라 갈레트의 무도회〉는 벽에 걸린 회화의 평면성을 뛰어넘는 효과를 발휘하기도 합니다. 색과 빛이 공기처럼 번져와 관람자의 피부에까지 스며드는 착각을 일으키게 하지요. 그 순간 우리 뇌는 보는 것에 그치지 않고 그림 속 풍경으로 걸어 들어가 그곳의 공기와 온도, 소음 그리고 나뭇잎 사이로 비추는 햇살까지 만끽하도록 작동합니다. 그림 속 색채와 형상이 시각자극을 넘어 뇌를 흔들어 깨우는 일종의 체험적 효과를 가져다줍니다. 여기서 핵심 역할을 하는 게 바로 망상체입니다.

망상체는 뇌간의 중심을 따라 길게 세로로 뻗어 있는 신경망으로, 뇌 전체를 각성상태로 이끕니다. 우리가 느끼는 다양한 감각 가운데 빛과 소리, 움직임 같은 강렬한 자극은 망상체를 통해 뇌의 각성을 유도합니다. 특히 햇빛처럼 명확하고 리드미컬한 시각신호는 망상체의 경로를 거쳐 대뇌피질 전반을 활성화시켜 깨우는 중요한 '알람' 역할을 합니다.

햇빛이 눈으로 들어오면 먼저 망막의 광수용체가 이를 감지합니다. 이 신호는 시신경을 따라 시상하부의 시교차상핵으로 전달되어 생체리듬을 조율하는 동시에 망상체로 연결됩니다. 이때 망상체는 망상활성계를 통해 대뇌피질 곳곳으로 활성신호를 보내, 우리 뇌를 깨어있는 낮의 모드로 전환시킵니다. 그 순간 뇌는 감각을 좀더 섬세하게 받아들이고, 시각·청각·운동 시스템이 서로 긴밀하게 연결되면서 사고와 행동의 속도가 한층 빨라지게 됩니다.

이러한 활성화 과정에서 자율신경계도 함께 반응합니다. 교감신경계가 적절히 깨어나면서 주의력과 집중력이 높아지고, 호흡과 심박이 안정된 리듬을 갖추면서 심신에 활력을 가져다주지요. 동시에 뇌 속에서는 여러 신경전달물질들이 활발하게 분비됩니다. 세로토닌은 안정감을 주어 집중력을 높이고, 도파민은 동기와 호기심을 불러와 창의력을 키웁니다. 노르에피네프린은 감각을 섬세하게 하고 반응속도를 올리며, 아세틸콜린은 시각정보

망상체 활성화 구조

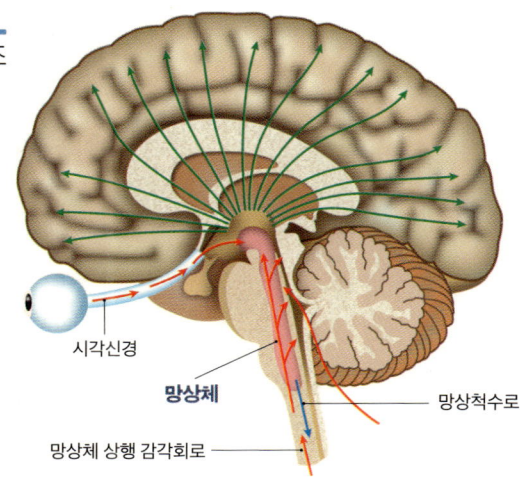

시각신경
망상체
망상체 상행 감각회로
망상척수로

- **망상체**는 뇌간의 중심을 따라 길게 세로로 뻗어 그물망처럼 이뤄진 신경계로, 생명 유지에 필요한 반사반응(호흡·심박·체온조절 등) 뿐 아니라 각성과 수면, 주의력, 운동능력, 통증억제 등에도 관여.

를 정밀하게 처리해 형태와 색채를 더욱 선명하게 인식하도록 돕습니다. 이러한 반응은 관람자와 화가 모두에게 적용됩니다. 아마도 르누아르는 그림을 그리는 동안 햇빛이 가져다주는 신경회로의 변화를 겪었을 것입니다.

야외에서 붓을 들고 있던 화가는 햇빛으로 망상체가 활성화되면서 감각이 깨어나 감정이 환기된 상태에서 그림 속 장면들을 포착해 그렸습니다. 깨어 있는 주의력과 순간순간의 생생한 자극이 그의 손끝으로 전해져, 캔버스 위의 색채와 형태로 태어난 것이지요. 캔버스에 가득 퍼진 햇빛은 화가의 창의적 뇌를 깨우고 관람자의 뇌에 행복감을 가져다 준 매개체라 하겠습니다. 망상체의 활성화로 인한 각성의 힘 덕분에 우리는 르누아르의 그림 앞에서 문득 '인생은 아름답다'는 노래가사를 흥얼거릴지도 모르겠습니다.

뇌를 보듬는
엄마의 초상화

옥시토신이 만든 모성의 색

"엄마 손은 늘 따뜻했지. 그 손이 내 이마를 짚을 때면, 세상이 멈춘 것 같았어."

신경숙 작가의 소설 『엄마를 부탁해』에 나오는 구절이 떠오르는 그림이 있습니다. 메리 스티븐슨 카사트 Mary Stevenson Cassatt, 1844-1926 의 그림들을 볼 때면 숨 가쁘게 돌아가는 하루하루가 잠시 멈춘 듯 고요해집니다. 부드러운 색채와 잔잔한 시선이 맞닿은 화면 속에서 엄마의 숨결과 아이의 체온이 서서히 피부에 스며드는 것 같습니다. 아이를 돌보는 엄마의 손길과 눈빛에서 무한한 신뢰와 조건 없는 관계가 느껴집니다. 엄마의 육아는 가사노동으로만 한정할 수 없는, 매우 특별한 가치가 있음을 카사트는 캔버스에 담아냈습니다.

카사트, 〈아이의 목욕〉, 1893년, 캔버스에 유채, 100×66cm, 시카고 아트 인스티튜트

엄마의 온기를 그린 화가

카사트는 미국에서 태어났지만 화가로서의 활동은 주로 프랑스 파리에서 했습니다. 당시 파리에는 모네와 드가, 르누아르 등 인상파 화가들이 있었습니다. 카사트도 그들 중 하나였지요. 인상파 화가들은 빠른 붓터치와 밝은 계열의 색으로 빛이 변하는 순간을 포착해 화폭에 옮겼습니다. 무엇보다 종교와 신화, 역사, 왕실, 고관대작 등을 주로 그렸던 고정관념에서 벗어나 평범한 사람들의 일상을 그렸지요.

카사트는 아이를 돌보는 엄마의 모습에 주목했습니다. 그 시절 미술을 포함한 예술계 전반에서 여성의 존재가치는 미미했지만, 카사트는 여성의 평범한 삶을 예술의 주제로 삼아, 남성 중심의 시각에 조용한 반론을 제기했습니다.

카사트의 대표작 〈아이의 목욕〉에는 화가의 이러한 예술철학이 녹아있습니다. 엄마가 무릎 위에 아이를 앉히고 조심스레 발을 씻기고 있습니다. 엄마와 아이의 시선이 같은 곳을 향합니다. 엄마의 손과 아이의 발이 닿는 피부의 접촉에서 차가운 물기 대신 따스한 온기가 느껴집니다. 매일 반복되는 일상의 한 장면이지만, 여기에 담긴 안온한 정서는 관람자를 한순간 무장해제시킬 만큼 깊고 융숭하지요.

〈아이의 목욕〉에는 엄마와 아이가 서로에게 보내는 무한한 신뢰와 사랑이 담겨있습니다. 그림을 보는 내내 우리 뇌에서 깊은 정서적 교감이 일어나는 까닭입니다. 실제로 엄마가 아이를 목욕시킬 때 뇌의 신경회로는 섬세하게 반응합니다. 아이의 피부에 닿는 촉감은 먼저 체성감각피질에서 처리되고, 편도체는 이를 안정신호로 인식하여 불안과 경계 반응을 완화

호문쿨루스 감각지도

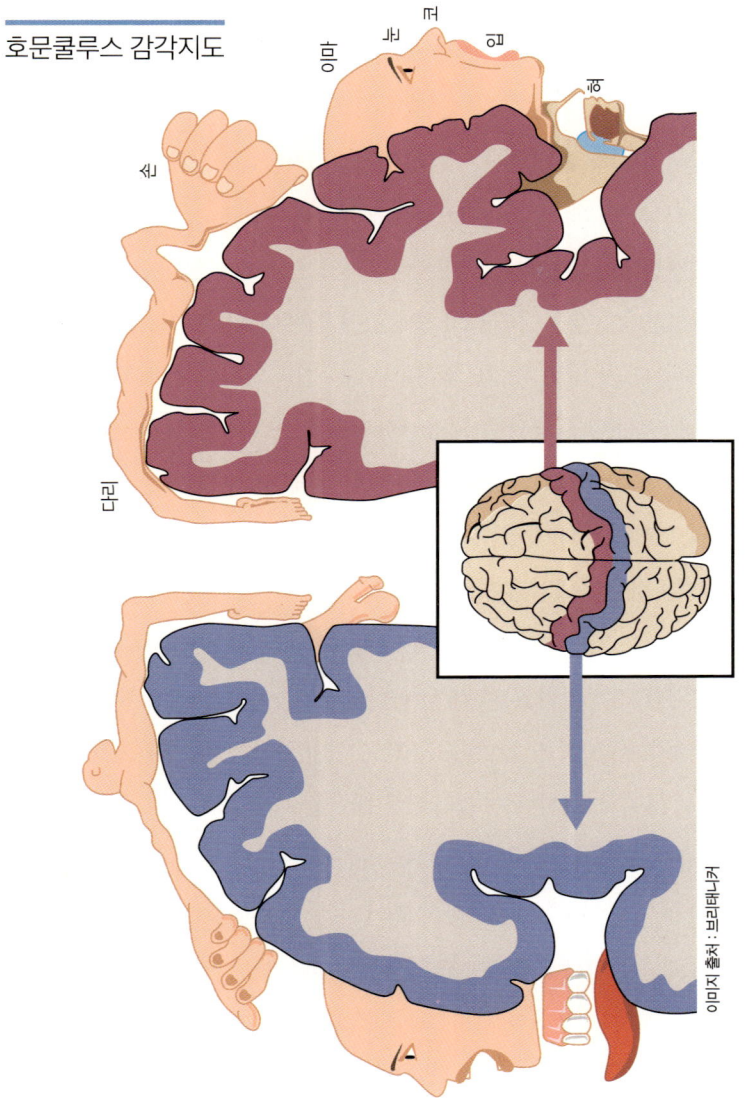

라틴어로 '작은 인간'을 뜻하는 호문쿨루스(Homunculus)는 두정엽의 중심고랑 뒤쪽에 있는 **체성감각피질**을 통해 신체 각 부위로 연결하는 감각자극을 공간적으로 정렬해 배치한 뇌과학 인포그래픽으로, 얼굴이나 혀와 같이 민감한 부위 일수록 더 넓은 면적을 차지.

시킵니다. 순간 아이의 뇌가 안전하다고 인식하는 것입니다.

이처럼 평온한 상태가 되면 뇌의 시상하부가 자극되면서 옥시토신 분비가 활발해집니다. 옥시토신은 뇌하수체 후엽을 통해 혈류로 퍼져나가는 동시에 뇌의 신경회로에도 작용하여 애착과 유대감을 강화하는 신경전달물질로 작동합니다. '사랑의 호르몬'이란 별칭으로 불리는 까닭입니다.

한편 체성감각피질은 두정엽의 중심고랑 뒤쪽에 위치하며, 피부와 근육, 관절 등에서 오는 촉각정보를 처리합니다. 가령 엄마가 아이를 목욕시키거나 보듬는 신체접촉행위는 체성감각피질과 시상하부를 자극하여 옥시토신 분비를 촉진하지요. 체성감각피질은 신체 각 부위별로 감각을 담당하는 영역으로 구분되어 있는데, 이러한 분포를 시각화한 것이 '호문쿨루스'라 불리는 감각지도입니다.

분비된 옥시토신은 해마의 기능을 조절해 '이 경험은 따뜻하고 좋다'라는 감정기억을 저장시키고, 측좌핵에서는 타인과의 관계에서 오는 정서적 만족감과 보상을 느끼게 합니다. 그리고 섬엽에서는 타인의 표정과 몸짓을 마치 내 몸에서 일어나는 감각처럼 받아들이게 하여 공감을 강화합니다. 이런 과정을 통해 〈아이의 목욕〉을 바라보는 관람자는 '나도 저 아이처럼 편안한 돌봄을 받는다'라는 착각에 가까운 체험을 하게 됩니다. 뿐만 아니라 옥시토신은 거울신경계도 활성화시킵니다. 단순한 감상이 아니라 뇌가 공감을 체험하는 상태가 되는 것이지요.

〈아이의 목욕〉은 인간에게 타고난 이른바 애착회로를 시각화한 그림이라는 점에서, 뇌과학적으로 좀더 특별하게 다가옵니다. 여기서 '애착회로'란 부모와 자식 간의 애틋한 감정에 섬세하게 반응하는 신경회로로, 이해를 돕기 위해 필자가 만든 조어입니다. 그림을 보는 내내 마음 깊은 곳까지 편안함을 느끼는 건 바로 옥시토신이 애착회로를 자극하기 때문이지요. 그런 까닭에 카사트의 그림은 단지 한 시대의 풍경에 머물지 않고, 뇌에 각인된 엄마의 기억을 환기시키는 창이라 하겠습니다.

모성본능을 강화하는 신경전달물질들

카사트의 〈아이의 목욕〉에 담긴 정서를 한마디로 말하면 '모성'이 될 것입니다. 뇌는 옥시토신을 포함한 여러 신경전달물질을 분비함으로써 모성본능을 강화시킵니다. 여성의 에스트로겐은 임신과 출산 과정에서 모성행동의 준비를 위한 감정조율에 기여합니다. 아이가 태어나 주위에 울음소리가 퍼지면 엄마의 코르티솔을 자극해 돌봄을 위한 주의력 및 아이를 향한 반응성을 높입니다. 아이의 재롱은 엄마의 도파민 분비를 촉진해 육아의 고된 일상에 대한 보상으로 행복감 넘치는 신경회로를 자극합니다. 아울러 모성애와 밀접한 신경전달물질 가운데 엄마의 뇌하수체 전엽에서 분비되어 모유생성을 돕고 모성애를 강화하는 프로락틴도 빼놓을 수 없습니다.

특히 뇌과학적인 관점에서 모유수유와 함께 이뤄지는 엄마의 돌봄행위는 아이의 뇌에 애착회로를 형성하는 결정적인 계기가 됩니다. 아이는 젖을 빨 때 엄마의 숨소리를 들으며 시선맞춤을 통해 시상하부를 자극받아 옥시토신 분비를 촉진합니다. 분비된 옥시토신은 편도체, 해마, 복내측전전두엽, 섬엽으로 이어지는 회로를 활성화해 정서적 안정과 안도감을 가져다줍니다. 이러한 경험이 매일 반복되면서 엄마와 아이 사이에 깊은 신뢰와 교감이 형성되는 것이지요. 모유수유 장면을 그린 카사트의 그림 제

카사트, 〈모성〉, 1890년, 종이에 파스텔, 69×44cm, 개인 소장

목은 프랑스어로 'Maternité'인데, 우리말로 옮기면 모성이 됩니다. 카사트는 모유수유를 엄마의 당연한 양육의무 중 하나로 한정하지 않고, 아이의 생존을 책임지는 숭고한 가치로 해석한 것입니다.

모성의 서사시 같은 그림

구스타프 클림트Gustav Klimt, 1862-1918는 카사트와는 결이 다른 모성의 의미를 화폭에 담았습니다. 그는 '여자의 일생'에 걸친 모성의 철학적 가치를 되새겼는데요. 그의 대표작 중 하나인 〈여성의 세 단계 시기〉에서 모성은 어느 한 순간에 머무르지 않고, 삶의 시작과 끝을 연결하는 깊은 안식으로 피어납니다.

화면 오른쪽에는 갓난아이가 엄마의 품에 안겨 깊은 잠에 빠져 있습니다. 아이의 작은 손가락이 무의식적으로 엄마의 어깨를 잡고 있고, 엄마는 상체를 살짝 기울여 아이를 감싸고 있습니다. 두 사람은 서로를 마주 보고 있지 않음에도 오히려 더 깊은 신뢰가 느껴집니다. 아이는 마치 엄마의 자궁 속을 천천히 유영하다 멈춘 듯한 자세를 하고 있습니다. 지그시 눈을 감은 표정에서는 세상을 향한 그 어떤 경계심도 없어 보입니다. 이처럼 엄마에게 완전히 맡겨진 모습은, 더 없이 안전하다는 아이의 감각이 뇌 깊숙이 작동하고 있음을 방증합니다.

그 반대편에는 나이 든 여성의 모습이 보입니다. 늙어서 등은 굽어지고 살가죽도 축 늘어져 있습니다. 갓 태어난 아이의 생존을 책임진 풍요로운 젖가슴도 더 이상 존재하지 않습니다. 한때 아이를 강건하면서도 우아하

클림트, 〈여성의 세 단계 시기〉, 1905년, 캔버스에 유채, 국립 고전 회화관, 로마

게 감싸안았던 손과 팔은 심하게 말라서 혈관이 피부 밖으로 나올 것만 같습니다.

아기를 품은 젊은 여성이 생명의 시작과 사랑을 의미한다면, 삶의 끝자락에 서 있는 노인은 '내려놓음'을 암시합니다. 클림트는 한 폭의 그림에서 여성의 순환하는 삶을 담았습니다. 한순간의 정지된 장면이 아닌 시간과 생명을 껴안는 모성의 힘을 상징적으로 그렸지요. 클림트의 그림은 단지 어린 시절 엄마의 안락한 품을 소환하는 것에 그치지 않습니다. 나이가 들어서도 사라지지 않고 세대를 이어가는 연속성이 모성에 담겨 있음을 깨닫게 합니다.

'모성의 연속성'은 뇌과학으로도 설명이 가능합니다. 아이를 품에 안는 접촉과 온기는 감각피질로 전달됩니다. 피부접촉과 체온전달 그리고 느린 호흡은 시상하부를 자극하여 뇌하수체 후엽에서 옥시토신을 분비시킵니다. 뇌하수체는 다양한 호르몬을 분비하여 성장, 생식, 대사, 스트레스 반응 등을 조절합니다.

옥시토신은 혈류를 통해 전신에 작용하는 동시에, 뇌에서는 시상하부 신경세포에서 직접 방출되어 신경전달물질로 작동합니다. 이때 편도체와 해마, 섬엽, 복내측전전두피질 등에서 감정조절과 사회적 신뢰감을 강화합니다. 누군가를 믿는다는 신뢰감은 치밀하게 조율된 회로가 작동한 결과이며, 옥시토신이 그 핵심 역할을 하는 것입니다. 옥시토신이 충분히 분비되면 편도체의 과도한 경계반응이 누그러지고 두려움과 긴장감이 해소되면서 마치 엄마 품에 안긴 것 같은 안정감을 느끼게 되지요.

중요한 건 이러한 일련의 작용이 세월이 흘러 아이가 엄마가 되고 엄마가 할머니가 된 뒤에도 뇌에서 다양한 방식으로 유지된다는 사실입니다.

옥시토신을 분비하는 뇌하수체의 위치와 구조

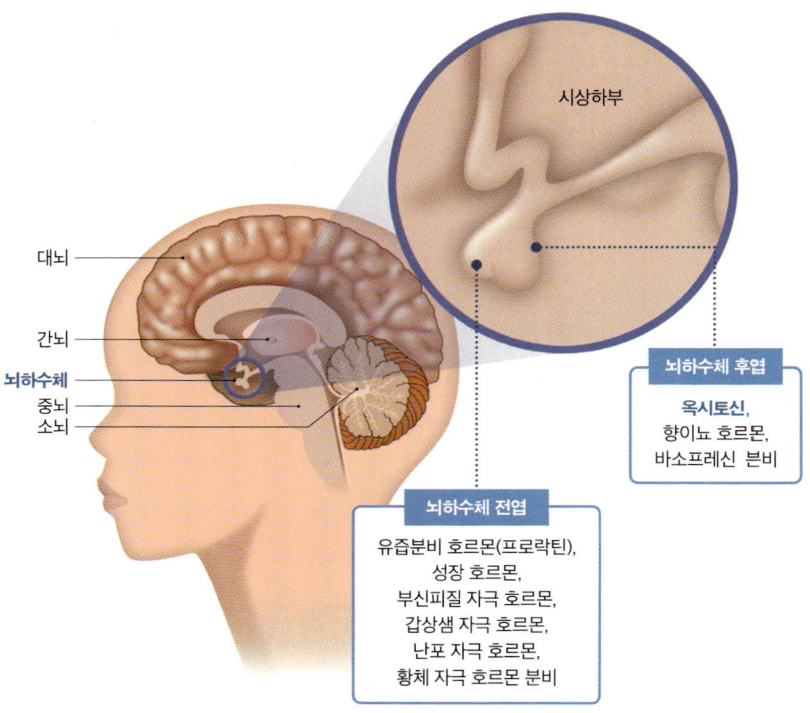

 모성의 애착회로가 성인이 되고 또 노인이 되어서도 멈추지 않는다는 것이지요. 노인이 된 엄마는 삶의 끝자락으로 향하지만, 성인이 된 딸을 향한 모성은 여전히 변함없이 발현됩니다. 그런 의미에서 클림트는 '순환하는 모성', 즉 '모성의 영원성'을 은유한 게 아닐까요?

 모성은 자궁 밖으로 나온 아기가 엄마의 품에 안기는 순간부터 뇌 안에 사랑과 신뢰의 회로를 형성합니다. 애착회로입니다. 애착회로를 통해 생성된 기억들은 세월이 흘러도 뇌 깊숙이 남아 삶의 버팀목이 됩니다. 실제로 유아기 때 형성된 안정적인 애착회로는 성장과정에서 겪는 어려움을 극복

카사트, 〈화가의 노모〉,
1889년, 캔버스에 유채,
96×69cm,
샌프란시스코 파인 아트 뮤지엄

하는 회복탄력성의 밑거름이 됩니다. 옥시토신의 분비로 강화된 모성본능이 인생 전체를 지탱하는 정서적 기둥이 되는 셈입니다.

살아가는 동안 기쁠 때나 슬플 때나 혹은 희열을 느낄 때나 실패에 좌절할 때나 늘 가장 먼저 떠오르는 사람은 아마도 엄마일 것입니다. 그렇게 모성은 언제나 우리 곁을 지켜줍니다.

나폴레옹 대관식에 흐르는 호르몬

테스토스테론과 에스트로겐의 분비로 탄생한 걸작들

테스토스테론은 흔히 남성성을 드러내는 호르몬으로 알려져 있습니다. 하지만 테스토스테론은 2차 성징과 생식기능에 머무르지 않습니다. 뇌 깊은 곳에서부터 감정과 충동, 동기에 관여하고, 세상을 바라보는 방식과 공간을 느끼는 감각까지 변화시킵니다. 인체의 생리작용을 넘어 생각과 행동까지 바꾸는 호르몬이지요.

뇌과학적으로 한 걸음 더 들어가 보면 흥미로운 점들이 관찰됩니다. 테스토스테론은 편도체의 흥분성을 높여 위협자극에 민감하게 반응하고, 대담성과 도전성을 키웁니다. 시상하부에서는 본능적인 회로를 자극해 성욕이나 식욕, 충동적인 에너지를 끌어올립니다. 쾌감 및 동기부여에 중심 역할을 하는 측좌핵은 도파민 자극을 받아 욕망과 기대감을 증폭시킵니다. 여기서 욕망은 전전두엽, 전측대상피질 그리고 기저핵의 회로와 연결되어 실행으로 나아가도록 뇌를 유도합니다. 욕망을 실행으로 바꾸는 동력은 보상회로와 운동회로의 유기적인 협력에서 비롯됩니다. 전전두엽은 판단과 억제, 계획을 조율하는데, 테스토스테론 수치가 높아지면 잠시 억제력을 누그러트리고 좀더 과감한 선택과 새로운 구상을 시도하게 하지요. 두정엽은 전전두엽과 협력해 테스토스테론을 공간에 대한 이해와 균형을 맞추는 에너지로 바꿉니다. 이러한 작용을 통해 뇌 전체가 활력을 얻어 생각과 행동이 한층 도전적이고 대담하게 변합니다.

명작에서 찾은 테스토스테론의 흔적들

테스토스테론은 화가나 조각가의 작품에도 적지 않은 영향을 미칩니다. 실제로 미술관에서 만나는 수많은 작품들에서 테스토스테론의 흔적을 찾을 수 있습니다. 테스토스테론을 예술로 승화시킨 대표적인 인물은 르네상스의 거장 미켈란젤로 부오나로티 Michelangelo Buonarroti, 1475-1564입니다. 〈다비드〉 같은 조각상은 테스토스테론의 결정체라 할 정도로 남성적 에너지가 넘치면서도 조화와 균형미가 절정을 이룹니다.

굳게 다문 입술과 강렬한 눈매는 편도체가 만들어낸 경계심과 시상하부가 일으킨 각성상태를 반영합니다. 한쪽 다리에 무게를 두고 서 있는 콘트라포스토 자세는 긴장과 이완을 동시에 담고 있는데, 두정엽이 만든 공간감각과 균형감을 느낄 수 있습니다. 〈다비드〉는 테스토스테론이 미켈란젤로의 뇌에서 감정과 동기, 공간 회로를 흔들어 깨워 대리석 속에 새겨놓은 걸작이지요.

시스티나 성당의 천장화에서 가장 유명한 장면으로 꼽히는 〈아담의 창조〉에도 테스토스테론의 강렬한 기운이 담겨있습니다. 창조주와 아담의 손끝이 닿기 직전 그 미세한 간격 사이에 마치 전류가 흐르는 것 같은 에너지가 느껴집니다. 이 장면은 종교적 서사에 머무르지 않습니다. 마치 인간이 행동에 앞서 뇌가 전기를 머금고 작동을 준비하는 상태 같습니다. 손끝이 닿기 직전에 전전두엽과 운동피질은 실행을 준비하고, 측좌핵은 보상과 목표를 향한 기대감으로 충만합니다.

행동으로 옮기기 전의 이른바 '예비된 뇌의 상태'는 뇌과학에서 매우 중요한 연구 분야입니다. 목표를 향한 강렬한 의지와 창조적 충동은 도파민과 테스토스테론이 협력하여 만들어내는 '뇌의 에너지'라고 할 수 있습니다.

그림에서 미켈란젤로의 테스토스테론이 아담의 몸에 어떻게 투영되었는지 살펴보겠습니다. 쫙 펴진 어깨, 단단한 흉곽, 복부와 팔다리에 흐르는 긴장감은 해부학적 묘사를 뛰어넘습니다. 테스토스테론이라는 생화학적 에너지가 회화로 승화된 것이지요. 테스토스테론은 편도체의 반응성을 높이고, 도파민의 보상회로와 상호작용하여 도전심과 경쟁심, 추진력을 고조시킵니다.

테스토스테론은 하늘을 부유하는

미켈란젤로, 〈다비드〉, 1504년, 대리석, 높이 410cm, 아카데미아 갤러리, 피렌체

미켈란젤로, 〈아담의 창조〉, 1512년, 프레스코화, 280×570cm, 시스티나 성당, 바티칸시티

신의 모습에서도 나타납니다. 아담을 향해 뻗은 긴 팔은 전전두엽이 창조를 계획하고 실행의지를 세우는 모습을 상징적으로 보여줍니다. 전전두엽에서 복내측전전두엽은 창조행위의 가치와 의미를 부여하고, 배외측전전두엽은 그러한 생각을 행동으로 전환하는 계획을 세웁니다.

미국의 해부학자 프랭크 린 메쉬버거Frank Lynn Meshberger, 1947-2020는 그림에서 신을 감싸는 붉은 천이 대뇌피질과 뇌간, 척수를 형상화한 것이라는 주장을 펴기도 했습니다. 신이 아담에게 생명뿐 아니라 지성과 의식, 사고능력까지 함께 부여하는 장면을 미켈란젤로가 그렸다고 해석한 것이지요.

〈아담의 창조〉는 뇌 안에서 테스토스테론이 일으키는 에너지, 역동성, 공간인식, 멈추지 않는 창조적 본능과 추진력을 조형의 언어로 옮겨 놓은 장대한 기록입니다.

권력욕구로 향하는 테스토스테론의 정치적 면모

앞서 테스토스테론이 도파민과 상호작용해 '하고 싶은 마음' 즉 욕망을 실행으로 바꾸는 보상회로를 강화한다고 했는데요. 이러한 경향은 때때로 '권력욕구'로 이어지기도 합니다. 가령 경쟁에서 승리해 높은 지위에 올라서면 테스토스테론 수치가 상승하고, 도파민 보상회로가 활성화되어 쾌감과 만족감을 느끼게 됩니다.

프랑스 신고전주의 거장 자크 루이 다비드Jacques-Louis David, 1748-1825의 작품들에서 유독 테스토스테론이 느껴지는 까닭도 권력과 무관하지 않습니다. 격동의 시기에 다비드는 화가라는 정체성에 머무르지 않았습니다. 그는 붓으로 권력의 언어를 재해석한 정치적 예술가였고, 근대 사회에서 남성권력이 품고 있던 욕망과 에너지를 회화로 구현해낸 산증인이었지요. 다비드의 그림들은 역사적 장면을 넘어 인간에 내재한 정치적 지배욕구를 해부하듯 드러냅니다.

권력다툼에 열중했던 사람들 중에서 다비드가 가장 주목한 인물은 나폴레옹 보나파르트Napoléon Bonaparte, 1769-1821였습니다. 가로가 무려 9미터를 넘는 〈나폴레옹 대관식〉의 화폭은 최고권력을 등에 업고 정치적 입지를 확고히 다지려는 다비드의 권력욕과 비례합니다.

나폴레옹은 1804년 12월 2일 파리 노트르담 대성당에서 국민투표를 통해 황제로 선출되고 나서 본인이 직접 자신의 머리에 왕관을 씌우는 장면을 연출했습니다. 이는 전통적으로 교황이 황제를 대관해온 관례를 깨는 행위로, 당시 교황은 대관식에 참석했지만 배석자에 머물러 있어야 했습니다.

나폴레옹의 속내를 파악한 다비드는, 그림에서 황제의 권위가 교회가 아

다비드, 〈나폴레옹 대관식〉, 1807년, 캔버스에 유채, 621×979cm, 루브르 뮤지엄, 파리

닌 국민에게서 나왔음을 강조함으로써 정치적 정당성을 부여하고자 했습니다. 나폴레옹을 중심으로 한 시선과 긴장은, 마치 테스토스테론이 만든 에너지에서 비롯된 것처럼 보입니다. 거대한 화면 전체를 감싸고 있는 기운은 지배권력을 향해 강렬한 욕망을 분출시키는 테스토스테론의 힘입니다. 다비드는 서슬 퍼런 권력의 승계장면을 구도와 시선, 동작, 공간 배치 하나하나까지 세심하게 녹여냈습니다.

그림에는 테스토스테론이 도파민 보상회로를 통해 강화하는 목표지향성과 대담성, 경쟁심이 상징적으로 응축되어 있습니다. 테스토스테론은 편도체의 반응성을 높여 위협이나 경쟁 상황에서 주저하지 않고 빠른 결단과 거침없는 행동을 유도합니다. 이렇게 활성화된 편도체는 환경의 위계 신호를 빠르게 감지하고, 이 정보는 기저핵 특히 측좌핵으로 전달되어 보상심리와 실행동기를 강화시킵니다. 이어서 전전두엽은 강화된 동기를 바탕으로 계획을 세우고 과감하게 의사결정을 내립니다. 이 과정에서 도파민이 증폭되면서 목표지향성을 더욱 확고하게 다지는 것입니다.

다비드는 마치 뇌의 움직임을 읽기라도 한 듯, 나폴레옹의 손끝에서부터 팔꿈치의 각도, 허리의 긴장감, 머리의 기울기에 이르기까지 정밀하게 설계하여 묘사했습니다. 흥미로운 사실은 이 그림말고도 다비드의 작품에 등장하는 수많은 남성들의 몸짓과 표정, 근육, 심지어 혈색까지도 긴장감이 서려있다는 것입니다. 남성들은 대게 반듯하게 허리를 세우고 꼿꼿한 자세를 취하고 있지요(279쪽 〈호라티우스 형제의 맹세〉 참조). 팔과 다리는 다음 행동으로 나아가기 위한 긴장감을 머금고 있습니다.

그림 속 나폴레옹은 마치 무대 위의 주인공처럼 빛과 구도의 중심에 서 있습니다. 다비드는 좌우대칭과 원근법을 통해 나폴레옹에게 시선이 쏠리도록 그렸습니다. 반면 주변 인물들은 철저히 서열화되어 배치되어 있습니다. 이처럼 치밀한 구도는 전전두엽의 계획능력 및 두정엽-전정계의 협력에 의한 탁월한 공간감각에서 비롯됩니다. 테스토스테론은 이러한 과정에 직접 관여하기보다는, 과감한 결단과 추진력을 북돋아 캔버스에 긴장감을 배가시킵니다.

그림에서 나폴레옹이 스스로 왕관을 쓰는 장면은 테스토스테론이 최고치에 도달한 순간입니다. 전전두엽이 설계한 행동계획, 기저핵이 조율한 추진력, 편도체가 제공한 감정적 각성이 도파민과 테스토스테론의 상호작용을 통해 스스로에게 부여하는 권력을 선언하는 장면을 연출한 것이지요.

〈나폴레옹 대관식〉은 권력을 향한 뇌의 동기회로가 어떻게 작동하는지를 보여주는 '테스토스테론의 해부도'라 하겠습니다. 다비드는 뇌 깊숙한 곳에서 울리는 테스토스테론의 에너지 구조를 캔버스 위에 구현한 것이지요.

에스트로겐의 에너지가 공명하는 그림들

인간의 삶에서 테스토스테론의 대담성과 결단력, 추진력만 강조되어서는 곤란합니다. 팽창한 테스토스테론의 기세를 어떻게든 조절해야만 하지요. 다행히 인간에게는 테스토스테론의 반대에서 균형을 이루는 호르몬이 있습니다. 에스트로겐입니다. 에스트로겐은 주로 여성의 난소에서 생성되며, 생리주기 조절, 자궁내막 성장, 배란 유도 뿐 아니라 감정의 섬세한 변화와 공감능력 등 정서적으로도 중요한 역할을 합니다. 테스토스테론처럼 강렬하고 폭발적이진 않지만, 에스트로겐이 만들어 내는 에너지는 내면에 침잠해 오래 머무릅니다.

에스트로겐이 생리적 기능에 그치지 않고 정서적으로 중요한 역할을 한다는 사실은 특히 뇌과학에서 중요하게 다뤄집니다. 에스트로겐은 뇌의 정서회로에 깊이 관여하여 감정을 섬세하게 조율하고, 타인의 마음을 세심하게 읽어내지요. 감정자극은 시상을 거쳐 편도체로 전달되고, 전측대상피질과 복내측전전두피질로 이어지는데, 이들 영역은 공감과 정서적 유대 등에 기여합니다.

무엇보다도 에스트로겐은 섬엽의 감각적 민감성을 높이는 데 중요한 역할을 합니다. 신체 곳곳의 미묘한 변화까지 느끼게 하지요. 섬엽은 심장박동과 호흡, 위장운동 같은 장기의 신호를 읽어내고, 이를 감정으로 전달하는 중요한 관문입니다(146쪽). 이렇게 섬세해진 내수용 감각은 감정의 **변화**를 좀더 빠르고 섬세하게 감지해 외부로 표현하도록 돕습니다.

섬엽은 거울신경계와 협력하여 타인의 표정과 몸짓에서 감정을 읽어내 마치 자기 일처럼 느끼게 합니다. 이런 정서적 공감은 부교감신경계에 작용하여 호흡과 심박을 잔잔하게 가라앉히고, 긴장된 근육을 이완시키며, 평온한 감정상태를 유도합니다. 그래서 에스트로겐이 충분히 분비된 뇌는 세상과 타인을 바라보는 태도가 한층 섬세해지면서 감정을 더 깊고 오래 '공명(共鳴)'하도록 만들지요.

에스트로겐이 공명하는 그림을 살펴보겠습니다. 엘리자베스 비제 르브룅Élisabeth Vigée Le Brun, 1755-1842이 그린 〈딸과의 자화상〉이 필자의 시선을 잡아끕니다. 그림을 보는 내내 은은하게 퍼지는 감정의 물결과 따뜻한 기운이 스며듭니다.

르브룅은 여성으로서는 드물게 궁정화가로 임명될 정도로 유명한 초상화가였지만, 프랑스혁명이 터지면서 왕실의 부역자로 몰려 어린 딸을 데리고 망명길에 오릅니다. 갑자기 찾아온 삶의 위기에서도 르브룅은 예술가로서의 자존감과 엄마로서의 책임감을 저버리지 않았습니다. 딸 줄리와 다정하게 포옹한 자화상이 유독 인상 깊은 까닭입니다. 불안한 격동기 속에서도 딸과의 깊은 교감이 느껴집니다.

그림 속 엄마와 딸의 부드러운 표정과 따뜻한 눈빛은 감정적 교류와 관계중심적 사고를 시각화한 것으로, 에스트로겐이 뇌의 감정처리 영역에 미치는 효과가 느껴집니다. 이 그림의 감상 포인트는 선과 색 같은 회화적 기법보다는 에스트로겐이 만들어내는 공감의 정서입니다.

에스트로겐에 의해 기능적 연결성이 강화된 섬엽, 전측대상피질, 복내측

르브룅, 〈딸과의 자화상〉,
1789년, 캔버스에 유채,
130×94cm,
루브르 뮤지엄, 파리

전전두피질의 회로는 감정을 섬세하게 감지하여 공감을 이끌어내는 동시에 몸의 자율신경계에 안정된 리듬을 부여합니다. 특히 섬엽의 활성화는 피부의 온도 변화, 심장의 미세한 박동까지 읽어내어 감정과 감각을 하나의 경험으로 엮어냅니다. 르브룅은 이처럼 미묘하고 섬세한 통합의 순간을 그림이라는 언어로 풀어낸 것입니다.

그림 속 딸아이는 보호받는 대상이 아니라 엄마와의 완전한 교감으로 생성된 엄마의 또 다른 '자아'처럼 보입니다. 두 사람의 눈·코·입은 지나치다 싶을 만큼 닮게 묘사되어 있고, 끌어안아 겹쳐진 피부색 또한 동질감을 느끼게 합니다. 마치 엄마와 딸의 섬엽이 거울신경계를 통해 서로를 비추며 공감을 일으키는 것 같습니다.

에스트로겐이 만들어낸 침묵의 감정회로

에스트로겐의 따뜻한 정서가 느껴지는 그림을 한 점 더 감상하겠습니다. 프랑스 인상주의를 대표하는 여성화가 베르트 모리조^{Berthe Morisot, 1841-1895}가 그린 〈요람〉입니다. 모리조의 언니로 알려진 여성이 갓 태어난 딸아이를 다정하게 바라보고 있습니다. 살랑이는 바람이 아기의 평온한 잠을 방해하진 않을까 엄마의 오른손이 요람을 단단히 붙들고 있습니다. 엄마는 한순간도 아기에게서 눈을 뗄 수가 없어 아예 왼손으로 턱을 괸 채 시선을 고정해 놓고 있습니다.

모리조는 평범한 여성의 지극히 사적인 장면을 캔버스에 담았습니다. 부드러운 색조와 섬세한 붓질로 빛의 흔들림과 감정의 미묘함까지 포착해 조화롭게 묘사했지요. 요람을 감싸고 있는 하얀 커튼이 사물의 경계를 흐릿하게 만드는 구도에서 인상주의 화가로서의 면모를 엿볼 수 있습니다. 이처럼 어느 한 장면의 '인상'을 포착한 그림은 대상을 또렷이 구분해 인식하는 이성적 관찰이 아니라 포용하고 아우르는 감성적 정서와 조응합니다. 그림에는 강렬한 원색도, 부자연스런 동작도 찾아볼 수 없습니다.

모리조는 과장된 구도나 자극적인 색채를 배제한 채 고요하고 정적인 일상에서 감정의 미세한 떨림을 길어올리듯 묘사했습니다. 화면의 중심은 아기가 아니라 엄마의 눈빛과 손길 그리고 모녀 사이를 이어주는 요람입

모리조, 〈요람〉,
1873년,
캔버스에 유채,
56×46cm,
오르세 뮤지엄, 파리

니다. 아기는 요람 안에서 엄마의 조건 없는 사랑을 확인합니다. 아기에게 요람은 '세상 밖의 자궁'인 셈입니다.

이처럼 사려 깊은 정서의 흐름에도 에스트로겐이라는 호르몬 작용이 숨어 있습니다. 에스트로겐은 여성의 생식호르몬으로서의 기능 못지않게 감정회로의 민감도와 공감능력에 깊이 관여하는 신경조절자입니다. 에스트로겐은 뇌 속에서 섬엽, 전측대상피질, 복내측전전두엽 등의 영역을 조율하며, 감정과 감각을 하나로 묶어 줍니다. 에스트로겐은 섬엽에서 심장박동과 호흡 같은 장기의 리듬을 안정시키고, 거울신경계를 통해 타인의 표정, 호흡, 몸짓 속에 담긴 감정을 마치 자기 일처럼 공감하게 만듭니다.

그림 속 엄마의 뇌는 에스트로겐의 작용으로 섬엽의 반응성이 높아져 아기의 체온과 호흡은 물론 미세한 움직임까지도 감지할 것입니다. 이 미묘한 신호는 섬엽에서 전측대상피질 및 복내측전전두엽으로 전달됩니다. 전측대상피질은 감각-정서 신호를 통해 공감력을 높이고, 복내측전전두엽은 공감한 정보를 정리한 뒤 행동으로 옮길지 여부를 결정합니다. 그림 속 엄마의 두 손은 이러한 뇌 작용에서 비롯합니다. 그것은 단순한 동작이 아니라 엄마의 뇌 속 정서회로가 만들어 아기에게 보내는 '사랑'이라는 이름의 신호입니다. 아기가 자궁 밖 요람에서도 엄마의 온기를 느끼는 까닭입니다.

여기서 한 가지 더 주목할 점은, 에스트로겐이 뇌에서 편도체나 섬엽을 '즉각적으로 자극하지 않는다'는 사실입니다. 에스트로겐은 해당 영역에 분포한 수용체에 결합해 신경세포의 민감도와 시냅스의 연결을 장기적으로 바꿔주는 조절자 역할을 합니다. 따라서 에스트로겐은 편도체가 두려움 대신 온화한 정서에 좀더 반응하도록 돕고, 섬엽이 타인의 상태를 세심하게 헤아리는 공감력을 키우게 합니다.

<나폴레옹 대관식>이 허무하게 느껴지는 까닭

'테토녀', '에겐남'라는 유행어가 있습니다. 아마도 테토녀는 남성적인 기질을 갖춘 여성, 에겐남은 여성스러운 면모를 지닌 남성을 가리키는 것 같습니다. 사실 테스토스테론은 남성에게, 에스트로겐은 여성에게만 나타나는 호르몬은 아닙니다. 두 호르몬은 남성과 여성에서 모두 분비됩니다. 다만 남성에게 테스토스테론이, 여성에게 에스트로겐이 좀더 높은 비율로 생성되는 것이지요.

이러한 경향은 미술작품에서도 확인됩니다. 가령 테스토스테론의 에너지로 충만한 미켈란젤로는 모성을 상징하는 〈피에타〉처럼 에스트로겐 경향이 짙은 작품도 남겼습니다(354쪽). 다비드 역시 〈사비니 여인들의 중재〉에서 로물루스의 아내인 '헤르실리아'라는 인물을 통해 에스트로겐에게서 발현되는 모성애와 유대감, 공감능력 등을 예술적으로 구현했지요.

테스토스테론은 에스트로겐으로 전환되기도 합니다. 가령 노화로 인해 신체에 지방조직이 늘어날수록 '아로마타제'라는 효소가 활성화되어 에스트로겐으로의 전환에 기여합니다. 반대로 에스트로겐은 테스토스테론으로 직접 전환되지 않습니다. 아로마타제는 단방향 효소로, 테스토스테론을 에스트로겐으로 바꾸지만 역전환은 일어나지 않지요. 다만, 에스트로겐은 뇌의 시상하부-뇌하수체 회로를 통해 테스토스테론 분비를 간접적으로 조절하는 역할을 합니다.

결국 테스토스테론과 에스트로겐은 적절한 균형이 중요한 호르몬입니다. 비록 성별에 따라 비율은 다르지만 우리 뇌는 둘의 정교한 조율을 통해 균형 있는 삶을 유지하도록 작동합니다.

역사적으로 테스토스테론적 에너지가 과도하게 강조된 시대는 대게 불행했습니다. 다비드의 대작 〈나폴레옹 대관식〉이 화려하지만 허무하게 느껴지는 까닭입니다. 캔버스를 가득 채운 권력의 욕망과 도전적 에너지는 테스토스테론적 세계의 극치를 보여주지만, 그 안에는 에스트로겐이 빚어내는 공감과 온기의 숨결이 없습니다. 균형을 잃은 힘은 눈부시되, 이내 허공 속에 덧없이 사라집니다.

잿빛 캔버스 앞에서
묵상하는 뇌

자기성찰의 스위치를 켠 그림들

파리 북서쪽 센 강 중류에는 '그랑드 자트(Grande Jatte)'라는 섬이 있습니다. '커다란 접시'라는 이름에 걸맞지 않게 자그마한 섬으로, 파리지앵의 휴식처입니다. 그런데 이 섬이 조르주 쇠라^{Georges Seurat, 1859-1891}의 걸작 〈그랑드 자트 섬에서의 일요일 오후〉(107쪽) 덕분에 언젠가부터 관광객들로 분비는 예술의 성지가 되었습니다.

쇠라는 이곳의 풍경을 배경으로 다양한 색채실험을 했습니다. 〈그랑드 자트 섬에서의 일요일 오후〉에 찬란한 햇빛을 즐기는 파리지앵의 모습을 담았다면, 〈그랑드 자트 섬의 흐린 날씨〉에서는 인적 없이 작은 배 한 척만 강물에 떠있는 고요한 풍경을 그렸습니다. 전자에서 햇빛에 물든 풍경을 그린 반면, 후자에서는 빛을 잃은 하늘 아래 정적이 흐르는 장면을 그렸지요.

뇌의 생리적 변화를 일으키는 '흐림의 미학'

쇠라는 전통적 회화방식에서 벗어나 '점묘법'이라는 새로운 기법을 개척한 화가입니다. 점묘법은 작은 색점들이 촘촘히 모여 그림에서 일정한 거리를 두고 몇 걸음 물러서서 보았을 때 비로소 색과 형태가 섞여 보이게 하는 독특한 화법입니다. 물감에서 색을 섞는 대신 작은 색점들이 눈의 시각적 인지과정 속에서 자연스레 섞여보이도록 유도하는 과학적인 방식이지요.

그림에는 흐린 하늘 강가에 무거운 공기가 내려앉아 있습니다. 작은 색점들이 공기에 퍼져 어느 순간 그림을 바라보는 우리의 마음까지 가라앉힙니다. '햇빛의 부재'가 만든 차분하고 고립된 정서가 서서히 번져 나오는 듯합니다.

쇠라의 점묘법은 뇌과학적으로도 특별한 의미가 있습니다. 망막에 닿은 작은 색점들은 가장 먼저 원추세포가 받아들이고, 시신경을 통해 1차시각피질로 전달됩니다. 뇌는 이 작은 색점들을 패턴으로 묶고, 이웃한 색점들 사이의 대비를 계산하여 하나의 덩어리처럼 통합해 지각합니다. 쇠라의 점묘법은 작은 색점들의 패턴을 통합하는 시각피질을 활용해 캔버스에 투영해 낸 것이지요.

중요한 건 이러한 색점들의 패턴이 단지 시각적 효과에 머무르지 않는다는 사실입니다. 쇠라는 작은 색점들을 비추는 햇빛에 따라 그림의 분위기를 다양하게 연출했습니다. 〈그랑드 자트 섬의 흐린 날씨〉를 좀더 자세히 살펴보면, 하늘이 옅은 회색빛의 색점들로 촘촘히 찍혀 있습니다. 주변 풍경을 비추는 강물 역시 하늘과 똑같은 빛깔의 점묘들로 채워져 있습니다.

쇠라, 〈그랑드 자트 섬의 흐린 날씨〉, 1888년, 캔버스에 유채, 71×86cm, 메트로폴리탄 뮤지엄, 뉴욕

흐리고 을씨년스러운 날씨 탓에 어느 누구도 섬을 찾지 않았던 걸까요? 〈그랑드 자트 섬에서의 일요일 오후〉에서 맑은 햇살을 만끽하는 사람들은 화면에 온데간데 없습니다. 햇빛이 사라진 풍경은 화면 전체의 분위기를 적막 속으로 가두고, 관람자에게도 묘한 정적과 고독을 불러일으킵니다.

연구에 따르면, 흐린 하늘 아래에서는 햇빛의 세기가 맑은 날의 1/10, 심한 경우 1/100 이하로 떨어지는 것으로 보고됩니다. 우리 뇌에서 햇빛은 단순한 시각자극을 넘어 시교차상핵을 통해 생체리듬과 각성상태를 조절하는 중요한 역할을 합니다. 망막에 들어온 빛의 신호는 시신경을 따라 시교차상핵으로 전달되고, 이 정보를 바탕으로 낮과 밤의 주기를 판단하여 송과체의 멜라토닌 분비에 영향을 미칩니다.

흐린 날은 빛의 세기가 약해져 멜라토닌 분비가 낮 동안 충분히 억제되지 않고 평소보다 높게 유지됩니다. 이로 인해 낮에도 졸림을 느끼고 각성도가 떨어지며 생각도 느려져 행동이 둔해지는 상태를 초래합니다.

아울러 빛의 자극이 부족해지면 세로토닌 합성과 분비가 줄어 기분이 가라앉고 무기력해지기 쉽습니다. 세로토닌은 감정에 적절한 활력을 불어넣는 신경전달물질로, 이 농도가 낮으면 외부자극에 대한 관심과 흥미가 떨어지지요. 날씨가 흐린 겨울철에 계절성 우울증이 나타나는 이유가 여기에 있습니다.

스트레스 반응에 깊이 관여하는 코르티솔 역시 빛의 영향을 간접적으로 받습니다. 아침 햇빛은 코르티솔 분비를 촉진하여 뇌를 깨우는 역할을 하는데, 흐린 날에는 코르티솔 분비가 줄어 생체리듬이 흐트러져, 아침에도 뇌가 완전히 깨어나지 못하고 멍한 상태에 놓이기도 합니다.

이처럼 햇빛이 부족해지면 망상체의 활성도를 낮춰 뇌의 전반적인 각성 수준을 떨어뜨립니다(231쪽). 망상체는 집중력, 반응속도, 각성상태 유지에 필수적인 곳으로, 빛이 약하면 이 회로의 활성이 저하되어 주의력 감퇴, 반응속도 둔화, 기억력 약화를 초래할 수 있습니다.

흥미로운 사실은 멜라토닌 농도가 높게 유지되면 도파민 활성도가 떨어진다는 점입니다. 이로 인해 동기부여 및 행동에너지가 줄어들고, 외부환경과의 상호작용을 피하는 듯한 태도가 나타납니다.

그림을 다시 살펴보겠습니다. 강가에 우두커니 정박한 작은 배를 중심으로 빛을 잃은 색점들이 우울한 분위기를 자아냅니다. 그림을 보는 내내 우리의 뇌가 낮은 각성상태로 침잠해 들어가는 것 같습니다.

쇠라의 점묘화는 시지각의 논리적인 색채계산에 감정적 의미를 부여하는 효과가 있습니다. 시각연합피질의 분석회로와 변연계의 정서회로가 정교하게 협응한 결과입니다. 쇠라의 그림들을 오랫동안 보고 있으면 처음에는 논리적으로 보였던 화면 속 패턴들이 차츰 감정회로를 자극하며 심리적인 변화를 일으키는 이유가 여기에 있습니다. 쇠라가 의도했든 의도

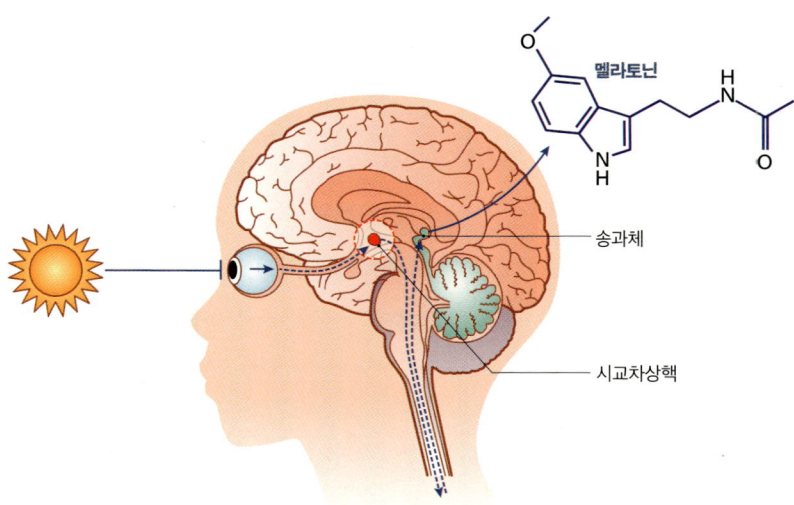

햇빛에 의한 시교차상핵 활성화와 멜라토닌 분비

햇빛이 눈에 들어오면 망막의 광수용체가 시각신호를 시교차상핵으로 전달해 송과체의 멜라토닌 분비 억제. 반대로 햇빛이 줄어들면 시교차상핵의 억제신호가 약해져 송과체에서 멜라토닌 분비.

하지 않았든, 뇌의 생리적 변화를 일으키는 호르몬들이 색점들을 통해 섬세하게 변조된 까닭입니다.

짙은 안개가 오히려 '내면의 지도'를 밝히는 '역설의 미학'

쇠라가 그린 '흐린 날의 강가'보다 좀더 글루미한 그림을 보겠습니다. '안개 자욱한 풍경'이 우리 눈앞에 펼쳐집니다. 독일의 낭만주의 화가 카스파르 다비트 프리드리히 Caspar David Friedrich, 1774-1840의 대표작 〈안개바다 위의 방랑자〉입니다. 프리드리히는 광활한 자연 앞에서 인간이 느끼는 원초적 고독을 캔버스에 담아냈습니다.

한 남자가 가파른 바위 위에서 안개로 가득한 산과 골짜기를 바라보고 있습니다. 관람자에게서 등을 돌리고 있어서 그의 표정을 볼 수가 없습니다. 하지만 프리드리히는 뒷모습만으로도 인물의 내면을 읽을 수 있도록 그렸습니다. 안개 자욱한 풍경 앞에 홀로 선 남자의 풍모에서 담대함의 이면에 깊은 고독과 자연을 향한 경외감이 느껴집니다.

짙은 안개는 어디가 하늘이고 어디가 산인지 경계를 지워버렸습니다. 원근의 깊이도, 색의 분별도 허용하지 않는 그림 속 광경을 뚫어지게 주시하다 보면 방향감각마저 잃을 것 같습니다. 쇠라가 점묘법으로 흐림의 미학을 펼쳤다면, 프리드리히는 '레이어링(layering) 효과'를 통해 안개의 농도를 겹겹이 짙게 쌓아 원근감을 파괴함으로써 관람자가 공간적 방향감각을 잃어버리게 했습니다. 그림을 보면 볼수록 낯선 세계에서 헤어 나오지 못하는 까닭입니다.

프리드리히, 〈안개바다 위의 방랑자〉, 1817년, 캔버스에 유채, 98×74cm, 함부르크 쿤스트할레

실제로 짙은 안개는 우리 뇌에서 빛의 강도와 시각적 단서를 크게 위축시킵니다. 색채의 포화도는 낮아지고, 명암대비와 거리감마저 사라져 시각피질로 들어오는 정보가 제한적이고 불분명해지지요. 인지과학에서는 이를 가리켜 '시각적 단서의 결핍'이라고 합니다. '시각적 단서'란 형태, 색상, 명암, 위치, 크기, 움직임, 방향, 질감 등 눈으로 인식가능한 정보를 의미합니다. 우리 뇌는 '멀티센서리(multisensory) 통합기능'이라 하여 시각·청각·촉각·후각·미각 등 다양한 감각처리 정보를 동시에 받아들이고 이를 통합해 인식하는데, 시각적 단서의 결핍으로 인해 주변을 정확하고 빠르게 파악하고 반응하는 데 어려움을 겪게 됩니다.

평소에 우리 뇌는 시각적 단서 및 전정계 정보를 통합해 공간과 방향을 인지합니다. 전정계란 신체의 균형과 자세, 공간인식, 동작감지 등을 담당하는 감각 시스템입니다. 귀 안쪽의 반고리관과 전정기관에서 감지하는 정보를 뇌간으로 보내고, 이는 다시 시상과 전정피질, 두정엽으로 전달되며, 후두엽의 시각정보와 합쳐 안정적인 공간지도를 형성합니다.

하지만 짙은 안개 속에서는 시각의 기능이 떨어지기 때문에 전정계가 제공하는 균형감각 정보가 시각피질로 충분히 보정되지 못합니다. 이로 인해 해마에서 공간을 나타내는 신경지도, 즉 공간지도가 부정확하게 생성되고, 방향 및 위치 감각에 혼란이 초래됩니다.

이처럼 공간지도가 불안정해지면 편도체는 이를 위협신호로 받아들여 불안감을 키웁니다. 낯선 환경 속에서 시야가 제한될수록 편도체는 경계·주의·위험 신호를 좀더 강하게 내보내지요. 혹시 〈안개바다 위의 방랑자〉를 너무 몰입해서 본 나머지 긴장감을 느꼈다면 편도체가 다소 민감하게 반응한 것입니다.

전정계 구조

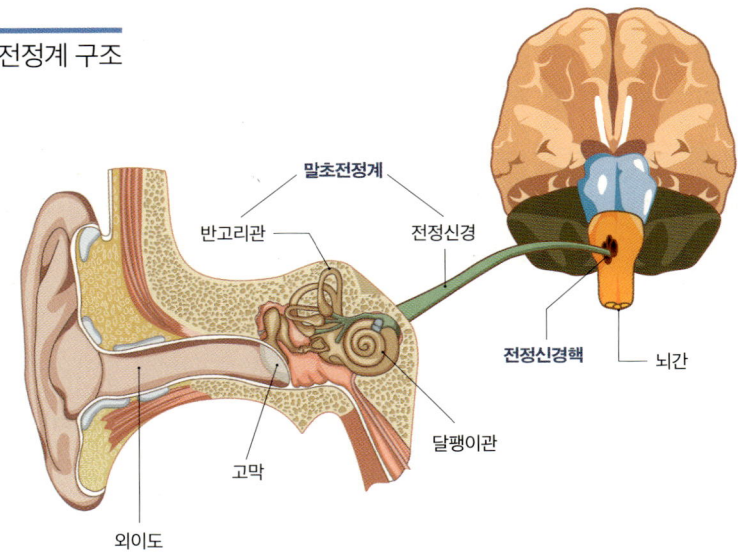

전정계는 우리 몸의 균형과 자세, 공간인식, 동작감지 등을 담당하는 감각체계로, 귀 안쪽 전정기관(반고리관 전정낭)에서 감지된 정보가 뇌간 전정신경핵으로 전달된 다음 시각정보 및 체성감각과 통합되어 안정적인 공간지도 형성.

안개는 물리학적으로는 수분입자가 공기 중에 흩어져 빛을 산란시키는 현상으로 설명되지만, 뇌과학의 관점에서는 '불확실성' 자체를 상징합니다. 불확실한 환경에서 뇌는 부족한 시각정보를 바탕으로 주변상황을 예측하려고 더 많은 인지노력을 기울입니다. 그 결과 해마는 혼란스럽고 편도체는 불안을 자극해 현실감을 떨어트리기도 하지요.

한편, 외부환경으로부터 받는 시각자극이 감소하면 전전두엽과 디폴트 모드 네트워크가 상대적으로 활성화됩니다. 즉, 안개는 뇌를 외부자극 대신 내면으로 이끌어 자기성찰의 정서를 제공하는가 하면, 상상력을 키우기도 합니다.

그림 속 방랑자는 잠시 속세에서 벗어나 짙은 안개로 드리워진 환경 속에서 자기만의 고독한 세계로 침잠해 들어갑니다. 여기서 안개는 복잡한 인간관계로부터의 해방을 의미하는 동시에 자기성찰의 세계로 안내하는 신경회로 같은 역할을 합니다. 인간사를 향한 감각은 다소 흐려지겠지만, 내면의 지도는 선명해지는 '역설의 미학'이라 하겠습니다.

잿빛 가을하늘에 비친 당신의 모습

쇠라의 회색빛 점들로 채워진 흐린 하늘, 프리드리히의 짙은 안개로 자욱한 세상에 이어서 좀더 내면 깊숙한 곳으로 들어가 보겠습니다. 흐리고 안개 낀 하늘이 서서히 어둑어둑해지면서 땅거미가 드리워집니다. 장 프랑수아 밀레Jean-François Millet, 1814-1875의 〈만종〉입니다.

밀레는 늦가을 황혼 무렵 수확이 끝나 곡물을 옮긴 이후 황량해진 밭을 그렸습니다. 구름이 낮게 드리운 잿빛 하늘 아래 농부 부부가 하루 일과를 마치고 종소리를 들으며 저녁기도를 올리고 있습니다. 해가 거의 닿지 않는 어둡고 묵직한 공기가 화면 전체에 배어있습니다.

밀레는 도시보다는 농촌의 소박한 삶과 그 안에 깃든 노동과 신앙의 의미를 성찰한 화가입니다. 노동, 기도, 휴식 같은 일상의 장면을 마치 숭고한 기도문처럼 그렸습니다. 갈색과 황토색, 회색 중심의 절제된 색조는 적막한 분위기를 고조시키며, 화면 전체에 감정의 여운이 오래 머무르게 합니다.

하루 종일 맑았던 날도 해가 지면 쓸쓸해지기 마련입니다. 하물며 늦가을의 흐린 하늘에 서서히 어둠이 내려앉으면 감정의 파도는 잔잔하게 잦

밀레, 〈만종〉, 1859년, 캔버스에 유채, 55×66cm, 오르세 뮤지엄, 파리

아듭니다. 날씨와 시차는 뇌의 생체리듬에 변화를 가져옵니다. 무엇보다 빛의 자극이 줄어들면 시교차상핵에 전달되는 광신호가 감소하면서, 송과체에 대한 억제신호가 약해져 멜라토닌 분비가 상대적으로 증가하고, 세로토닌 활성도가 낮아지면서 기분이 가라앉고 졸림과 무기력 상태에 놓이게 됩니다. 세로토닌은 전전두엽-편도체-해마로 이어지는 회로에서 감정의 균형을 맞추는 데 중요한 역할을 합니다. 세로토닌의 활성도가 낮아지

면 감정이 무뎌지고 정서적으로 침울해집니다. 이러한 상태에서는 과거에 고통을 겪었던 기억이 떠오르거나 상실감에 빠지곤 합니다.

특히 흐리면서 어둑해지는 시간에는 복측피개영역에서 시작해 측좌핵으로 이어지는 도파민 보상경로의 활성이 낮아지면서 의욕이 줄어들고 집중력마저 떨어지는 경향이 나타납니다. 이때 전전두엽의 실행기능 및 동기부여 회로도 저하되지요.

그런데 흐린 날씨가 꼭 부정적인 것만은 아닙니다. (앞서 언급했듯이) 날씨 탓에 축 처진 기분은 자기성찰의 계기가 되기도 하지요. 그럴 때 〈만종〉을 감상하길 권합니다. 순간 우리 뇌에서 감정조절에 관여하는 전측대상피질과 복내측전전두엽의 활성이 완화되면서, 외부세계를 적극적으로 탐색하기보다는 차분하게 받아들이는 경향을 보일 가능성이 높습니다.

그림 속 남편은 모자를 벗고 겸허한 자세로 묵상에 잠겨있고, 아내는 고개를 숙인 채 두 손 모아 기도하고 있습니다. 두 사람 사이에 흐르는 침묵은 삶의 경건함을 되새기게 합니다. 그림을 보는 이의 감정도 크게 다르지 않을 것입니다. 관람자의 뇌에서 거울신경계가 작동한 까닭입니다. 타인의 행동을 관찰할 때, 마치 우리가 직접 그 행동을 하는 것처럼 뇌가 공감을 일으킨 것이지요. 이때 외부자극이 줄어든 상태에서 활성화되는 디폴트 모드 네트워크가 깨어납니다. 자기성찰과 삶의 의미를 되새기는 뇌 회로의 스위치가 〈만종〉 앞에서 'ON'으로 켜지는 것입니다.

흐린 가을에는 구름이 낮게 깔리고 짙은 안개로 덮인 풍경화를 봐야 합니다. 침울하게만 느껴지는 구름과 안개는 자신의 내면 깊숙한 곳을 비추는 거울이 됩니다. 흐릿한 잿빛거울이 허명을 거둬낸 우리를 투명하게 비춥니다.

 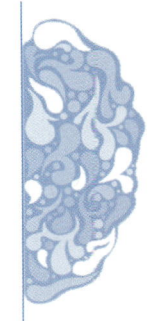

루브르의 대작 앞에서
깨어난 뇌의 생존본능 회로

노르에피네프린이 물들인 푸른 뇌의 진실

총칼로 무장한 군중이 시체더미를 밟고 진군하고 있습니다. 무리 중에 한 여인이 깃발과 총을 들고 군중을 이끕니다. 여인은 맨발에 드레스가 흘러내려 젖가슴이 드러난 것도 개의치 않습니다. 그림의 제목이 'La Liberté Guidant le Peuple'인데, 우리말로 옮기면 '민중을 이끄는 자유의 여신'입니다. 그러니까 그림 속 여인은 실존했던 인물이 아니라 화가가 만들어낸 '여신'입니다.

외젠 들라크루아 Eugène Delacroix, 1798-1863는 19세기 프랑스 낭만주의를 대표하는 화가로, 1830년 프랑스 시민들이 절대왕정에 맞서 일으킨 '7월혁명'을 그렸습니다. 그는 시위에 직접 참여한 게 아니라 취재에 상상력을 더해 그림을 구상했다고 하는군요. 화면의 중심에 성모마리아(Marie)와 화가의 어머니(Anne) 이름을 합성한 '마리안느(Marianne)'라는 자유의 여신을 그려 넣은 것이지요.

들라크루아, 〈민중을 이끄는 자유의 여신〉, 1830년, 캔버스에 유채, 260×325cm, 루브르 뮤지엄, 파리

들라크루아가 추구했던 낭만주의는 과거 고전주의의 형식미에서 벗어나 화가의 감정과 상상력을 중시한 예술사조입니다. 여기서 '낭만'은 우리가 흔히 알고 있는 남녀 간의 연정하고는 의미가 다르지요. 작가의 감정과 상상력을 중시하는 예술적·철학적 사조와 조응합니다. 들라크루아는 이 그림에서 7월혁명에 대한 본인의 감정에 '자유의 여신'이라는 상상 속의

존재를 담아낸 것입니다.

    루브르에 전시된 이 그림은 너비가 3미터가 넘습니다. 들라크루아는 7월혁명의 열기와 그 속에서 분출된 민중의 분노를 커다란 화폭에 옮겨놓았습니다. 그림 앞에 서면 당시 화가가 체감했던 감정의 소용돌이가 전해집니다. 그래서일까요. 그림에 감정이입이 깊어지면 호흡이 살짝 짧아지면서 심박 수가 빨라지기도 하지요.

    〈민중을 이끄는 자유의 여신〉은 단순히 보이는 이미지를 넘어, 목숨을 건 혁명의 긴장감이 관람자의 뇌를 자극해 생리반응을 불러일으킵니다. 이러한 현상은 당시 들라크루아의 심정과 맞닿아있습니다. 그는 붓으로 민중을 위해 싸운다는 각오로 그림을 그렸다고 하지요. 강렬한 색과 경암 대비, 대각선으로 휘몰아치는 붓터치, 여신을 중심으로 한 삼각형 구도는 그림의 흡입력을 배가시킵니다. 관람자의 뇌는 분노한 민중에 공감하게 되고, 몰입이 깊어지면 마치 현장 속에 들어와 있는 것 같은 착각마저 일으킵니다. 이때 뇌에서 분비되는 중요한 신경전달물질 중 하나가 노르에피네프린입니다.

민중의 뇌를 이끄는 푸른점의 마법

노르에피네프린은 청반핵에서 분비되어 뇌 전체로 퍼져 나가며 주의력과 경계심, 감각 민감도를 높여 생존본능을 강화시킵니다. 실제로 긴급 상황이나 극도의 흥분상태에서 노르에피네프린 분비가 증가되면, 전전두엽의 회로는 일시적으로 더욱 집중되고 편도체는 정서적으로 예민해지며 시상하부는 자율신경계를 조율하여 몸을 위험에 대처하는 준비상태로 바꿉니다. 아마도 들라크루아가 이 그림을 그리는 순간 혁명의 긴장감 속에서 노르에피네프린이 뇌 전체를 깨워 감정과 주의를 가장 민감한 상태로 끌어올렸을 것입니다. 그런 상태에서 완성된 그림을 접한 관람자의 뇌가 공명을 일으키는 것이지요.

무엇보다 노르에피네프린은 편도체의 감정반응성을 높이고 전측대상피질의 인지적 통제기능에 불균형을 일으켜 이성적 판단보다는 직관적인 반응을 하도록 뇌의 회로를 재편성합니다. 들라크루아가 캔버스에 구도를 잡고 채색에 들어갔던 순간에는 이성적 판단보다는 감정적 에너지가 먼저 작용하여 붓끝을 이끌었을 가능성이 큽니다.

노르에피네프린의 적절한 분비는 몰입과 각성을 높이지만, 지나치게 활성화되면 긴장과 불안, 흥분상태를 초래해 전전두엽의 정교한 계획기능을 일시적으로 떨어트리기도 합니다. 반대로 노르에피네프린의 분비가 부족해지면, 활력과 집중력이 떨어지고 무기력해져 창작의욕이 둔화됩니다. 아마도 들라크루아가 이 그림을 그리던 순간에는 군중의 분노를 캔버스에 온전히 담아낼 수 있도록 적절한 긴장상태에서 집중력을 끌어올렸을 것으로 판단됩니다. 그림의 높은 완성도가 이를 뒷받침합니다.

그림 속 인물들의 표정과 시선, 동작에는 분노 뿐 아니라 여러 감정이 녹아 있습니다. 슬픔, 걱정, 공포, 결의, 절망, 희망 등 인물마다 서로 다른 감정을 품고 있지요. 들라크루아는 이처럼 다양한 감정의 결을 하나의 화면에 모두 담아냈습니다. 그것은 단지 시각적 표현기술이 아니라 뇌의 감정처리 네트워크가 동시에 여러 정서를 병렬적으로 처리한 것이라 하겠습니다. 편도체-전측대상피질-전전두엽이 이끄는 감정처리 네트워크가 각기 다른 정서를 동시에 느끼고 통합한 것이지요. 〈민중을 이끄는 자유의 여신〉이 시대와 문화를 넘나들며 수많은 사람들의 감정에 깊이 스며드는 까닭입니다.

죽음의 파도 위에서 터져 나온 생존의 신호

루브르에는 〈민중을 이끄는 자유의 여신〉 같은 대작들이 참 많습니다. 영상기술이 없던 시대에 회화는 중요한 역사적 기록이자 르포르타주였지요. 관람자는 장대한 스케일의 그림들과 만나는 순간 압도되는 듯한 기분이 들곤 합니다. 어떤 때는 종종 그림 속으로 들어가 있는 착각에 빠져들기도 하지요.

〈민중을 이끄는 자유의 여신〉에서 시체더미 사이로 피비린내와 매캐한 화약 냄새가 진동하는 파리의 거리를 거닐었다면, 이보다 훨씬 더 두렵고 절망적인 감정으로 몰아넣는 그림을 만날 차례입니다. 검푸른 파도 위로 거대한 먹구름이 몰려옵니다. 머지않아 세찬 폭풍우가 덮칠 것만 같습니다. 심하게 파손되어 당장이라도 침몰될 것 같은 뗏목에 사람들이 널브러져 있습니다. 자세히 새어보진 않았지만 죽은 사람이 산 사람보다 더 많아 보입니다. 간신히 목숨을 부지한 사람 중 하나가 저 멀리 구조선을 향해 천 조각을 흔들어대고 있습니다. 그렇게 뗏목 위에는 지옥 같은 절망과 실오라기 희망이 공존합니다.

프랑스 낭만주의 화가 테오도르 제리코 Théodore Géricault, 1791-1824는 가로 폭이 무려 7미터가 넘는 초대형 화면에 이 참극의 현장을 옮겨놓았습니다. 〈메

제리코, 〈메두사의 뗏목〉, 1819년, 캔버스에 유채, 491×716cm, 루브르 뮤지엄, 파리

두사의 뗏목〉입니다. 1816년 7월 프랑스 해군의 범선 메두사호가 아프리카 세네갈로 향하던 중 암초에 걸려 침몰하고 말았습니다. 탑승자 400여 명 중 구명정에 옮겨 타지 못한 일부가 급조된 뗏목에 실려 13일간 바다 위를 표류했지요. 뗏목 위는 그야말로 아비규환이었습니다. 물과 식량 부족으로 폭행과 살인 심지어 식인까지 일어났지요. 구조 당시 생존자는 15명이었고 모두 빈사상태였습니다.

훗날 생존자 중 일부가 당시의 처참한 상황을 책으로 출간했고, 프랑스 시민들은 조난에 안이하게 대처했던 정부의 무능함과 도덕적 해이에 격분했습니다. 그 중에 젊은 화가 제리코도 있었지요. 그는 글보다는 그림이 훨

쎈 더 시민들에게 공감을 얻을 거라 생각하고 생존자들을 취재하면서 최대한 사실에 가깝게 뗏목 위의 참상을 묘사했습니다. 제리코는 병원에서 시신을 관찰하거나 난파된 뗏목과 유사한 구조물을 자신의 아틀리에에 설치하기도 했습니다. 이러한 노력 끝에 완성된 〈메두사의 뗏목〉이 1819년 살롱전을 통해 발표되자 사람들은 전율했습니다. 그림은 숱한 사회적 논란에 휩싸인 동시에 예술적 찬사를 불러일으켰지요.

루브르의 전시실 한 벽을 거의 다 차지할 정도로 거대한 화면에는 거친 파도에 흔들리는 뗏목, 그 위에 겹겹이 쌓인 시신, 탈진해 사경을 헤매는 사람들 그리고 죽을 힘을 다해 구조선을 향해 천을 흔드는 남자가 있습니다. 제리코는 생과 사의 경계가 거의 지워진 뗏목 위에서 인간이 '살고 싶다'는 본능만으로 움직이는 순간을 정밀하게 포착했습니다. 살아있는 사람들의 눈동자에는 광기와 희망이 뒤섞여 있습니다. 그들의 몸은 흐느적거리고 있지만, 구조선을 향해 흔드는 팔 끝에는 생존본능의 에너지가 응축되어 관람자의 시선을 압도합니다.

화면의 아래쪽 시체들과 뒤섞여 무기력하게 누워 있는 인물들은 이미 생존회로가 꺼진 상태를 상징합니다. 반대로 위로 갈수록 사람들의 시선과 팔은 점차 하늘을 향해 치솟습니다. 이 피라미드형 구도는 살아남으려는 에너지가 밑바닥에서 꺼져가다 구조선을 보고 흔드는 손짓을 꼭지점으로 하여 생존의 마지막 불씨를 틔우며 긴장감을 증폭시킵니다.

그림 속 장면은 우리 뇌가 죽음을 앞두고 작동하는 비상회로를 시각화한 심리적, 생리적 기록 같습니다. 뇌는 절망의 끝자락에 다다르면 빠르게 포기하는 쪽으로 기울지만, 작은 희망이 감지되는 순간 경계 시스템이 마지막 불꽃을 일으키지요. 저 멀리 구조선을 본 조난자의 뇌는 심신의 모든 에너지를 주의와 감각, 근육의 움직임으로 재분배했을 것입니다. 그 순간 주도적으로 작동하는 신경전달물질 역시 노르에피네프린입니다.

노르에피네프린은 급성 스트레스나 생존을 위협하는 극한 상황에 놓이면, 뇌간의 청반핵에서 분비되어 각성수준을 높입니다. 동시에 교감신경계를 흥분시켜 심장을 빠르게 뛰게 하고, 호흡을 가빠지게 하며, 혈류를 근육으로 몰아 전신을 '행동준비 상태'로 전환시킵니다. 여기서 '행동준비 상태'란 온 몸의 근육이 순간적인 폭발력을 낼 수 있도록 긴장도를 높이고, 불필요한 움직임을 제어하며, 꼭 필요한 행동으로 나아가기 위한 힘만 비축해 놓는 것을 말합니다.

노르에피네프린은 전전두엽, 편도체, 해마, 전측대상피질로 투사되어 각성도와 주의력을 높이고, 감각정보의 선별성을 강화합니다. 이렇게 회로가 작동하면 생존과 무관한 자극은 모두 배제되고, 살아남기 위한 마지막 행동만을 위해 뇌의 에너지가 모입니다. 그림 속 구조선을 향해 천을 흔드는 조난자의 손짓은 노르에피네프린 회로가 교감신경계를 활성화시켜 만들어낸 마지막 생존신호입니다.

제리코는 병원의 시체실을 오가며 부패해 가는 시신을 관찰했고, 생존자들의 증언을 세밀하게 기록했으며, 병리학 공부를 통해 죽음에 임박한 환자들의 표정과 피부색까지 관찰했습니다. 제리코는 참혹한 현장을 생생히 재현하는 데 그치지 않고, 인간이 극한의 공포와 고통 속에서 뇌와 몸이 어떤 생리적 반응을 보이는지까지 포착하고자 했던 것 같습니다.

아마도 〈메두사의 뗏목〉 속 인물들의 뇌에는 절망과 희망이라는 두 가지 상반된 회로가 동시에 작동했을 것입니다. 이 두 감정이 뇌 속에서 치열하게 싸우며 만들어 낸 긴장과 에너지가 거대한 캔버스를 채우고 있습니다. 복합적인 양가감정과 그 사이에서 터져 나온 생존의 손짓은, 노르에피네프린이라는 화학물질과 교감신경계의 각성이 만들어 낸 시각적 기록입니다. 절망의 수평선 저 멀리로 희미하게 보이는 구조선이라는 희망을 마주하는 순간, 뇌가 짜내는 마지막 불꽃같은 에너지와 근육 끝에서 전해지는 떨림이 관람자들마저 전율하게 합니다.

결단하는 뇌에서 드러나는 노르에피네프린의 흔적

돌처럼 굳은 공기 속에 세 개의 칼날이 번뜩입니다. 숨소리마저 삼킨 그 순간, 눈빛과 자세만으로 이미 모든 결심이 끝난 듯 보입니다. 그 긴장감 속에 한쪽에는 앞으로 나아가려는 발걸음이, 다른 한쪽에는 붙잡고 싶은 마음이 동시에 읽힙니다. 자크 루이 다비드$^{\text{Jacques-Louis David, 1748-1825}}$의 〈호라티우스 형제의 맹세〉입니다.

다비드는 프랑스 신고전주의의 거장으로, 고대 그리스·로마의 역사적 사건을 차용해 이상적인 인간상과 공공의 도덕적 가치를 강조한 화가입니다. 그림은 신고전주의를 대표하는 걸작 가운데 하나로 꼽힙니다. 캔버스에는 호라티우스 가문의 세 아들이 아버지 앞에서 칼에 손을 얹고 목숨을 건 맹세를 다짐하는 장면이 펼쳐집니다. 왼쪽의 세 아들은 개인의 두려움이나 감정보다 공공의 책임과 의무를 앞세우는 이상적 시민의 표상으로, 중앙의 아버지는 국가와 명예를 위해 희생을 요구하는 권위자를 상징합니다. 캔버스 오른쪽의 여성들과 아이들은 그 결단의 이면에서 고통과 상실을 감내하는 인물들로, 전쟁과 희생의 그림자를 끌어안고 있습니다.

다비드, 〈호라티우스 형제의 맹세〉, 1785년, 캔버스에 유채, 330×424cm, 루브르 뮤지엄, 파리

이 그림 역시 루브르 전시실의 한 벽면을 넓게 차지하고 있습니다. 가로 폭이 4미터가 넘습니다. 그림을 바라보는 관람자의 뇌에는 서로 다른 감정이 양립합니다. 하나는 규율과 의무, 결단에 대한 경건함과 긴장감입니다. 다른 하나는 희생을 감내해야 하는 번민과 슬픔입니다. 이러한 이중감정이 드는 까닭은 뇌가 서로 다른 두 개의 회로를 동시에 작동시키고 있기 때문입니다. 한쪽에서는 노르에피네프린을 중심으로 한 각성회로가, 다른 한쪽에서는 감정을 조절하고 공감하는 회로가 작동합니다.

앞서 언급했듯이 노르에피네프린은 청반핵에서 분비되어 여러 뇌 영역으로 퍼지며, 주의력과 경계심, 행동에 앞서 몸을 준비시키는 중요한 역할을 합니다. 결투나 전쟁 같은 긴급 상황에서는 심박 수가 올라가고 근육의

청반핵에서 분비되는 노르에피네프린 회로

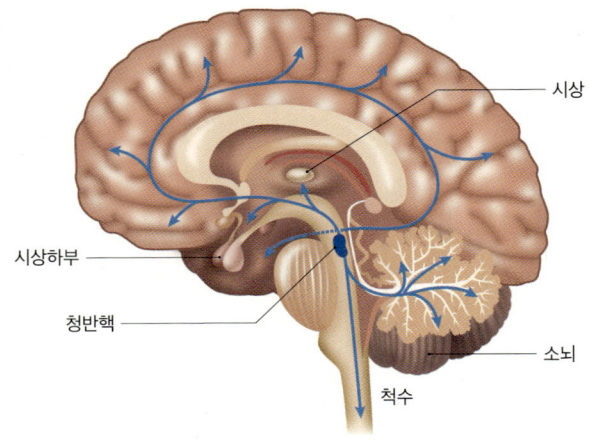

청반핵은 뇌 영역의 각성과 집중, 스트레스 반응을 조율하는 부위로, 뇌간의 다리뇌 상부에 위치하며, **노르에피네프린** 색소를 함유한 신경세포체가 많아 청회색으로 보여 '푸른점'이라는 별칭이 붙음. 생성된 노르에피네프린은 전전두피질, 변연계, 시상, 시상하부, 척수 등으로 광범위하게 영향을 미침.

긴장도가 팽창하며, 뇌의 반응속도가 빨라지도록 신경계 전체를 조율합니다. 그림 속 세 아들이 취하고 있는 강직한 동작은 결정적 순간을 앞둔 각성상태를 보여줍니다.

다만 다비드는 그림에서 감정의 폭발이 아닌 절제된 긴장감을 담아냈습니다. 그림 속 세 아들과 아버지의 표정은 놀랍도록 차분합니다. 그들의 자세에는 주저함이나 두려움이 없습니다. 이는 전전두엽이 편도체의 고도한 감정반응을 조절하여, 이성적 판단과 행동통제가 감정보다 우선하도록 만든 결과입니다.

전전두엽은 편도체에서의 감정이 행동으로 바로 표출되지 않도록 억제 신호를 보내 감정적으로 흥분한 상태에서도 정서적 균형을 잡아줍니다. 이때 노르에피네프린은 격한 감정이 분출되기 직전에 고도의 각성과 주의 집중을 유지시켜 '정적 긴장' 상태를 만드는 데 기여합니다.

반대로 화면 오른쪽에서 서로에게 몸을 기대고 흐느끼는 여성들과 아이들은 전혀 다른 회로의 작동을 보여줍니다. 이는 세로토닌과 옥시토신이 상대적으로 활성화된 상태로, 타인과의 정서적 유대, 상실의 슬픔을 완화하려는 뇌의 반응으로 읽힙니다. 즉, 화면 왼쪽은 노르에피네프린 중심의 '각성과 결단의 회로', 오른쪽은 '공감과 위로의 회로'를 상징합니다.

〈호라티우스 형제의 맹세〉에는 치열한 결투장면도 들끓는 감정의 분출도 없지만, 전쟁터로 나가기 직전 결연함과 처연함의 감정이 복합적으로 뒤엉킨 순간을 포착합니다. 이는 노르에피네프린의 또 다른 얼굴이 아닐 수 없습니다. 노르에피네프린은 단지 싸움과 분노를 부추기는 신경전달물질에 국한되지 않고, 행동을 결행하기 위해 준비시키고 긴장과 집중을 최고조로 유지시키는 에너지로서의 면모도 갖추고 있지요.

〈호라티우스 형제의 맹세〉는 마치 '폭풍 직전의 고요'처럼 뇌 깊은 곳에서 양가감정이 동시에 작동하는 상태를 보여줍니다. 하나는 행동으로 나아가기에 앞서 모든 에너지를 조용히 응축시키는 결단이고, 다른 하나는 희생을 애도하는 연민입니다. 다비드는 이 두 감정이 부딪히며 일어나는 뇌의 화학적 작용을 무거운 정적의 공기 안에 새겨놓았습니다.

자율신경계를 비추는
여인들의 광채

감정을 조율하는 세로토닌의 빛

　어둠 속에서 한 소녀가 입가에 살며시 미소를 띠우며 어딘가를 바라보고 있습니다. 네덜란드 바로크 미술을 대표하는 화가 요하네스 페르메이르 Johannes Vermeer, 1632-1675의 〈진주귀고리를 한 소녀〉입니다.

　영화의 모티브가 될 만큼 유명한 그림이지만, 화면 속 소녀가 누구인지는 소문만 무성할 뿐입니다. 서양미술사에서는 이런 그림을 '트로니(tronie)'라고 부릅니다. 네덜란드어로 '얼굴'을 뜻하는 트로니는 16~17세기 플랑드르 지역에서 유행했던 회화의 한 장르로, 모델이 가상인물인지 혹은 실존인물인지 불분명합니다. 실존인물을 그린 초상화(portrait)가 모델의 시대적·사회적 의미를 해석하는데 집중한다면, 트로니는 인물의 익명성 덕분에 관람자에게 감상의 폭을 넓힙니다.

　트로니는 화가에게도 매력적인 장르가 아닐 수 없습니다. 모델의 실존여부와 상관없이 인물의 생김새와 표정 등을 자유롭게 묘사할 수 있기 때

페르메이르, 〈진주귀고리를 한 소녀〉, 1665년, 캔버스에 유채, 45×39cm, 마우리츠하위스, 헤이그

문이지요. 화가는 컬렉터의 취향에 맞춰 사람들이 좋아할 만한 매력적인 인물을 창작해 그릴 수도 있습니다. 혹은 화면에 빛이나 색, 구도 등을 새롭게 적용해 인물을 재창조하는 예술적 실험을 해 볼 수도 있습니다. 〈진주귀고리를 한 소녀〉는 아마도 후자에 해당하는 작품이지 않을까 싶습니다. 필자는 바로 그 익명성에 기대어 그림이 자아내는 분위기에 조응하는 신경전달물질을 투영해보도록 하겠습니다.

행복으로 충만한 하이라이트

요즘은 '하이라이트'라는 말이 주로 스포츠에서 쓰이지만, 그림이나 사진에서는 가장(high) 밝게(light) 보이는 부분을 가리킵니다. 페르메이르는 〈진주귀고리를 한 소녀〉에서 하이라이트를 통해 인물의 표정을 그렸습니다. 어둠 속에서 한쪽 광원이 만들어낸 하이라이트가 이마와 콧날, 입술 그리고 진주귀고리를 비춥니다.

아마도 소녀의 표정을 바라보는 관람자들은 저마다 서로 다른 감정을 느낄 것입니다. 인물의 정체가 불분명하기 때문에 관람자는 자신만의 상상력에서 비롯한 감정으로 그림을 바라보게 되지요. 다만 페르메이르가 그림에서 소녀의 표정에 담아낸 빛의 정체는 '흥분'보다는 '차분'에 가깝습니다.

빛을 머금은 소녀의 입술에서 아주 작은 떨림이 느껴집니다. 작게 벌린 입으로 들릴 듯 말 듯 뭔가 말하는 것 같지만, 이내 정적 속으로 사라지는 '침묵의 속삭임'입니다. 소녀가 고개를 돌리는 순간 잠시 흔들렸던 진주귀고리의 진동만이 느껴질 뿐입니다. 그래서일까요, 필자는 그림을 보는 내내 뇌 깊은 곳에서 마치 잔잔한 '파문(波紋)'이 일어나는 것 같습니다. 누군가 휘몰아치는 감정의 소용돌이에 힘겨워한다면, 이 그림을 보여주고 싶습니다. 그것은 그림 속 하이라이트에서 세로토닌이란 신경전달물질의 분비를 느꼈기 때문입니다.

세로토닌은 기분, 수면, 식욕, 소화 등 다양한 생리적·심리적 기능을 조절하는 신경전달물질로, 감정을 차분하게 가라앉히고, 집중력을 높이며, 무엇보다 잔잔한 '행복감'을 가져다주는 역할을 합니다. 세로토닌은 감정을 억누르거나 인위적으로 기쁘게 만들지 않습니다. 가령 음향 믹서가 각 채널의 볼륨을 고르게 맞추듯, 세로토닌은 정서반응의 과도한 상승과 급락을 제어해 감정의 파형을 안정화시키지요.

뇌과학적으로 살펴보면, 세로토닌은 뇌간의 봉선핵(솔기핵)에서 분비되어 편도체의 과도한 흥분을 완화하고, 복내측전전두엽과 배외측전전두엽의 신경활동을 안정시켜 감정조절을 돕습니다. 이로써 뇌는 '즉시 판단하고 반응하는' 회로 대신, '잠시 머물러 감각을 세밀하게 살피는' 회로를 선택하게 됩니다. 이를테면 〈진주귀고리를 한 소녀〉에서 방향을 가늠하기 어려운 시선, 살짝 열린 입술, 다소 흔들려 보이는 빛의 초점 앞에서 성급한 감정판단을 미루고 그 여운을 길게 받아들이게 되지요.

봉선핵과 세로토닌 경로

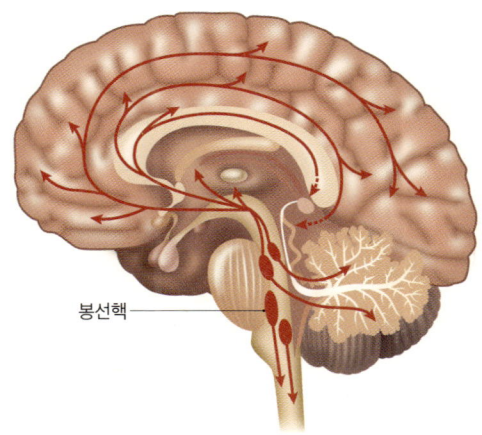

봉선핵

봉선핵은 뇌간을 따라 정중부에 길게 자리한 세로토닌 신경세포 집단으로, 전전두엽, 대뇌피질, 편도체, 해마, 시상 등의 기능을 조율하며, 주의, 불안, 통증, 수면 등에 영향을 미침.

균형 잡힌 세로토닌 농도는 외부자극을 인지하고 해석하는 과정을 부드럽게 조율합니다. 위협이나 혐오와 같은 부정적 감정에 휩쓸리지 않도록 유도하지요. 그림 속 소녀를 바라보면서 '대체 이 사람이 누구인가?'라는 의구심보다 '소녀를 밝게 비추는 하이라이트가 내 안에서 어떤 감각을 깨우는가?'라는 물음이 먼저 떠오른다면 세로토닌이 적절히 분비되고 있다는 증거입니다. 세로토닌은 감정의 미묘한 변화를 더 섬세하게 인식하여 과장된 해석을 지우고 여운과 뉘앙스에 집중하게 합니다.

진주에 아로새겨진 은은한 광택도 세로토닌의 분비와 조응합니다. 이 빛은 그림을 바라보는 내내 시각피질과 전전두엽 사이를 오가며 불필요한 추론을 덜어내고 '서서히 몰입하는' 상태로 이끌지요. 우리 뇌에서 서두르지 말고 천천히 오래 머물러야 하는 게 행복감인 까닭입니다. 어느 이름 모를 소녀를 통해 페르메이르가 전하는 하이라이트는 다름 아닌 세로토닌이라는 '행복한 호르몬'입니다.

자율신경계를 회복시키는 시각적 은유

한 여인의 등을 비추는 그림에서도 세로토닌의 기운이 느껴집니다. 미국의 인상주의 화가 윌리엄 메리트 체이스 William Merritt Chase, 1849-1916의 〈살색과 금색에 관한 연구〉라는 그림입니다. 이색적인 제목에서 알 수 있듯이, 그림은 '살색(flesh tone)'과 '금색(gold)'의 색채조화를 분석하기 위한 회화적 실험의 결과물입니다. 체이스는 파스텔의 부드러움을 통해 빛의 반사와 피부의 질감을 섬세하게 연출했습니다.

체이스,
〈살색과 금색에 관한 연구〉,
1888년, 종이에 파스텔,
46×33cm,
내셔널 아트 갤러리,
워싱턴D.C.

그림 속 모델도 익명의 여성입니다. 반라의 뒤태는 비너스 같은 신화 속 존재처럼 이상화되지 않고 매우 사실적입니다. 무엇보다도 빛이 머금은 피부색에서 인상주의적 색채감각이 돋보입니다. 배경을 채운 금색 직물은 살색과의 대비를 통해 광택효과를 극대화합니다.

체이스는 젊은 시절 독일 뮌헨 왕립 아카데미에서 6년간 유학하며 유럽의 다양한 회화기법을 익혔습니다. 귀국 후에 파스텔을 활용해 빛의 색채 연구에 집중하면서 실험적인 작품들을 완성했지요. 그는 특히 뉴욕 아트 스튜던트 리그에서 교수로 활동하며 자신의 이름을 딴 체이스 스쿨을 설립하는 등 후학 양성에도 앞장섰는데요. 미국 현대미술의 거장 조지아 오키프Georgia O'Keeffe, 1887-1986가 바로 체이스 스쿨 출신이지요.

〈살색과 금색에 관한 연구〉는 감정보다 몸이 먼저 반응하게 하는 그림입니다. 돌아서 앉은 여성의 등빛에는 극적인 사건도 부자연스런 동작도 없습니다. 화면을 지배하는 것은 부드러운 등선과 피부를 환하게 밝히는 빛 그리고 살색과 묘한 대비를 이루는 황금색 배경입니다. 이 구도는 시각적 소음을 최소화하고 관람자의 주의를 한 곳으로 모읍니다. 그 결과 뇌는 그림에서 복잡한 의미를 찾아내기보다 신체감각에 직결되는 자극에 반응하게 되지요. 그림을 바라보고 있으면 호흡이 깊어지면서 근육의 미세한 긴장마저 풀리는 느낌을 받게 됩니다.

이때 세로토닌은 정서조율자의 역할에 그치지 않고 자율신경계의 균형을 잡아주는 조정자로 작동합니다. 교감신경계와 부교감신경계로 나뉘는 자율신경계는 뇌의 의식적인 통제 없이 내장기능, 심장박동, 혈압, 동공크기 등을 조절합니다. 교감신경계는 위급한 사고나 전쟁 상황에 놓인 것처럼 우리 몸을 긴장상태로 이끕니다. 반면 부교감신경계는 안정적이고 편안한 상태로 안내하지요. 자율신경계의 최고 조절중추는 시상하부입니다. 시상하부는 뇌간에 위치한 자율신경 핵들과 척수 측각의 교감신경 세포들을 조절함으로써, 자율신경계의 활동을 통합·조율합니다.

편도체가 과도하게 활성화된 상태에서는 시상하부를 통해 교감신경계로 흥분신호가 전달되는데, 이때 세로토닌은 전전두엽과 해마의 기능을 강화하여 시상하부-뇌하수체-부신(HPA) 축의 과부하를 완화시킵니다. 동시에 배외측전전두엽과 복내측전전두엽의 조절기능을 도와서 자율신경계의 균형을 회복시킵니다.

이로써 교감신경의 과도한 항진이 줄어들면서 부교감신경의 리듬이 안정을 찾아 호흡을 늦추고, 심장박동을 규칙적으로 조절하며, 근육의 긴장도를 낮춥니다. 이때 감정에서 신체로만 향하는 일방향 변화에 그치지 않고, 신체에서 감정으로 되돌아오는 쌍방향 피드백도 함께 일어납니다.

가령 호흡이 느려지면 10번째 뇌신경인 미주신경(375쪽)을 따라 안정신호가 연수와 시상하부를 거쳐 전전두엽과 섬엽으로 전달됩니다. 섬엽은 내장감각과 체내상태를 통합하는데, 세로토닌은 섬엽과 전전두엽의 연결을 강화해 신체감각이 과도하게 증폭되지 않고 편안하게 통합되도록 돕습니다. 덕분에 관람자는 그림 속 여성의 등빛이 만드는 촉각적 인상을 불안이나 흥분 신호로 오해하지 않고 차분한 정서로 받아들입니다.

한편, 체이스는 등진 자세를 통해 인물을 '얼굴 없는 구도'로 그렸는데요. 이로써 관람자의 얼굴 인식회로를 의도적으로 비켜놓았습니다. 뇌의 측두엽과 후두엽 사이에 있는 방추상회는 얼굴인식과 시각적 형태구별에 핵심적인 역할을 합니다. 특히 사람의 얼굴을 빠르고 정확하게 인식하는 데 관여하지요. 하지만 그림처럼 인물의 얼굴이 보이지 않는 구도에서는 방추상회의 역할이 줄어들 수밖에 없습니다. 결국 편도체와 안와전두피질로 전달되어 사회적 의미를 빠르게 해석하는 경로도 작동이 무뎌지게 됩니다. 그 대신 관람자의 시선은 등선의 길이, 어깨에서 허리로 이어지는 완만한 곡선, 팔꿈치와 허리 사이의 간격을 따라 천천히 이동합니다. 이렇게 시각적 민감도가 완화되면, 교감신경의 항진이 가라앉고 호흡과 심박도 안정되지요.

여기서 간과하지 말아야 할 중요한 사실은, 세로토닌이 단순히 마음을 편안하게 하는 데 그치지 않고 신체와 감정의 균형 있는 상호작용을 최적화한다는 것입니다. 신체감각이 먼저 안정되면 그 위에 감정이 차분하게 얹히게 되지요. 그림 속 피부 위에 내려앉은 빛의 온기, 근막이 이완되는 속도, 등줄기를 타고 흐르는 곡선의 리듬이 좀더 선명하게 느껴지는 까닭입니다. 세로토닌은 이런 감각정보들이 과도한 각성 없이 부드럽게 통합되도록 '중재자' 역할을 합니다. 그림 속 세로토닌이 자아낸 등빛은 자율신경계를 회복시키는 시각적 은유입니다.

자기성찰로 이끄는 호르몬

페르메이르의 하이라이트와 체이스의 파스텔에서 알 수 있듯이, 세로토닌은 빛에 섬세하게 반응하는 신경전달물질입니다. 망막으로부터 전해진 빛이 시교차상핵을 거쳐 봉선핵을 자극해 세로토닌을 분비하지요. 빛은 밝고 긍정적인 에너지를 전달하지만, 경우에 따라 자신을 되돌아보게 하는 성찰의 기운을 이끌어내기도 합니다. 17세기 프랑스 바로크 미술을 대표하는 조르주 드 라 투르Georges de La Tour, 1593-1652의 〈참회하는 막달레나〉 앞에 놓인 촛불은 빛의 의미를 달리합니다. 그림 속 촛불은 인물과 공간을 환히 밝히지 않고, 심지의 끝에서 금방이라도 사라질 듯 흔들리면서 번뇌로 갈팡질팡하는 뇌를 비춥니다.

라 투르는 강렬한 명암대비(키아로스쿠로 기법)를 통해 인물과 사물의 입

라 투르, 〈참회하는 막달레나〉, 1637년, 캔버스에 유채, 117×91cm, 로스앤젤레스 카운티 아트 뮤지엄

체감을 강조합니다. 화가는 예수의 제자인 막달레나의 참회를 종교행위에 한정하지 않고, 자기성찰의 한 장면으로 확장합니다. 촛불의 흔들리는 불빛은 그림에서 조명 전체를 담당합니다. 칠흑 같은 세속에 맞서 영혼을 비추지만, 머지않아 시간이 지나면 어둠 속으로 사라질 것입니다. 촛불은 유

한한 빛입니다. 얼마 남지 않은 부질없는 인생에서 더 이상 욕망에 휘둘리지 말고 내면의 소리를 들으라는 신호이지요.

〈참회하는 막달레나〉에서 세로토닌은 단순한 고요가 아니라 뇌의 회로가 외부에서 내면으로 향하도록 하는 이른바 '주의전환'에 관여합니다. 외부자극에 즉각 반응하도록 만든 경계 시스템에서 한 걸음 물러서서, 자기만의 '감각-기억-의미'를 천천히 결합하는 모드로 전환시키지요. 앞서 해부도에서 확인했듯이 봉선핵에서 나온 세로토닌은 복내측전전두엽과 전측대상피질 그리고 편도체 등으로 광범위하게 퍼져나갑니다. 이때 편도체가 지나치게 흥분하지 않도록 하고, 복내측전전두엽을 통해 정서적 가치를 차분히 재평가하며, 전측대상피질에서 주의력을 침잠모드로 재배치합니다. 뇌의 주파수를 '깊이'에 맞추는 것이지요.

실제로 어두운 공간에서 오랜 시간 촛불을 바라보고 있으면, 처음에는 심지의 미세한 떨림이 시각적으로만 느껴지다가 서서히 뇌 깊숙한 곳에서 반응하기 시작합니다. 심지의 떨림에 맞춰 호흡과 맥박의 리듬이 변하면서 내면으로 침잠해 들어가 과거의 기억과 감정이 소환됩니다. '인지-정서-기억'이 하나의 회로로 통합되는 순간, 세로토닌은 그 결속을 부드럽게 강화해줍니다.

세로토닌은 디폴트 모드 네트워크에도 적지 않은 영향을 미칩니다. 디폴트 모드 네트워크는 뇌가 외부자극 없이 휴식상태일 때 활성화되는 신경망으로, 자기성찰과 기억회상, 창의적 사고 등에 관여합니다(74쪽). 다만 디폴트 모드 네트워크가 과도하게 활성화될 경우 침울한 감정에 빠질 수도 있습니다. 이때 세로토닌의 적절한 분비가 디폴트 모드 네트워크에 균형을 맞추는 역할을 하지요.

〈참회하는 막달레나〉에 등장하는 촛불빛은 감각생리학의 관점에서도 흥미로운 해석이 가능합니다. 감각생리학은 시각·청각·촉각·미각·후각 등 다양한 감각체계를 통해 외부자극을 감지하고 이를 신경계로 전달하여 인식하는 과정을 연구하는 분야로, 눈과 코·혀, 피부 등 인체의 감각수용기에서부터 뇌의 처리과정까지를 다룹니다.

그림 속 촛불빛은 스펙트럼상 푸른색(청색) 파장이 거의 없고 밝기도 낮아 시각피질을 강하게 각성시키지 않습니다. 이때 세로토닌은 후두엽과 시상을 잇는 경로를 조율하여 불필요한 세부정보를 걸러내고 핵심만 남기도록 돕습니다. 이를 '감각 게이팅 효과'라고 합니다. 이렇게 되면 빛의 미세한 변화가 과도하게 부각되지 않고, 화면 전체와 조화를 이루게 됩니다.

세로토닌은 촛불에 머무르지 않고 그림 속 다른 사물들의 해석으로 이어지도록 유도합니다. 막달레나의 무릎 위에 놓인 해골은 죽음을 상징하는 동시에 참회의 감정을 이끌어 냅니다. 성경과 십자가는 막달레나가 세속을 버리고 영적인 삶을 선택했음을 암시합니다. 관람자는 사물들에 담긴 상징적 의미를 되새기는 가운데 해마와 전전두엽의 상호작용 상태에서 조용히 '자기서사(self-narrative)'와 연결됩니다. 이 과정에서 세로토닌은 지금의 감정과 오래된 기억 사이를 잇는 가교 역할을 하면서, 두 감정이 서로 충돌하여 마음에 생채기가 나지 않도록 돕습니다. 성찰의 과정에서 과거의 아픈 기억이 '지금의 나'에게 상처를 주지 않고 삶의 일부로 포용해 내면의 일기장에 담담히 써내려가도록 사려 깊은 잉크가 되어줍니다.

'소확행'을 그린 화가의 뇌

•

엔도르핀 분비를 촉진하는 그림감상법

"늘 행복이 충만하길."

지인이 보낸 메일의 끝인사입니다.

"행복은 가까운 곳에 있습니다."

건강기능식품회사가 발송한 스팸메일에도 행복이란 단어가 있네요.

"지금 행복하세요?"

이건 무심코 스킵하던 숏츠에 붙은 뜬금없는 질문입니다. 순간 '픽'하고 헛웃음이 나옵니다. 그런데 이어서 등장한 AI알고리듬이 안내하는 문구는, 제법 인상적입니다. "행복이란 불행을 잠시 잊은 순간!"

이 말에 전적으로 동의할 순 없지만, 왠지 아니라고 부정할 수도 없습니다. 슬프고, 우울하고, 아프고, 싫고, 밉고…… 살아가는 매 순간마다 '불행한 형용사'들은 왜 그렇게 많은 걸까요.

다행히 우리 뇌에는 불행을 잠시 잊게 해주는 신경전달물질이 있습니다. 엔도르핀입니다. 시상하부, 뇌하수체, 변연계 등에서 생성되어 스트레스나 통증에 대응해 진통효과와 쾌감, 행복감 등을 유발하는 신경조절물질이지요. 여러 종류의 펩타이드(단백질 조각)로 구성된 내인성 오피오이드로, 우리 몸이 만든 천연진통제 역할을 합니다.

다만 엔도르핀은 마약성 진통제 표적수용체와 동일하게 결합하기에, 이를 과도하게 자극하면 의존이나 내성의 위험이 있습니다. 스트레스나 통증을 잊기 위해 엔도르핀을 지나치게 일으키는 활동은 경계해야 하지요. 가령 규칙적인 유산소운동으로 적절한 엔도르핀 분비를 활성화시키는 건 고무적이지만, 러너스 하이를 느낄 만큼 운동강도를 끌어올릴 경우 부작용이 나타납니다.

적절한 엔도르핀 분비를 위해 권장하는 활동은, 일상생활에서 무리 없이 할 수 있는 것들, 이를테면 산책과 독서, 악기연주, 음악감상, 명상 등입니다. 필자는 여기에 한 가지 더 추가합니다. 그림이지요.

우유를 따르는 평범한 일상이 불행을 잊게 해준다고?!

적절한 엔도르핀 분비를 도와주는 그림이 있습니다. 불행한 형용사들을 잠시 잊게 해주는 그림이지요. 한 줄기 햇빛이 고요히 스며드는 순간, 세상의 소음이 사라지는 것 같습니다. 요하네스 페르메이르Johannes Vermeer, 1632-1675의 〈우유를 따르는 여인〉입니다. 페르메이르는 일상의 한순간을 마치 시간이 멈춘 듯 고요한 분위기로 연출하는 데 탁월한 화가입니다. 그의 캔버스

페르메이르, 〈우유를 따르는 여인〉, 1660년, 46×41cm, 캔버스에 유채, 라익스 뮤지엄, 암스테르담

에서 인물의 격정적인 표정이나 몸짓은 거의 찾아볼 수 없습니다. 평범한 사람들의 일상적인 모습이 너무나 평화로운 나머지 오히려 정숙함마저 감돕니다. 〈우유를 따르는 여인〉이 특히 그렇지요.

부엌 한쪽에 서서 조심스레 우유를 따르는 여인의 모습은 과장된 연출

없이 존재 자체만으로 화면을 채웁니다. 창문을 통해 들어오는 자연광은 여인의 이마와 노란색 상의를 밝게 비추고, 심지어 테이블 위 빵과 흘러내리는 우유에까지 닿아 부드럽게 반사되어 주변을 따뜻하게 만듭니다. 그림 속 빛은 단순한 시각효과를 넘어, 보는 이의 감각을 누그러뜨리고 호흡마저 느리게 만들지요. 이처럼 페르메이르가 그린 빛은 공간 속 모든 것들이 멈춘 듯한 '정적'을 자아냅니다. 그림 속에는 여인의 숨결과 흐르는 우유 외에는 모든 것이 정지된 것 같습니다. 우유의 가는 곡선은 시간의 흐름을 시각화한 것 같습니다.

그림은 숨 가쁘게 돌아가는 세상을 잠시 멈춰 세웁니다. 그림 속 여인은 매일 해오던 일들을 반복해서 하고 있을 뿐입니다. 여인이 있는 공간에서 그 어떤 특별한 사건도 발생할 것 같지 않습니다. 날마다 반복되는 평범한 생활, 우리는 이것을 '일상(日常)'이라 부릅니다.

우리 뇌는 단순하게 반복되는 일상을 통해 예측가능성과 안정감을 느끼게 됩니다. 예측가능한 상황에서 뇌는 시상하부-뇌하수체-부신(HPA) 축의 활성도가 안정을 찾아 스트레스 호르몬인 코르티솔이 감소하고, 부교감신경계는 활성화되면서 전측대상피질과 복내측전전두엽 같은 정서조절 회로가 균형을 이룹니다.

이러한 심리적 안정상태에서는 내인성 오피오이드 계열의 엔도르핀이 서서히 분비됩니다. 엔도르핀은 시상하부와 뇌하수체뿐만 아니라 중심회백질, 연수, 척수 등에서도 생성되어 변연계 등으로 확산됩니다. 중심회백질에서 통증을 억제하고, 편도체에 작용하여 불안을 줄이며, 전측대상피질을 통해 심리적 평온감을 가져오는 데 기여하지요.

〈우유를 따르는 여인〉의 은은한 색채와 안정적인 구도는 관람자의 뇌가 과도하게 각성될 필요가 없는 환경을 제공합니다. 시각정보는 1차시각피질에서 처리된 뒤 연합피질을 거쳐 복내측전전두엽, 전측대상피질, 해마, 편도체로 연결된 네트워크에서 '안전하고 예측가능한 장면'으로 평가됩니다. 그 결과 엔도르핀 분비를 적절하게 촉진해 뇌 전체가 정서적으로 평화로운 상태로 이끕니다.

그림이 주는 안온함은, 여인의 손끝에서 흘러내리는 우유에서 절정을 이룹니다. 관람자의 거울신경계는 여인의 섬세한 동작을 뇌 속에서 재현하며, 섬엽은 그 시각정보를 내감각과 연결합니다. 이 과정에서 관람자의 호흡과 심장박동은 좀더 안정적으로 작동하고 근육의 경직을 풀어 심신을 느슨하고 편안하게 만듭니다.

그림을 보고 있으면, 나를 포함한 주변사람들의 반복적인 일상도 페르메이르가 연출한 장면만큼 아름다울 수가 있겠구나 하는 생각이 듭니다. 그 순간 행복으로 충만한 엔도르핀이 입가의 불행한 형용사들을 잠시나마 밀어낼 것입니다. 매 순간 포착된 행복의 편린들을 길게 이어붙이면 불행을 잊고 지내는 시간도 길어지기 마련입니다. "행복은 가까운 곳에 있다"는 상투적인 광고문구가 다시 읽힙니다.

Shall We 'Endorphin' Dance?

〈우유를 따르는 여인〉의 정적인 공간에 살짝 동적인 이벤트를 더해보겠습니다. 그림 속 여인이 머무르는 그곳에 느린 왈츠를 틀어 봐도 재밌을 거 같습니다. 순간 적막했던 공간은 로맨틱한 무도회장이 됩니다. 피에르 오귀스

르누아르,
〈시골무도회〉,
1883년, 캔버스에 유채,
180×90cm,
오르세 뮤지엄, 파리

트 르누아르Pierre-Auguste Renoir, 1841-1911의 〈시골무도회〉가 떠오릅니다.

그림은 르누아르의 '춤 3부작' 가운데 하나로, 일상의 즐거움을 만끽하는 젊은 남녀의 표정에서 행복감이 전해집니다. 흰 드레스에 화려한 부채를 든 여인은 생기 넘치는 표정으로 춤에 몰입해 있습니다. 감색 정장의 댄디한 신사는 리듬을 타며 춤을 리드하는 모습입니다. 르누아르 특유의 따뜻한 색조와 부드러운 붓터치가 돋보입니다.

르누아르는 춤추는 남녀의 행복한 모습을 묘사하는 데 그치지 않았습니다. 두 사람 사이에는 정서적 교감이 배어 있습니다. 이들은 서로의 호흡에 맞춰 몸을 움직입니다. 신사는 여인의 허리를 감싸고, 여인은 상체를 살짝 뒤로 젖힌 채 밝은 미소를 띠며 관람자를 바라봅니다. 여인은 볼이 발그레 물들었고, 조금은 부끄러운 표정으로 신사의 어깨를 잡은 채 몸을 맡깁니다. 신사는 여인과의 호흡에 집중한 나머지 모자가 바닥에 떨어진 줄도 모르는 것 같습니다.

〈시골무도회〉처럼 유쾌한 그림을 바라보는 관람자의 뇌가 궁금해집니다. 아마도 관람자의 뇌에서는 거울신경계가 활성화될 것입니다. 이 책에서 여러 번 소개했듯이, 거울신경계는 타인의 동작과 표정을 관찰할 때 마치 내가 직접 그 행동을 하는 것처럼 동일하거나 유사한 신경회로가 반응하는 체계로, 특히 하전두회, 하두정소엽, 운동전피질에서 강하게 나타납니다. 그림 속 춤을 추는 남녀의 자세와 미소가 관람자의 뇌로 들어와 그들의 동작과 표정이 '내 동작'처럼 재현되며 정서적 공감이 일어나는 것이지요.

이러한 신경모방 반응에서 섬엽이 중요한 역할을 합니다. 섬엽은 내부 장기의 상태를 포함한 내수용감각과 정서를 연결하여, 타인의 표정과 움직임을 자신의 신체감각처럼 변환해 줍니다. 그 결과 관람자의 뇌에서는, 자신의 몸이 그림 속 무도회의 현장에 있는 듯한 감각이 형성되지요.

그림 속 장면에 몰입하면 뇌에서 엔도르핀 회로가 서서히 깨어납니다. 시상하부, 뇌하수체, 중심회백질에서 만들어진 엔도르핀이 변연계와 뇌간에 자리한 오피오이드 수용체와 결합해, 몸속의 긴장신호를 낮추고 마음에 부드러운 쾌감을 불어넣습니다. 이 과정에서 편도체의 예민한 위협감지가 전전두엽과의 교류 속에서 누그러지고, 복내측전전두엽은 안전한 감각을 더욱 이끌어냅니다. 전측대상피질은 흩어진 주의와 감정을 한데 모아 정렬시켜 온화한 정서감을 불어넣습니다. 그 결과 호흡은 깊어지고 심장박동은 느려지면서 심신이 안정된 상태를 되찾습니다.

그림을 감싸는 황금빛 자연광은 단순한 색채효과를 넘어 생리적 반응을 유도합니다. 따뜻한 색과 빛은 시각연합피질에서 처리된 뒤 전전두엽-변연계 경로를 통해 편도체의 반응을 완화하며, 시교차상핵을 경유해 시상하부-뇌하수체-부신(HPA) 축의 과활성을 진정시킵니다. 이로써 스트레스 호르몬인 코르티솔 분비가 줄고, 엔도르핀과 옥시토신처럼 안정과 유대감을 촉진하는 신경조절물질이 분비되기 쉬운 환경이 조성되지요.

그림을 감상하는 내내 해마가 과거에 행복하고 유쾌했던 기억을 소환합니다. 복내측전전두엽은 이러한 기억을 현재의 긍정적인 정서와 연결합니다. 이를 가리켜 '기분일치효과'라고 하는데요. 과거에 좋았던 기억이 현재의 감정을 더 밝게 만드는 현상을 의미합니다.

르누아르는 그림 속 흥겨운 장면을 통해 빛과 색, 리듬과 시선을 교차시키며 관람자의 거울신경계와 엔도르핀 회로를 자극해 심리적 긴장을 풀고 따뜻한 정서를 회복시켜 줍니다. 그런 까닭에 〈시골무도회〉에 뇌과학적인 별칭을 붙인다면, '엔도르핀의 춤'이 어떨까 싶습니다.

엔도르핀 분비를 촉진시키는 기술

불행한 생각을 잠시나마 떨쳐내도록 엔도르핀 분비를 촉진하는 데도 나름 기술이 필요합니다. 이른바 '상상력의 기술'입니다. 과도한 상상은 자칫 망상장애의 위험에 빠질 수도 있지만, 삶의 활력소가 될 정도의 유쾌한 상상은 지나친 스트레스나 고통, 우울감을 잊게 해줍니다.

앙리 루소 Henri Rousseau, 1844-1910는 천진난만한 상상력을 화폭에 담아내며 녹록치 않은 현실의 무게를 잊으려 했던 화가였습니다. 그는 세관사무원으로 넉넉지 못한 생계를 해결하며 휴일에만 틈틈이 그림을 그려야 하는 '공휴일의 화가'였지요. 직업화가가 되는 과정도 순탄치 않았습니다. 당시 파리 주류 미술계는 그가 정식으로 미술교육을 받지 못했다는 이유로 그의 그림들을 멸시하고 조롱했습니다.

하지만 루소만의 독특한 화법은 그의 천진난만한(!) 영감을 표현하는 데 더 할 나위 없었습니다. 전통적인 원근법마저 과감히 배제한 채 평면적인 형태와 단순하면서도 선명한 색채를 기발한 상상력으로 펼쳐낸 그림들은, 어디에서도 볼 수 없던 '새로운 것'이었지요. 그가 한때 푹 빠졌던 원시정글의 풍경은 관람자를 동화 속으로 안내합니다. 이 책에서 이미 〈열대 폭풍 속의 호랑이〉와 〈잠자는 집시여인〉을 통해 루소 예술의 정수를 만끽했는데요(68, 72쪽). 여기서 다루는 〈꿈〉은 루소가 일생동안 일궈온 이른바 '원시주의' 미술의 결정체라 할 수 있습니다.

루소, 〈꿈〉, 1910년, 캔버스에 유채, 204×298cm, 모마, 뉴욕

     울창한 열대식물과 동물들은 루소가 식물도감과 박물학 자료를 참고해 상상으로 그린 것입니다. 그는 실제로 정글을 가본 적이 없었지요. 그림 속 정글에는 뜻밖에도 소파가 놓여 있고, 누드여성이 비스듬히 누워있습니다. 눈을 번뜩이는 두 마리 사자와 몸을 숨긴 코끼리, 나무에 매달린 원숭이가 마치 '숨은 그림 찾기'를 하듯이 조심스레 모습을 드러냅니다. 주목을 끄는 건 여성 옆에 있는 원주민 남성입니다. 클라리넷으로 보이는 악기를 연주하는 모습이 인상적입니다. 원주민 남성은 문명과 자연의 경계를 몽환적

으로 여행하는 여성을 무의식의 세계로 인도하는 안내자 같습니다.

그림을 오랫동안 바라보고 있으면, 어느 새 현실의 정글이 아닌, 무의식이 만든 초현실적 공간과 마주합니다. 뇌가 만든 풍경입니다. 가장 먼저 정글에 놓인 붉은 벨벳 소파에 누운 여성에게로 시선이 멈춥니다. 여성은 긴장감 없는 자세로 온 몸에 힘을 빼고 정글에 몸을 맡기고 있습니다. 그녀가 바라보는 시선과 손가락이 가리키는 방향에는 뭔가 좀더 동화적이고 환상적인 일이 벌어지고 있을 것 같습니다. 그렇게 루소는 관람자의 상상력을 캔버스 밖으로 확장시킵니다.

정글에는 덩굴과 야자수가 무성하고, 사자와 원숭이, 뱀, 새들이 화면 곳곳에서 일정한 방향과 질서 속에 자리 잡고 있습니다. 현실에서는 함께 존재하기 힘든 조합임에도, 화면 전체가 혼란스럽지 않고 이상할 정도로 안정감이 들게 합니다.

이 역설적인 안정감은 루소만의 독창적인 회화언어입니다. 루소는 환상적인 이미지들을 배치하는 데 있어서 불필요한 시각요소를 제거하고 규칙적인 패턴을 도입했습니다. 식물 잎의 반복된 형태, 동물들의 일정한 시선, 조화로운 색감은 관람자의 뇌에서 시각피질과 연합피질이 '예측부호화' 원리에 따라 그림 속 장면을 해석하도록 돕습니다. '예측부호화'란 뇌가 외부세계를 수동적으로 받아들이는 것이 아니라, 능동적으로 미래를 예측하고 그 예측과 실제 감각정보를 비교하며 학습하는 작동원리입니다. 뇌의 예측부호화는 예측가능성을 높여 편도체의 경계·위협 반응을 완화시킵니다. 아울러 복내측전전두피질과 연결된 감정조절 회로를 활성화하여 불안감을 낮추지요.

예측가능성이 가져온 안정감은 시상하부-뇌하수체-부신(HPA) 축의 흥분도를 낮추고, 내인성 오피오이드인 엔도르핀과 옥시토신 분비가 조화롭게 작용하도록 돕습니다. 엔도르핀 분비가 적절히 활성화되면 중뇌의 중심회백질과 변연계의 수용체에 결합하여 통증신호를 억제해 줍니다. 또한 자율신경계를 조절해 심박 수와 호흡을 안정시킵니다. 이 과정에서 전측대상피질은 주의와 정서를 부드럽게 조율하며, 전신의 긴장을 완화해 줍니다.

이 그림 역시 관람자의 거울신경계를 자극합니다. 전운동피질과 하두정소엽이 소파에 비스듬히 누운 여인의 편안한 동작을 '모방코드'로 변환하고, 섬엽은 이를 자기 몸의 내부감각에서 느껴지는 듯한 평온함을 형성합니다. 이로써 관람자는 무의식적으로 여인의 호흡과 자세를 따라하듯 느끼는 순간 행복감을 얻게 되지요.

사실 엔도르핀 분비를 촉진하는 기술이라 해서 뭔가 특별한 노하우 같은 게 있는 건 아닙니다. 페르메이르는 우유를 따르는 지극히 평범한 여인의 일상에서 행복감으로 충만한 빛을 봤습니다. 스치고 지나는 사사로운 것들에서 삶을 풍요롭게 하는 조각들을 찾아 퍼즐을 맞추듯 캔버스 위에 조합한 것이지요. 풍류를 즐겼던 르누아르에게 무도회 파티는 일상 같은 것이었습니다. 거의 매일 밤 이어지는 파티가 지겨울 법도 할 텐데, 캔버스로까지 옮겨온 걸 보면 르누아르는 파티의 순간순간을 진정으로 즐겼던 것입니다. 그러면 루소는? 아마도 상상의 나래를 펼치는 게 일상이 아니었을까요? 그는 어쩌면 불행할 겨를이 없었을 지도 모르겠습니다.

그러고 보면 세상에는 아니 일상에는 불행한 형용사를 잊게 해줄 만한 것들이 참 많습니다. 우리 뇌는 언제나 행복을 느끼게 하는 회로를 활성화시킬 준비가 되어 있습니다.

어둠에 갇힌 화가의 뇌

도파민 과잉이 불러온 광기의 그림들

기괴한 괴물이 하늘에서 내려와 한 여인을 위협합니다. 괴물의 날개와 꼬리에 붉은 핏빛이 번져옵니다. 워싱턴D.C. 내셔널 아트 갤러리에서 만난 윌리엄 블레이크William Blake, 1757-1827의 〈거대한 홍룡과 해를 걸친 여인〉입니다. 블레이크는 요한계시록의 묵시적 장면을 캔버스로 가져와 선과 악의 대립, 공포와 구원의 긴장감을 담아냈습니다.

화면을 압도하는 것은 날개 달린 거대한 홍룡입니다. 두 팔과 다리는 인간과 닮았지만, 등 뒤의 날개와 길게 휘감긴 꼬리, 흉측한 머리는 영락없는 괴물입니다. 성경에서 '용(dragon)'은 주로 사탄을 상징하는 '큰 뱀'을 의미합니다. 괴물은 당장이라도 여인을 죽일 기세입니다. 여인의 배가 볼록 나온 것으로 보아, 아마도 출산을 앞두고 있는 것 같습니다.

여인은 밝은 태양의 기운이 느껴지는 날개 모양의 가운을 두르고 있습

블레이크, 〈거대한 홍룡과 해를 걸친 여인〉,
1810년, 캔버스에 유채, 40×32cm, 내셔널 아트 갤러리, 워싱턴D.C.

니다. 홍룡의 날개와 꼬리에 살기 어린 핏빛이 도는 것과 대조를 이룹니다. 괴물의 위협에도 불구하고 여인은 무릎을 꿇은 채 두 팔을 벌려 당당히 맞서고 있습니다. 그 모습이 성모마리아를 연상케 합니다.

그런데 그림을 유심히 보면, 구도와 색채 등 여러 가지가 생경하게 느껴집니다. 왠지 서양미술사에 등장하는 그림들과 달라 보입니다. 그림을 그린 화가가 어떤 사람인지 궁금합니다.

도파민의 불균형이 만든 괴물

블레이크는 화가이자 시인이었습니다. 런던에서 가난한 노동자의 아들로 태어나 정규교육을 거의 받지 못했고, 독학으로 시와 미술을 익혔지요. 그래서일까요, 블레이크의 작품들은 거칠고 투박하지만, 한편으론 매우 독창적입니다. 특히 그의 그림들에서는 현실보다는 상상 속의 세계가 몽환적으로 펼쳐집니다.

하지만 그가 살았던 18세기 말에서 19세기 초는 이성과 합리주의가 지배하던 시대였습니다. 블레이크의 작품이 제대로 평가받을 수 없는 분위기였지요. 당시 사람들은 그의 작품을 두고 "치기어린 예술가의 습작"이라며 평가절하 했습니다. 시인 윌리엄 워즈워스William Wordsworth, 1770-1850는 블레이크에 대해 "광기 속에서 흥미로운 점을 발견할 수 있는 인물"이라 언급하기도 했지만, 그의 작품에 자주 등장하는 예언자적 태도에 대해서는 그다지 호의적이지 않았습니다.

〈거대한 홍룡과 해를 걸친 여인〉은 (예술적인 평가는 차치하더라도) 뇌과학적인 면에서 흥미로운 점들이 많습니다. 블레이크는 어려서부터 종교적 혹은 신화적 환상을 자주 얘기했다고 전해집니다. 이를테면 꿈에서 천사나 성인과 만나 영적인 대화를 나눴다는 식이었지요. 또한 블레이크는 감정의 기복이 매우 심했다고 합니다. 이유 없이 침울해지거나 갑자기 격노해서 주변 사람들을 많이 힘들게 했다는 기록도 있습니다. 이는 현대 정신의학에서 조울증(양극성 장애)이 의심되는 대목입니다.

그림에 나타난 과장되고 기괴한 상상력은 단순한 종교적 표현을 넘어 블레이크의 뇌가 만들어낸 신화적 환상의 결과물로 볼 수 있습니다. 가령 지나치게 강렬한 상징과 과장된 형태는 도파민의 보상시스템과 밀접한 관련이 있습니다. 도파민은 조울증의 주요한 생물학적 요인 중 하나로, 도파민 수치의 변화는 조증상태에서 보상회로의 과도한 활성화와 유관합니다.

도파민은 뇌에서 동기부여와 보상예측, 학습과 창의적 유연성을 조율하는 핵심 신경전달물질입니다. 전전두엽, 측두엽 특히 해마와 연합피질 그리고 후두엽과 두정엽 등 뇌의 광범위한 영역에서 신경계의 활성도를 높입니다. 이로써 외부자극이 없어도 과거의 기억과 저장된 이미지를 서로 재조합하면서, 경험·개념·상징·패턴 등이 새로운 방식으로 통합되거나 연결됩니다. 이 과정에서 독특한 이미지를 떠올리는 창조적 연상이 촉진되기도 합니다.

하지만 도파민 신호가 과도하게 높아지면, 뇌는 현실에서 들어오는 감각정보보다 내부에서 떠오르는 연상과 이미지를 우선해서 처리합니다. 그 결과 의미를 과도하게 부여하는 현상을 초래할 수 있습니다. 이러한 상태에서는 전전두엽의 '현실검증력'이 약해지고, 편도체와 해마 같은 정서·기억 회로의 신호가 상대적으로 증폭되면서, 외부와 내부, 현실과 상상의 경계가 점점 흐려집니다. 여기서 '현실검증력'이란 어떤 생각이나 감각이 실제로 존재하는지 혹은 환상이나 착각 여부를 판단하는 뇌의 기능으로, 주로 전전두엽과 전측대상피질이 관여하며, 판단력과 자기통제력, 논리적 사고와 관련이 깊습니다. 현실검증력이 저하되면 망상과 환청, 심할 경우 조현병 같은 정신질환으로 이어지기도 하지요.

〈거대한 홍룡과 해를 걸친 여인〉은 화가의 뇌에서 도파민이 과도하게 분비되어 경계가 허물어진 상태로 해석됩니다. 홍룡의 과장된 몸과 날개는 괴물을 묘사하는 형상에 머무르지 않고, 뇌에서 도파민 회로가 만들어 낸 과잉상징의 산물로 보입니다.

도파민 분비가 영향을 미치는 주요 뇌 영역

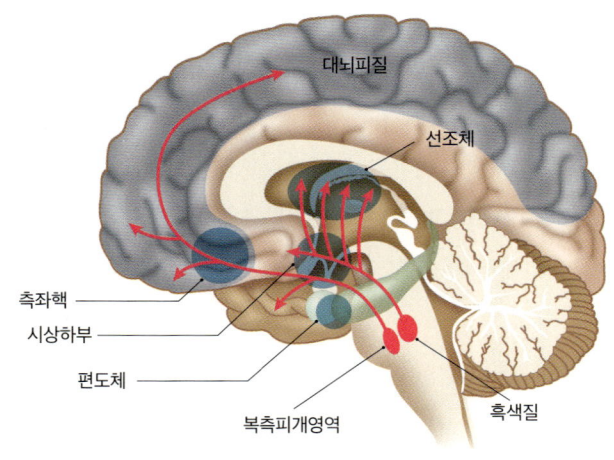

도파민은 주로 중뇌의 흑색질과 복측피개영역에 위치한 도파민성 신경세포에서 합성. 이 세포들의 축삭은 도파민 경로를 따라 선조체, 측좌핵, 대뇌피질, 시상하부, 편도체 등 뇌의 여러 영역에 광범위하게 퍼지면서, 운동조절과 보상·동기 부여 및 인지·검증 기능 등에 영향을 미침.

도파민이 과도하게 분비되면, 편도체가 시각피질과 그 상위 연합영역의 활동에 영향을 미쳐, 시각정보에 강한 정서적 의미가 덧씌워집니다. 동시에 전전두엽의 현실검증 기능이 약화되면, 실제 외부자극보다 내부에서 생성된 상상 속 이미지가 더 생생하고 현실감 있게 인식됩니다. 이로 인해 외부자극이 없음에도 환각이나 환영을 현실처럼 자각할 수 있습니다.

특히 홍룡의 형체는 인간을 포함한 동물의 해부학적 비례에서 크게 벗어난 모습을 하고 있습니다. 근육은 심하게 팽창해있고, 팔다리와 날개의 크기와 비율도 부자연스럽지요. 이러한 왜곡은 뇌가 형성하는 신체 스키마의 이상에서 나타나는 양상과 닮아 있습니다. 신체 스키마(schema)는 몸의 각 부위가 어디에 있고 어떻게 움직이는지를 뇌가 실시간으로 인지하는 시스템입니다. 이는 우리가 의식하지 않아도 물건을 잡거나 균형을 유지할 수 있도록 도와줍니다.

도파민 경로의 조절이 불안정해지거나 전전두엽의 현실검증 기능이 약화되면, 두정엽과 연합피질에서 감각통합 과정에 장애가 생깁니다. 그 결과 특정 신체부위가 과도하게 부풀려 보이거나, 실제와 다른 비율로 지각되는 왜곡이 나타나게 되지요. 블레이크가 그린 홍룡의 비현실적 몸체에서 도파민 불균형과 감각통합 이상이 읽히는 까닭입니다.

다만, 블레이크의 그림에 대한 뇌과학적 해석이 어느 괴팍한 예술가의 이상한 그림으로 오인되어선 곤란합니다. 과학적인 분석과 예술적인 평가는 구분되어야 하지요. 필자는 블레이크의 그림을 뇌과학적으로 분석한 것입니다. 가령 도파민 불균형이 꼭 예술적으로 수준 이하의 결과물을 초래한다고 단정할 수도 없습니다. 정신분석학자 카를 구스타브 융 Carl Gustav Jung, 1875-1961은 블레이크를 가리켜 "무의식의 세계를 예술로 승화시킨 인물"

로 재평가하기도 했습니다. 블레이크의 뇌에서 탄생한 세계가 현실의 경계를 무너트리고 예술의 세계를 확장시켰다는 것이지요.

악마의 유혹에 빠진 화가?

블레이크의 그림에서 확장된 예술적 감상의 폭을 수십 배 이상 더 키워야 하는 그림이 있습니다. 스페인 마드리드 프라도 뮤지엄에서 마주친 프란시스코 고야 Francisco Goya, 1746-1828의 〈아들을 잡아먹는 사투르누스〉입니다. 사투르누스(크로노스)는 로마 신화에 나오는 신으로, 자식 중 하나가 자신을 타도할 것이라는 예언을 듣고 자식들을 집어삼킵니다. 이 천인공노할 이야기를 고야는 상상을 초월할 정도로 잔인하게 그렸습니다.

그림 앞에 서면 짙은 어둠이 벽을 타고 번지듯 공기가 사뭇 달라집니다. 고야는 한때 궁정화가였을 정도로 저명한 예술가였지만, 이 그림을 그릴 당시에는 건강 뿐 아니라 정신적으로도 피폐한 상태였습니다. 왕실의 화려한 초상화를 그리던 손끝에서 광기와 공포가 새어 나옵니다. 그의 시선이 닿은 곳은 더 이상 현실이 아니라, 청력을 잃은 뒤 맞닥뜨린 내면의 어두운 심연이었지요.

고야는 중병을 앓은 후유증으로 청력을 잃은 뒤 외부와 소통이 어려워지면서 스스로 고립되어갔습니다. 그림에서도 변화가 찾아옵니다. 화면은 점점 더 어두운 내면을 향해 침잠해 들어갔습니다. 청력상실과 반복된 질병 그리고 대외적으로 혼란스러웠던 스페인의 현실은 고야를 깊은 우울과 불안, 편집증으로 몰아넣었습니다. 고야는 마드리드 외곽에 새로운 거처를

고야, 〈아들을 잡아먹는 사투르누스〉, 1823년, 캔버스에 유채, 146×83cm, 프라도 뮤지엄, 마드리드

구해 머무르며 두문불출한 채 그림에만 몰두했습니다. 동네 사람들이 '귀머거리 집(Quinta del Sordo)'이라 부를 정도로 외부와의 소통을 아예 차단했지요. 그는 집의 벽에 온통 어두운 톤의 그림들로 채워나갔습니다. 고야의 '검은 그림들(black painting)'입니다.

〈아들을 잡아먹는 사투르누스〉도 '검은 그림들' 중 하나입니다. 그림 속 사투르누스의 광기어린 눈, 살기로 부풀어 오른 근육, 피에 젖은 손, 절규하는 듯 일그러진 얼굴 그리고 아이의 토막 난 시체를 움켜쥐고 뜯어먹는 모습에서 극악의 절정을 보게 됩니다. 그림은 인간의 가장 추악한 이면으로 가득 차 있습니다. 그의 붓질에서 서사나 미학이 아닌, 극단적 공포만이 느껴집니다. 기록에 따르면 고야는 청력상실 이후 심한 우울증과 피해망상, 환상과 불면에 시달렸습니다. 뇌의 스트레스 반응체계가 오랫동안 비정상적인 과부하상태에 있었던 것으로 보입니다. 고야처럼 청력상실은 때때로 사회적 고립감에 따른 극심한 스트레스 및 뇌의 감각 피드백 감소를 초래합니다. 이는 편도체와 해마, 전전두엽 그리고 도파민의 보상·동기 회로 사이에 심각한 불균형을 일으킵니다.

어둠 속에서 폭주하는 뇌의 흔적 같은 그림들

고야는 귀머거리 집에 칩거하기 한참 전부터 인간의 광기에 대해 숙고해왔습니다. 1794년에 완성한 〈광인의 뜰〉은 마치 화가 자신의 '묵시록 같은 미래'를 예언하는 그림 같습니다. 고야는 사라고사의 정신병원을 방문한 기억을 되살려 캔버스를 채워나갔습니다. 어둡고 높은 벽으로 둘러싸

고야, 〈광인의 뜰〉, 1794년, 주석으로 도금한 철판에 유채, 43×31cm, 메도스 뮤지엄, 댈러스

인 마당에서 정신질환자들이 서로 싸우거나 고통스러운 자세로 방치된 채 있습니다. 두 남성이 격렬하게 뒤엉켜 있고, 관리자는 그들을 막기 위해 채찍을 휘두르고 있습니다. 인물들의 뒤틀린 자세와 공허한 표정에서 사투

고야, 〈두 노인〉, 1823년, 캔버스에 유채, 143×66cm, 프라도 뮤지엄, 마드리드

르누스의 전조가 읽힙니다. 검은 벽 위로 보이는 밝은 하늘은 완전히 다른 세상으로, 정신질환자들을 어둠 속에 가둬 더욱 고립시킵니다.

'검은 그림들' 중 하나인 〈두 노인〉에서는 수도사 복장을 하고 지팡이를 든 노인에게 악마로 보이는 존재가 뒤에서 다가와 귓속말을 건넵니다. 그림에서 노인은 고야 자신으로 해석됩니다. 고야는 비록 청력을 잃어 세상과 단절되었지만, 수도사처럼 고행의 삶을 저버리지 않았음을 되뇌는 것 같습니다. 그런 자신을 악마가 끊임없이 어둠의 세상으로 유혹하는 망상에 시달리는 것처럼 보입니다.

도파민은 본래 쾌감, 동기, 예측, 학습 등을 조율하는 핵심 신경전달물질이지만, 만성적인 스트레스와 고립 상황에서는 신호의 조절이 불안정해집니다. 현실에서 사사로운 자극에도 과도한 의미를 부여하거나, 불안감과 경계심이 증폭되기도 하지요. 이러한 상태에서는 편도체가 위협신호에 과민하게 반응하고, 전전두엽의 억제력 및 현실검증 기능이 약화되며, 감각피질은 외부자극보다 변연계와 전전두엽에서 전달되는 내적신호에 좀더 크게 영향을 받게 됩니다.

고야 같은 경우에는 내면에서 생성된 이미지가 과장되어 지각될 가능성이 커집니다. '검은 그림들'에서 나타난 비현실적인 긴장감 및 지나친 공포감은 고야의 과민해진 감각회로에서 비롯된 것으로 보입니다. 그는 특히 〈아들을 잡아먹는 사투르누스〉에서 피의 붉은 톤을 지나치리만큼 선명하게 묘사했지요. 살점의 질감, 손가락의 뒤틀림, 동공의 확장 같은 디테일한 요소들도 집요하게 살려내어 혐오감을 강조했습니다.

아마도 고야의 뇌는 감각피질과 시각연합영역이 극도로 민감해져, 외부 현실세계보다 내면의 감정과 공포를 좀더 뚜렷하게 지각하는 상태가 그림에 투영된 것으로 보입니다. 뇌의 현실검증 기능이 저하되면서 망상 속 이미지가 과장되게 표출된 것이지요.

그림 속 사투르누스는 더 이상 신화 속 존재가 아닙니다. 도파민의 심각한 불균형이 초래한 불안과 고통, 자기파괴적 충동이 낳은 고야의 또 다른 자아입니다. 검은 벽 속에서 튀어나온 괴물은 고야의 두개골 안에서 자라난 그림자인 것입니다. 한계에 몰린 뇌가 만들어낸 통제되지 않는 정서적 폭주의 흔적입니다.

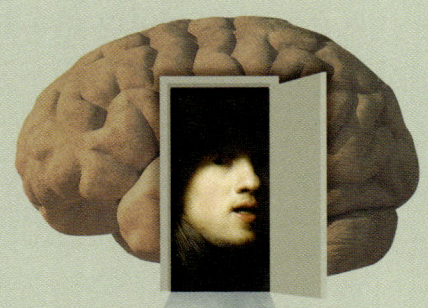

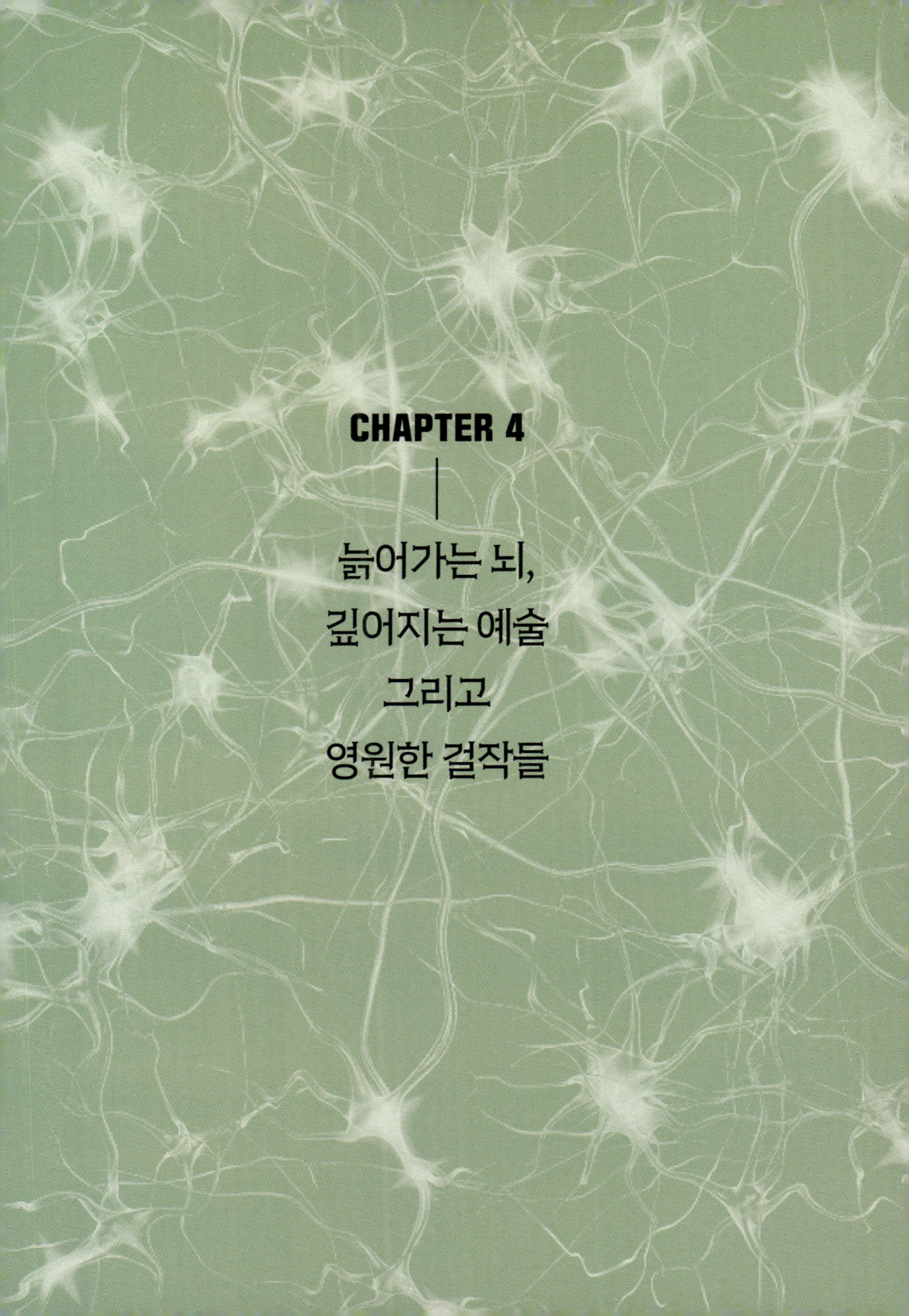

CHAPTER 4

늙어가는 뇌,
깊어지는 예술
그리고
영원한 걸작들

늙을수록 깊어지는 예술가의 뇌

●

뇌의 노화와 마티스의 후기 작품세계

붓을 내려놓을 수밖에 없을 정도로 몸은 더욱 쇠약해져 갔지만, 화가의 정신은 오히려 더 멀리 날아올랐습니다. 그의 방 안에는 색종이와 가위만이 남았고, 이 작은 도구들이 다시 우주를 만들어 냈습니다. 굳어진 몸은 좀체 말을 듣지 않고 손끝은 떨렸지만, 그의 손을 떠난 색종이들은 젊은 시절의 화려한 그림들보다 더 자유롭고 경쾌하게 춤을 추기 시작했습니다. 그는 앙리 마티스 Henri Matisse, 1869-1954 입니다.

마티스는 늦깎이 화가였습니다. 그는 한때 법학을 공부하던 청년으로, 법률사무소 서기로 일하기도 했지요. 그러던 어느 날 갑자기 충수염(맹장염)이 발병해 입원합니다. 당시는 의술이 발달되지 않아 충수염으로 사망하는 경우가 적지 않았습니다. 마티스는 수술을 받고 회복을 위해 오랫동안 병원 신세를 져야 했습니다. 좀이 쑤셔 지루해하는 아들을 보다못한

마티스, 〈춤〉, 1910년, 캔버스에 유채, 260×391cm, 에르미타주 뮤지엄, 상트페테르부르크

엄마는 뜻밖에도 그림도구를 사다줬습니다. 시큰둥한 마티스는 스케치북을 펼쳐 지루한 시간을 지워나갔습니다. 그리고 그의 인생은 바뀌었습니다. 퇴원할 무렵 법학도에서 화가지망생이 되어 있었지요. 훗날 마티스는 회고록에서 "젊은 시절 나는 병상에서 인생의 해방감을 맛봤다"고 밝혔습니다. 자신이 진정으로 하고 싶었던 것을 찾은 것이지요.

젊은 마티스의 야수적 본능

마티스는 예술가로서 꽤 성공한 삶을 살았습니다. 20세기 초 프랑스 미술에 커다란 충격을 던진 '야수파'의 선구자로 불리며, 대담하고 단순한 색채와 구도로 회화사의 흐름을 뒤바꿔 놓았지요. 수많은 걸작 중에서도 특히 〈춤〉과 〈삶의 기쁨〉은 기존 회화의 규칙과 구도를 무너뜨리고 '원초적인' 색채와 형태로 미술의 경이로운 변화를 주도한 작품으로 꼽힙니다. 두 작품은 수많은 평론가들이 다양한 감상평들을 쏟아내 왔는데요. 뇌과학적인 관점에서도 흥미로운 해석이 가능합니다.

먼저 〈춤〉을 보겠습니다. 다섯 명의 인물이 서로 손을 맞잡고 원을 그리며 회전하는데, 이 반복적이고 리드미컬한 동작구도는 단순한 시각적 묘사에 머물지 않습니다. 관람자는 그림을 바라보는 동안 뇌의 시각피질을 통해 색과 형태에서 원초적 에너지를 감지합니다. 두정엽과 전전두엽의 운동계획 회로가 실제 움직임을 준비하듯 활성화되지요. 이 과정에서 거울신경계가 타인의 동작을 내 몸의 경험처럼 시뮬레이션하며, 마치 원 안에서 함께 손을 맞잡고 춤을 추는 듯한 생각에 빠져들게 합니다.

〈삶의 기쁨〉은 〈춤〉보다 이른 시기에 그려졌지만, 젊은 마티스의 뇌가 얼마나 대담하고 자유로운 방식으로 작동했는지를 보여줍니다. 광활한 초원 위에 발가벗은 인물들, 나무 사이를 가로지르는 유려한 곡선, 화려한 불꽃처럼 분출하는 색채는 시각적 규칙보다 감각적 쾌락에 먼저 반응하는 뇌의 창작적 특성과 조응합니다.

〈삶의 기쁨〉을 그릴 당시 삼십대 중반을 넘어선 마티스는 이미 배외측전전두피질의 인지적 통제기능이 안정화된 시기였음에도, 복측피개영역에서

마티스, 〈삶의 기쁨〉, 1906년, 캔버스에 유채, 176×247cm, 반스 파운데이션, 필라델피아

변연계와 전전두엽으로 이어지는 도파민 경로가 활발히 작동하여, 새롭고 감각적인 시도와 시각적 실험을 즐기는 창작 경향이 두드러졌습니다. 배외측전전두피질은 인간의 고차원적 사고와 행동조절을 담당하는 곳으로, 계획과 판단, 충동억제 등에 관여합니다. 그리고 복측피개영역, 변연계 및 전전두엽으로 이어지는 경로는 보상과 동기, 인지와 감정을 조절하는 역할을 합니다. 쉽게 말해 마티스의 뇌는 〈삶의 기쁨〉을 그리는 동안 이성적인 절제보다는 감정적 몰입이 우세한 상태로 전환되었을 가능성이 큽니다.

이에 따라 실제 풍경을 그대로 재현하기보다는 기억과 상상을 바탕으로 원초적인 색채실험을 지속해 나갔습니다. 밝고 강렬한 색상과 곡선 중심의 구성을 통해 문명 이전의 원시적 지상낙원을 시각화한 것이지요. 마티스는 〈삶의 기쁨〉을 완성해 발표한 뒤 "내가 꿈꾸는 미술이란 사람들이 아무런 근심 없이 편안하게 쉴 수 있는 안락의자 같은 것"이라고 말했습니다. 그림 속 인물들의 자유로운 자세와 표정은 억압 받지 않는 삶과 본능적인 기쁨에서 피어나는 인간의 순수성을 상징합니다.

그림에서 마티스의 뇌는 자유와 쾌락, 호기심을 시각적 언어로 구현하는 방향으로 강하게 작동했던 것으로 보입니다. 시각피질에서 분석된 색채와 형태 정보가 방추상회와 하측두회를 거쳐 편도체 및 해마와 상호작용하면서 강한 정서적 의미와 기억맥락이 결합되었을 것입니다. 동시에 상두정소엽 뿐 아니라 전전두피질을 포함하는 네트워크가 활성화되어, 인물의 표정이나 몸짓을 정서적으로 평가하고, 미학적으로 통합하는 작용이 일어났을 것으로 해석됩니다. 마티스는 정신적으로 지친 사람들을 위로하기 위해 인간의 원초적 쾌락과 생명력을 불러일으키는 색상과 곡선미로 '삶의 기쁨'을 은유했던 것이지요.

늙어가는 뇌의 재발견

마티스의 삶과 예술세계는 건강문제와 결부되어 커다란 변곡점을 맞이합니다. 젊은 시절 충수염으로 병상에서 우연히 그림을 그리게 된 것부터 예사롭지 않았지요. 성공적인 예술가의 인생에 제동을 건 것도 건강이었습니다. 칠십 대에 접어든 마티스는 암 진단을 선고받고 여러 차례 수술 끝에 휠체어에 의지한 채 노년을 보내야 했습니다. 그는 더 이상 붓을 들고 캔버스 앞에 서있는 것조차 어려웠습니다. 예술가로서의 경력이 끝났다는 무성한 소문이 마티스를 저격했습니다.

하지만 소문은 틀렸습니다. 휠체어에 앉은 마티스의 무릎 위에는 색종이와 가위가 있었습니다. 색종이와 가위는 마티스의 새로운 예술을 위한 도구이자 미술의 패러다임을 다시 한 번 바꾼 계기가 되었습니다. 마티스는 색종이를 오려 붙이는 이른바 '컷-아웃(cut-out) 기법'으로 후기 대표작인 '푸른 누드'와 '재즈' 연작을 완성해 나가며 다시 한 번 예술적 진화를 이어갑니다.

많은 사람들은 궁금해 합니다. 신체기능이 저하되고 손이 떨리고 움직임이 자유롭지 못한 노년기에, 왜 마티스의 작품은 오히려 더 생동감 넘치고 자유로운 에너지를 담아낼 수 있었을까요?

일반적으로 '노화된 뇌'를 말할 때 가장 먼저 떠오르는 것이 신체 전반의 기능저하입니다. 나이가 들면 전두엽의 일부 영역에서 계획과 작업기억, 주의전환, 문제해결 같은 집행기능이 저하됩니다. 또한 해마의 신경세포를 연결하는 시냅스 가소성 및 새로운 신경세포의 발생이 감소해 기억을 저장하거나 회상하는 능력이 떨어집니다. 두정엽과 측두엽을 포함한 전두-두정 네트워크의 통합기능이 약화되어, 복잡한 감각이나 시청각 정보처리도 느려질 수 있습니다.

운동 제어 네트워크 역시 노화로 변화를 겪습니다. 특히 소뇌피질의 위축과 기저핵의 도파민 신호 저하로 미세한 손놀림이 무뎌집니다. 또한 백질은 수초로 둘러싸인 축삭들이 모인 신경섬유 경로로, 노화가 진행되면 수초가 손상되며, 뇌 영역 간 정보전달 속도가 느려집니다. 이로 인해 뇌 영역 간 정보교환에 어려움을 겪게 되지요.

그런데 뇌가 늙어가는 와중에도 간과하지 말아야 할 중요한 사실이 있습니다. 뇌 전체가 균일하게 노화되지 않는다는 것입니다. (비록 뇌 영상 연구 결과에 따라 전문가들마다 견해가 갈리지만) 후두엽의 1차시각피질 그리고 시청각 정보를 통합하는 연합피질은 상대적으로 퇴화가 늦게 진행되는 경향이 있습니다. 이러한 영역은 시각패턴 인식, 색채처리 기능, 상징과 형태의 통합이해 등 예술창작에 중요한 역할을 합니다. 따라서 경험이 풍부한 예술가는 노년에도 시각처리 및 형태처리 능력을 상당부분 유지할 수 있는 것입니다.

특히 기억과 자기성찰 및 상상에 관여하는 디폴트 모드 네트워크는 일부 노년층에서 활성도가 유지되거나, 오히려 내적사고에 더 많이 활성화되는 경향이 나타납니다. 이로써 외부자극보다는 축적된 경험과 감정을 재구성하는 데 유리하지요. 이는 노년의 예술가들이 젊은 시절보다 좀더 내면의 본질을 탐구하는 작업에 몰입하는 토대가 됩니다.

노화로 신체적 제약이 늘어난 화가들은 복잡한 구도보다 단순한 형태를 추구하는 경향이 짙어지는데요. 이를 체력저하의 문제로만 봐서는 곤란합니다. 노화된 뇌에서는 세부 정보처리 속도가 느려지는 대신, 평생 축적해온 시각적·감정적 경험을 바탕으로 중요한 패턴을 빠르게 인식하고 의미 중심으로 정보를 압축하기 때문입니다. 뇌가 대상의 본질을 더욱 선명하게 통합하려는 '신경적 재구조화'의 결과이지요.

이처럼 노화로 발생하는 뇌과학적 요인들이 응축되어, 마티스는 병마와 싸운 노년에도 주제를 직관적으로 관통하는 구도와 강렬한 색상대비, 공간의 리듬감 등을 잃지 않았던 것으로 보입니다.

늙고 병든 몸 대신 뇌가 쏘아올린 불꽃예술

마티스가 노년기에 컷-아웃 기법으로 완성한 대표작들 가운데 〈푸른 누드 II〉와 〈이카루스〉는 젊은 시절 작품세계와는 전혀 다른 구도와 색상을 보여줍니다. 마티스는 휠체어에 앉은 채 작은 가위와 색종이 몇 장만을 앞에 두고 하루를 시작했습니다. 그는 더 이상 붓을 섬세하게 다룰 수 없었지만, 오히려 화면 위 색채의 움직임은 한층 더 경쾌해졌습니다. 젊은 시절에는 근력으로 역동성을 그렸다면, 노년에는 뇌의 기억과 감각을 통해 단순명료하면서 본질적인 색과 형태를 불러낸 것이지요.

마티스의 컷-아웃 기법은 기술적 대안에 머물지 않습니다. 가위로 자른 색면은 해부학적 정확도나 복잡한 원근법 대신, 인간의 본능적 움직임과 감정을 명징하게 드러냅니다. 가령 〈푸른 누드 II〉에서 곡선을 타고 흐르는 파란 색종이 조각은 인간 동작의 본질을 밝히는 단서로 읽힙니다. 마티스가 일생동안 탐미해온 시각적 실험이 색종이 조각들의 조화로운 결합을 통해 구현된 것이지요.

마티스가 아트북으로 묶어 출간한 '재즈 연작'은 컷-아웃 소품들을 모아놓은 작품집입니다. 책에는 20점의 컷-아웃 이미지와 마티스의 손글씨 에세이가 담겨 있습니다. 스텐실 인쇄방식으로 제작되어, 원본 색종이의 질감과 색감을 최대한 재현했지요.

작품들은 재즈라는 음악 장르처럼 즉흥적이고 감각적입니다. 연작에 등장하는 인물과 장면은 서커스, 무용, 신화, 전쟁, 죽음 등 다양한 주제를 다루고 있는데, 그 중에서도 그리스 신화에서 모티브를 가져온 〈이카루스〉가 유명합니다. 이카루스는 밀랍과 깃털로 만든 날개로 하늘을 날아다니다

마티스, 〈푸른 누드 II〉,
1952년, 종이에 구아슈, 103×86cm,
퐁피두 센터, 파리

태양에 너무 가까이 다가간 나머지 날개가 녹아 추락한 인물이지요. 마티스는 이카루스의 비상과 추락을 통해 인간의 욕망과 한계에 대한 근본적인 질문을 던집니다.

마티스가 〈이카루스〉에서 다룬 철학적 함의는 세월이 흘러 경험이 축적될수록 깊어지는 주제입니다. 앞서 언급한 뇌의 디폴트 모드 네트워크는 노년기에도 시들지 않고 활발히 작동하여, 기억과 감정, 상상의 깊이를 더합니다.

이처럼 인간은 노화로 인해 뇌의 모든 기능이 동시에 퇴화되지 않습니다. 물론 뇌가 노화되는 영역과 속도는 개인마다 차이가 있지만, 나이가 들수록 전두엽의 섬세한 집행기능 및 운동조절 능력은 감소하는 반면, 후두

마티스, 〈이카루스〉,
1946년, 종이에 구아슈, 43×34cm,
퐁피두 센터, 파리

엽의 시각피질은 비교적 오랫동안 제 기능을 유지합니다. 이들은 색채와 형태, 시각패턴의 인지에 핵심적인 기능을 하는 영역이지요.

젊은 시절부터 노년기까지 마티스가 일생동안 창작해온 작품들을 보고 있으면, 인생의 화양연화가 곧 청춘의 동의어가 아님을 깨닫게 됩니다. 마티스는 늙어서 병들고 쇠약했지만, 그의 뇌는 예술적 열정까지 거두지 않았습니다. 오히려 노년의 시계에 맞춰 충분히 숙성된 심미안으로 재무장했지요. 몸이 멈춘 자리에 뇌가 새로운 길을 내었고, 그 길 위에서 색과 형태는 한층 더 자유롭게 춤을 췄습니다. 많은 사람들이 마티스의 '라스트 댄스'를 보기 위해 미술관으로 향하는 까닭입니다.

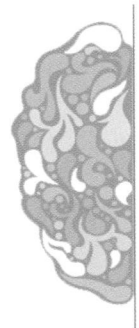 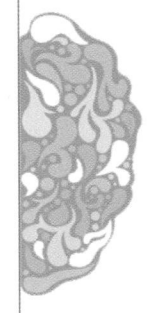

두 번의 인생, 두 가지 예술 그리고 두 개의 뇌

인생의 뒤안길을 반추하는 화가의 뇌 회로

시야는 어둡고 소리는 멀어집니다. 듬성듬성한 머리털은 희끗해지고, 얼굴엔 주름이 깊어지며 검버섯이 피어납니다. 온몸에 근육이 빠져나가기 시작하더니 관절마저 삐걱거립니다. 늙어가는 모습을 묘사하는 것만으로도 처연함이 밀려옵니다.

늙음은 외모에서 머물지 않습니다. 뇌의 기능에도 여러 신호가 감지되지요. 기억력과 운동신경의 퇴화는 삶에 대한 생각마저 바꿔놓습니다. 젊은 뇌는 세상을 향한 집념의 고삐를 꽉 붙잡고 새로운 탐험을 이어가지만, 나이 든 뇌는 고삐를 쥔 손아귀를 조금씩 풀며 평생 쌓아온 기억과 감정을 회고합니다. 젊어서의 집념이 늙어서는 집착임을 깨닫는 거지요. 이처럼 나이듦은 뇌가 세상을 받아들이고 해석하는 방식이 바뀌는 과정이기도 합니다.

젊은 화가의 욕망을 좇는 뇌

이탈리아 르네상스를 대표하는 티치아노 베첼리오 Tiziano Vecellio, 1490-1576의 여러 걸작 중에서 〈바쿠스와 아리아드네〉와 〈피에타〉를 봅니다. 전자는 젊은 시절 한창 때의 티치아노가, 후자는 인생의 황혼기를 보내는 티치아노가 그린 것입니다. 두 그림은 마치 서로 다른 두 개의 뇌가 남긴 시각적 기록으로 읽힙니다.

불같은 사랑의 순간을 그린 〈바쿠스와 아리아드네〉가 먼저 눈에 들어옵니다. 티치아노는 그리스 신화의 아리아드네와 바쿠스(디오니소스)의 이야기를 그렸습니다. 크레타 왕국의 공주 아리아드네는 테세우스를 사랑했지만, 테세우스는 그녀를 낙소스 섬에 버리고 떠납니다. 테세우스의 배가 바다 저 멀리 서서히 사라지고 있고, '포도주의 신' 바쿠스가 이 장면을 목도합니다. 그 순간 바쿠스는 실연에 아파하는 아리아드네를 사랑하게 되지요.

아직 감정이 정리되지 않은 아리아드네에게 구애를 펼치는 바쿠스의 모습에서 젊은 티치아노가 겹쳐집니다. 붉은 망토를 휘날리며 아리아드네를 향해 전차에서 뛰어내리는 모습이 퍽 인상적입니다. 바쿠스가 이끄는 축제의 행렬로 주변은 소란스럽고, 아리아드네는 그저 어리둥절할 뿐입니다. 아리아드네의 머리 위 하늘에 왕관 모양의 별자리가 떠 있습니다. 바쿠스가 보낸 사랑의 징표입니다. 얼마 전까지만 해도 절망감으로 가득했던 아리아드네의 얼굴에는 어느새 놀람과 설렘이 동시에 스칩니다.

그림에는 티치아노의 젊은 뇌가 생동감 있게 작동한 흔적들이 곳곳에 담겨있습니다. 전두엽은 목표지향적 계획과 주의집중을 섬세하게 조율하고, 두정엽과 측두엽, 시각피질은 형태 · 색채 · 동작을 정밀하게 포착합니

티치아노, 〈바쿠스와 아리아드네〉, 1523년, 177×191cm, 캔버스에 유채, 내셔널 갤러리, 런던

다. 해마와 전측대상피질은 새로운 장면을 학습하고 정서적 의미를 부여하며, 도파민 보상회로는 쾌감과 동기부여 신호에 끊임없이 반응합니다.

이런 뇌 상태에서 화가는 그림 속 인물들이 상징하는 정서적 의미를 명징하게 재현하려는 강한 충동을 받게 됩니다. 바쿠스와 아리아드네를 비롯한 모든 인물들의 동작이 지나칠 정도로 역동적인 까닭입니다. 켄타우로스와 사티로스의 근육에도 힘이 한껏 배어있습니다. 그림에 담긴 사랑의 감정 또한 격정적입니다. 사랑이 끝나자마자 바로 새로운 사랑이 시작됩니다. 혈기왕성한 티치아노의 젊은 뇌가 연출한 청춘극의 한 장면 같습니다.

늙은 화가의 구도자적 뇌

이제 〈바쿠스와 아리아드네〉와 분위기가 정반대인 그림을 보겠습니다. 〈피에타〉입니다. '피에타(pietà)'는 이탈리아어로 '자비' 또는 '경건한 슬픔'을 뜻하는데요. 미술사에서는 십자가에서 내려진 예수의 시신을 품에 안고 슬퍼하는 성모마리아의 모습을 묘사한 주제를 말합니다. 미켈란젤로를 비롯해 수많은 예술가들이 피에타를 그리거나 조각했지요.

티치아노의 〈피에타〉는 미완성작입니다. 팔십대 고령의 화가는 끝내 그림을 완성하지 못한 채 눈을 감았습니다. 머지않아 죽음을 예감한 화가는 자신의 무덤에 걸어둘 목적으로 이 그림을 그렸다고 전해집니다.

그림은 성모마리아가 십자가에서 내려진 예수를 품에 안고 슬퍼하는 전통적인 피에타 구도를 따르고 있습니다. 티치아노의 〈피에타〉에서 주목을 끄는 인물은 화면 오른쪽에 있는 성 히에로니무스 Hieronymus, 347-420입니다. 그는 성경을 라틴어로 번역한 성인으로, 회화에서는 주로 금욕과 고행, 지적 탐구, 신앙적 헌신을 상징하는 인물로 묘사됩니다. 미술사가들은 그림 속 성 히에로니무스를 티치아노로 해석합니다. 죽음을 앞둔 티치아노가 회개와 구원을 염원하며 예수의 시신과 성모마리아 앞에서 무릎 꿇고 기도하는 성 히에로니무스로 분해 자신을 그려 넣었다는 것이지요.

그림에서 형태와 배경의 경계는 흐려지고 밝은 색채 대신 어둠과 빛이 뒤섞여 나타납니다. 티치아노의 뇌는 더 이상 이성적이거나 합리적이지 않습니다. 붓질은 거칠고 투박해졌지만, 그림의 주제에서는 구도자적 자세가 읽힙니다.

그림을 보고 있으면, 마치 늙은 티치아노의 뇌가 삶의 마지막을 준비하

티치아노, 〈피에타〉, 1576년, 캔버스에 유채, 352×349cm, 아카데미아 갤러리, 베니스

고 있는 것 같습니다. 편도체와 해마, 전측대상피질이 주도하는 감정·기억 회로가 전면에 나서는 반면, 전두엽의 강한 억제력이 느슨해진 것으로 보입니다. 젊은 시절에는 감지할 수 없었던 죽음의 두려움 그리고 삶의 회한이 교차하는 과정에서 나타나는 원초적 슬픔이 전해집니다.

이처럼 죽음에 가까워질수록 뇌의 회로가 내면 깊숙이 향하는 까닭은 디폴트 모드 네트워크 때문입니다. 앞서 '뇌의 노화와 마티스의 후기 작품세계'(326쪽)에서도 다뤘듯이, 디폴트 모드 네트워크는 외부자극보다 내면의 기억과 성찰로 깊이 침잠하게 만드는데, (사람에 따라 다를 수 있지만) 뇌가 노화될수록 디폴트 모드 네트워크의 활성도가 높아진다는 연구결과가 있습니다.

또한 시각연합영역의 세밀한 통합기능이 약해지고 전두엽과의 주의 네트워크 연결이 느슨해지면, 뇌는 대상을 섬세하게 감지하기보다는 패턴이나 형태, 색의 대비에 더 민감하게 반응합니다. 티치아노의 〈피에타〉를 살펴보면, 날카로운 선과 정확한 형태를 통한 섬세한 묘사는 찾아볼 수 없고, 빛과 어둠의 명암대비를 이용해 이미지를 구현합니다. 티치아노의 무뎌진 붓질이 대상을 세밀하게 묘사하는 대신 응축된 감정을 거칠게 구현한 것입니다. 이것은 세상을 '정확히 보는 뇌'에서 '느끼고 반추하는 뇌'로의 전환을 의미합니다.

티치아노의 〈피에타〉에는 종교화로서의 메시지만 담겨 있지 않습니다. 죽음을 앞둔 화가가 뇌 깊은 곳에서 일생의 기록을 꺼내어 회화라는 언어로 써내려간 고해성사이지요. 그림에는 완벽한 구도도, 젊은 날의 찬란한 색채도 없습니다. 삶의 마지막을 보내는 한 늙은 화가의 '유서' 같은 그림입니다.

세상을 비판하는 '가면 속의 뇌'

마치 대규모 가면무도회 페스티벌이 열리는 것 같습니다. 광장에 수백 명의 군중이 가지각색의 가면을 쓰고 행렬에 동참하고 있습니다. 그런데 그림의 제목이 〈1889년 브뤼셀에 입성한 예수〉입니다. 그림을 자세히 살펴보니, 화면 중앙에 예수가 나귀를 타고 후광을 두른 채 등장하지만, 군중의 소란과 가면에 묻혀 거의 눈에 띄지 않습니다. 많은 사람들이 세상을 구원할 것으로 믿는 예수마저 외면하는 냉소적인 사회적 분위기가 느껴집니다.

이 그림은 벨기에 표현주의 화가 제임스 앙소르 James Ensor, 1860-1949가 예수의 예루살렘 입성을 19세기 말 정치·사회적으로 혼란스런 브뤼셀로 옮겨와 풍자한 것입니다. 가로 폭이 4미터가 넘는 초대형 캔버스에는 다양한 상징들로 넘쳐납니다. 행렬을 이끄는 인물들은 종교·정치·사회 지도층으로, 가면을 쓰고 광대처럼 분장한 모습에서 화가의 조롱 섞인 풍자가 읽힙니다. 그림 상단의 플래카드에 적힌 "사회주의 만세(Vive la Sociale)"라는 구호는 당시 벨기에 사회의 이념적 갈등을 드러내는 것 같습니다.

그림에서 가장 주목을 끄는 건 수백 명의 군중들이 쓴 가면입니다. 그림 속 가면은 위선을 상징하며, 어느 누구도 위선에서 자유롭지 못함을 암시합니다. 앙소르의 그림에 가면이 자주 등장하는 까닭은, 어린 시절 그의 집안이 가면을 비롯한 축제용품을 파는 상점을 운영했기 때문입니다. 앙소르는 틈만 나면 갖가지 가면들을 유심히 관찰했고, 화가가 되어서는 자연스럽게 중요한 예술적 소재가 되었지요.

젊은 시절 앙소르는 권위적인 미술계를 비롯한 수구 기득권층을 강하게 비판하는 화가였습니다. 그의 그림들은 세태를 풍자하는 표현주의적 상징들로 채워졌는데, 가면은 위선적 사회를 저격하는 중요한 도구였습니다. 예술가 중에는 앙소르처럼 자신의 정치적·사회적 성향을 작품에 강하게 표출한 이들이 적지 않습니다.

앙소르, 〈1889년 브뤼셀에 입성한 예수〉, 1889년, 캔버스에 유채, 253×431cm, 게티 센터, 로스앤젤레스

이러한 이념성향 역시 뇌와 무관하지 않습니다. 뇌과학계에서는 이념성향이 단순한 사회적 학습이 아니라 뇌 구조와 기능적으로 밀접한 연관성이 있는지를 밝히는 연구가 이어지고 있는데요. 가령 전측대상피질은 갈등감지, 오류처리, 계급구조 같은 사회문제에 민감하게 반응합니다. 전전두엽은 사회비판적 사고 및 도덕적 판단에 관여하지요. 사회비판적 성향이 강한 사람의 뇌에서는 위험에 민감하게 반응하는 편도체의 활성이 상대적으로 낮게 나타난다는 연구결과도 주목해 볼 만합니다.

젊었을 때에 비해 늙어갈수록 사회를 향한 날선 비판이 무뎌지는 이유 역시 뇌의 변화에서 찾을 수 있습니다. 뇌가 노화할수록 전측대상피질을 포함한 전두엽 영역의 회백질 부피가 줄어들고 기능적 연결성이 약화됨에

앙소르,
〈가면 속 자화상〉,
1899년,
캔버스에 유채,
117×82cm,
메나드 아트 뮤지엄,
고마키(일본)

따라 주의집중력과 갈등해결력이 저하되면서 사회적 상호작용에 어려움을 겪을 수 있습니다. 노년에 가까워질수록 대체로 정치·사회적인 변화보다는 기존의 익숙한 질서와 가치를 유지하려는 성향이 강하게 나타나는 이유가 여기에 있습니다. 젊은 뇌가 변화를 향한 비판적 사고를 유지한다면, 늙은 뇌는 안정과 조화를 추구하는 경향을 보입니다.

한때 급진적이었던 앙소르에게도 나이가 들어감에 따라 변화가 찾아옵니다. 특히 마흔에 접어들기 직전에 발표한 〈가면 속 자화상〉에서부터 변화의 조짐이 관찰됩니다. 앙소르는 수많은 가면들 틈에 있는 자신을 그렸습니다. 화가는 위선을 상징하는 가면들에 휩싸여 있는 자신의 모습을 통해 정체성마저 모호해지는 현실을 성찰합니다. 가면들 속에서 앙소르는 자신을 향해 '진정 나는 누구인가?'라고 묻습니다. 그 순간 가면은 더 이상 외부세계를 풍자하거나 조롱하는 도구가 아닌, 화가의 내면을 반추하는 거울처럼 읽힙니다.

뇌가 '나를 위한 연주'를 시작할 때

〈1889년 브뤼셀에 입성한 예수〉에 묘사된 광경 앞에서 한 노인이 하모니엄 연주를 시작합니다. 그림 속 노인은 어느 덧 칠십대가 된 앙소르입니다. 하모니엄을 연주하는 앙소르가 있는 공간은 가면무도회가 열린 광장이 아니라 앙소르의 작업실입니다. 거대한 화폭의 〈1889년 브뤼셀에 입성한 예수〉가 작업실 벽에 걸려 있고, 앙소르는 그림을 배경으로 하모니엄 앞에 앉아있는 것이지요.

그림에서 더 이상 래디컬한 예술가의 날카로운 구도는 보이지 않습니다. 위선에 빠진 세상을 조롱하는 그로테스크한 가면들도 사라졌습니다. 색은 탁해지고, 선은 무뎌지며, 화면 속 화가 자신의 모습조차 희미합니다.

앙소르는 노년기에 들어서면서 세부묘사에 집착하기보다 내면적 사유와 회상에 더 많은 비중을 뒀습니다. 그 이유는 뇌의 기능적인 측면에서

앙소르, 〈하모니엄 앞의 앙소르〉, 1933년, 캔버스에 유채, 80×101cm, 메나드 아트 뮤지엄, 고마키(일본)

전두엽과 두정엽을 잇는 연결이 서서히 저하되면서, 외부환경을 섬세하게 관찰하고 분석하는 능력이 떨어졌기 때문입니다. 노화로 인해 공간을 지각하고 구조를 설계하는 두정엽과 시각연합피질 간의 연결이 저하되면, 뇌는 디테일 보다는 형태와 색의 대비, 정서적 인상을 포착하는 데 우선적으로 작용하게 됩니다. 〈하모니엄 앞의 앙소르〉가 거친 붓질로 경계가 흐릿해진 선과 색이 덧칠된 것처럼 뭉개져 보이는 까닭입니다.

뇌가 노화되면 전측대상피질의 인지조절력이 약해지면서 편도체가 생성하는 감정반응이 좀더 직접적으로 표출되는 경향이 나타납니다. 〈하모니엄 앞의 앙소르〉에서 화가의 감정적 여운이 짙게 묻어나는 이유가 여기에 있습니다. 그림 속 앙소르의 얼굴에는 더 이상 사회주의 만세를 외치는

〈하모니엄 앞의 앙소르〉의 모티브가 된 사진

결기를 찾아볼 수 없습니다. 그는 어느 누구도 들어주지 않는 하모니엄 연주를 오로지 자기 자신을 위해 시작하는 것처럼 보입니다.

〈하모니엄 앞의 앙소르〉에 나타난 변화는 단순한 '기능의 쇠퇴'가 아니라, 뇌가 세상을 해석하는 방식의 재편성이라 할 수 있습니다. 젊은 뇌가 날선 비판적 시각으로 다양한 상징들을 세밀하게 직조했다면, 노년의 뇌는 외부의 시선에서 벗어나 선과 색과 구도의 본질적 요소만으로 내면의 울림을 연주합니다. 칠십대에 이른 앙소르의 뇌는 이제 세상을 향한 칼끝을 거두고 얼마 남지 않은 시간 앞에서 자신의 예술세계를 회고합니다.

흐릿해진 그림을 마주하는 순간 오히려 정신은 맑아집니다. 그림은 어느 누구도 거스를 수 없고, 되돌아 갈 수 없는 '시간의 길'을 비춥니다.

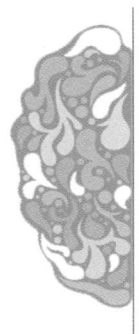
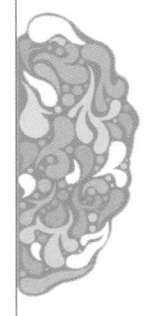

가장 위대한 자서전을
그린 화가의 뇌

렘브란트의 자화상에 나타난 뇌과학적 변화

영국 미술사학자 케네스 클라크Kenneth Clark, 1903-1983는 지금은 다큐멘터리의 고전이 된 영국 BBC의 〈Civilisation〉에서 렘브란트Rembrandt Harmenszoon van Rijn, 1606-1669의 자화상을 가리켜 "가장 위대한 자서전(They are the greatest of all autobiographies)"이라고 했습니다.

자화상은 화가가 글 대신 그림으로 남긴 자서전입니다. 렘브란트는 젊은 시절 그림을 그리기 시작하면서부터 죽기 직전까지 수 없이 많은 자화상을 그렸습니다. 그 중에서 80여 점을 전 세계 미술관과 컬렉터들이 소장하고 있지요.

클라크가 렘브란트의 자화상을 격찬한 이유는 여러 가지가 있지만, 그 중에서 한 가지만 꼽는다면 '진솔함'이 아닐까 싶습니다. 진솔함이란 말 그대로 진심(眞)을 숨김없이(率) 드러내는 것이지요. 렘브란트는 빛으로 삶의

Rembrandt Self-Portrait Gallery

가장 위대한 자서전을 그린 화가의 뇌

진솔함을 그리는 화가였습니다. 그의 붓은 인생의 희로애락을 여과 없이 투영하는 마법 같은 힘을 가졌지요. 젊음과 성공, 실패와 번뇌 그리고 고독과 죽음에 이르기까지, 그의 자화상에 겹겹이 쌓여 있습니다.

청년의 자화상 : 세상을 향한 호기심 가득한 뇌를 그리다

자화상은 화가가 자신을 그리는 초상화의 한 유형에 머물지 않습니다. 뇌과학적으로 흥미로운 점들이 적지 않지요. 특히 렘브란트처럼 평생 반복해서 자화상을 그린 예술가들은 뇌의 특정 영역을 지속적으로 자극하면서 감정표현 능력을 확장시킨 것으로 볼 수 있습니다.

무엇보다 자화상을 그리는 행위는 자신의 얼굴을 관찰하고 해석하는 '자기인식' 과정으로, 전두엽과 후두엽, 두정엽이 협력하여 작동합니다. 특히 디폴트 모드 네트워크가 활성화되어 자신의 감정·기억·신념·행동을 되돌아보는 '자기참조적 사고'가 강하게 일어나지요. 자화상은 자신의 감정상태를 시각적으로 표현하는 수단이기도 합니다. 이 과정에서 편도체와 전측대상피질이 감정표현에 중요한 역할을 합니다.

렘브란트는 처음부터 자신의 내면을 들여다보기 위해 자화상을 그린 건 아니었습니다. 당시 네덜란드는 상공업이 부흥하면서 돈 많은 상인들이 자신의 초상화로 집안을 장식하는 게 유행이었지요. 초상화는 화가들에게 중요한 돈벌이 수단이었습니다. 무명의 화가들은 초상화 실력 향상을 위해 연습 삼아 스스로를 그렸는데, 렘브란트도 마찬가지였습니다. 실제로 렘브란트의 초기 자화상을 보면 모델의 표정과 자세, 빛의 효과 등을 실험

렘브란트, 〈1629년 자화상〉, 1629년, 패널에 유채, 44×34cm, 인디애나폴리스 아트 뮤지엄

하기 위한 의도가 짙어 보입니다. 스물셋 청년 렘브란트가 그린 〈1629년 자화상〉이 특히 그렇습니다.

어두운 배경 속에 빛나는 얼굴이 극명한 대비를 이룹니다. 호기심 가득한 눈빛에서 젊음의 긴장감이 서려 있습니다. 이십대의 렘브란트는 다른 젊은 이들처럼 외부로부터 인정받고자 하는 욕구가 강했습니다. 무언가 자신의 주장을 거리낌 없이 말하려는 듯한 입 모양에서 활발한 도파민 보상회로가 느껴집니다. 턱선을 감싼 부드러운 털과 발그레한 홍조 등 섬세한 붓질에서 운동피질과 소뇌의 협응을 통한 정교한 손동작을 읽을 수 있습니다. 안정적인 명암대비와 균형감 있는 구도 등에서 즉흥적으로 그린 게 아니라 치밀한 계산을 바탕으로 완성된 것으로 추정됩니다. 배외측전전두피질을 비롯한 전전두엽의 체계적 사고가 작용했음을 짐작할 수 있습니다.

장년의 자화상 : 성공한 예술가의 자존감이 서린 뇌를 그리다

17세기 네덜란드에서는 개인초상화 뿐 아니라 단체초상화도 크게 유행했는데요. 이를테면 지금의 동호회나 친목모임에서 찍는 단체사진 같은 것이지요. 렘브란트는 1632년 외과의사조합의 주문으로 그린 〈튈프 박사의 해부학 강의〉가 세간에 큰 호평을 받으며 명성을 얻기 시작합니다. 부유한 상인조합에서 그림 주문이 급증하면서 단숨에 고소득 직업화가가 되었지요. 이어서 거상의 딸 사스키아와의 결혼으로 부와 사랑을 동시에 거머쥡니다.

이십대 중후반에 찾아온 렘브란트의 윤택한 삶은 삼십대 중반에 절정을 이룹니다. 그가 서른넷에 그린 〈1640년 자화상〉에는 성공한 예술가의 당

렘브란트,
〈1640년 자화상〉,
1640년,
캔버스에 유채,
91×75cm,
내셔널 갤러리, 런던

당함이 한껏 배어있습니다. 그림 속 화가는 마치 16세기 영국 엘리자베스 시대의 고관대작처럼 권위적인 포즈를 취하고 있습니다. 벨벳 질감의 모자와 상의는 귀족적이면서도 고풍스런 분위기를 자아냅니다.

정면을 응시하는 시선, 자신감 넘치는 표정과 자세는 마치 알브레히트 뒤러Albrecht Dürer, 1471-1528의 자화상을 연상케 합니다. 뒤러는 독일 르네상스를 대표하는 화가로, 화려하게 차려입고 예수처럼 정면을 응시하는 포즈로 자화상을 그린 뒤 (아마도 서양미술사 최초로) 그림에 화가 자신의 서명까지 남겼는데요. 이는 화가를 예술가가 아닌 화공 정도의 기능인으로 취급하던 시대에 매우 센세이셔널한 사건이었습니다. 렘브란트는 뒤러의 자화상을 오마주하여 자신의 자존감을 표출한 것이지요.

이처럼 〈1640년 자화상〉에서는 사회적 존재감을 강하게 드러내려는 자의식이 돋보입니다. 이는 측두엽과 전두엽의 상호작용을 통해 타인의 시선과 사회적 맥락 속에서 자기정체성을 강조하려는 뇌 기능과 연결됩니다. 자신감 넘치는 풍모 속에서도 진중함을 잃지 않으려는 표정에서 편도체와 전측대상피질의 감정조절 기능이 존재감을 드러냅니다.

노년의 자화상 : 존재의 본질을 찾는 뇌를 그리다

사는 게 항상 좋을 수만은 없는 게 세상이치입니다. 〈1640년 자화상〉을 그린 지 얼마 되지 않아 렘브란트의 삶에 불행이 찾아오기 시작합니다. 우선 1642년에 그린 민병대의 단체초상화 〈야간경비〉가 의뢰인들로부터 혹평을 받는 일이 벌어집니다. 기존의 정적인 단체초상화와 달리 그림 속 인물들을 희화화하여 경쾌하게 묘사한 게 문제였지요. 의뢰인들은 자신들이 속한 단체의 권위를 떨어트렸다며 렘브란트를 심하게 힐난했고, 이 사건이 소문으로 확대되면서 초상화 주문이 크게 감소합니다.

가혹한 일들은 계속됩니다. 아내를 폐결핵으로 떠나보낸 것으로도 부족해 세 명의 자식을 병으로 잃고 맙니다. 이후 하녀와 사실혼 관계를 맺었다가 종교적인 비난에 휩싸이는 등 그야말로 사면초가에 이릅니다. 가세도 크게 기울어집니다. 사치와 과소비가 문제였지요.

직업화가로서의 일도 심각한 지경에 처합니다. 〈야간경비〉 사태 이후 의뢰인들의 취향에 맞지 않는 초상화 스타일로 주문이 끊기면서 결국 1656년 파산하고 말지요. 이후 렘브란트는 세간의 조롱과 무성한 소문들을 뒤로 하고 자기만의 세계로 침잠해 들어갑니다. 끼니마저 거를 정도로 곤궁한 생활 속에서 그에게 남은 거라곤 붓과 팔레트 같은 낡은 화구뿐이었습니다.

1665년과 1669년 사이에 그려진 것으로 추정되는 자화상은 노년의 렘브란트의 삶과 내면세계를 그대로 보여줍니다. 주름진 얼굴, 깊게 가라앉은 눈빛, 느슨하게 붓을 쥔 손에서 과거의 당당함과 자신감은 찾아볼 수 없습니다. 화면의 여백은 넓어지고, 명암대비도 한결 부드러워 보입니다.

한편, 이 자화상에는 수수께끼 같은 몇 가지 상징들이 있습니다. 그 중 하나가 화가의 배경에 그려진 두 개의 원입니다. 이를 두고 여러 해석이 분분한데, 그 중에서 렘브란트가 컴퍼스 같은 기구 없이 맨손으로 원을 완벽하게 그려낸 실험의 흔적이란 견해가 인상적입니다. 그가 붓을 들고 있는 모습이 근거라는 거지요. 아무튼 두 원은 렘브란트의 수많은 자화상을 구별하는 제호가 될 정도로 미술사가들에게 화제가 됐습니다.

렘브란트가 손을 정확히 묘사하지 않은 점에서 미완성작을 의심하는 주

렘브란트, 〈두 개의 원과 자화상〉, 1665-1669년, 캔버스에 유채, 114×94cm, 켄우드 하우스, 런던

장도 제기됩니다. 이를 두고 렘브란트가 의도적으로 생략했다는 얘기도 흥미롭습니다. 노년의 렘브란트가 완벽한 기교보다 내면의 진실이 담긴 철학적 선택을 했다는 것입니다.

분명한 건 삶의 끝자락에 그린 이 자화상에서 렘브란트가 바라본 건 더 이상 외부세계가 아닌 자기내면이라는 점이지요. 뇌과학적으로 이런 변화는 노화된 뇌의 전형적인 양상을 반영합니다. 나이가 들면서 배외측전전두피질 기능은 점차 저하되어 세밀한 계획 및 집행능력은 떨어지지만, 자기성찰과 감정통합에 관여하는 내측전전두피질과 전측대상피질의 작동은 비교적 안정적으로 유지됩니다. 또한 편도체와 해마의 구조적 기능은 다소 저하되더라도, 정서적으로 의미 있는 기억을 저장하고 회상하는 상호작용은 여전히 활발하게 이루어집니다. 뿐만 아니라 인물에 대한 사회적·정서적 의미를 부여하는 측두극 및 측두연합피질의 기능 역시 일부 보존되어, 내적으로 훨씬 깊어지는 양상이 나타나지요.

〈두 개의 원과 자화상〉에서는 시각적인 변화도 나타납니다. 노화상태에서도 후두엽의 시각피질 기능은 비교적 유지되지만, 측두하회와 시각연합피질의 민감도는 점차 떨어져 강한 명암대비보다는 완만한 톤을 선호하게 됩니다. 아울러 노화로 인한 시각적 퇴화는 오히려 그림에 철학적 깊이를 더해주기도 합니다. 변연계와 내측전전두피질의 협응으로 시각정보가 정서적 의미와 통합되며, 화면 전체에서 화가의 감정이 더욱 도드라지지요.

노년의 렘브란트가 그린 자화상에는 젊은 시절의 정교함과 기세는 사라졌지만, 삶의 숙연함이 배어있습니다. 불필요한 외부소음을 모두 덜어낸 화면에는 정적만이 흐르고, 존재의 본질을 포착하는 뇌의 회로가 화가로서의 마지막 모습을 채색합니다.

'미완성의 미학'을 조각한 뇌

미켈란젤로의 3개의 피에타에 담긴 뇌과학적 함의

　대리석 표면을 두드리는 망치와 끌 사이로 묵직하면서도 떨리는 소리가 울려 퍼집니다. 망치질에서 젊은 시절의 단호한 결기는 사라지고, 거대한 돌덩이의 위세에 눌리는 듯한 인상마저 듭니다. 죽음을 앞둔 거장의 뇌가 대리석 위에 조용히 자신의 모습을 새겨 넣는 것 같습니다.

　구십을 바라보는 미켈란젤로 부오나로티Michelangelo Buonarroti, 1475-1564는 아직도 완성하지 못한 피에타 앞에 앉아 있습니다. 예수의 몸은 오른팔만 정교하게 조각되었을 뿐 대부분 두터운 돌덩이로 덮여 있습니다. 삶의 타이머는 이제 그만 돌아갈 때가 되었다고 노인을 재촉합니다. 과연 그는 주어진 시간 안에 피에타를 완성할 수 있을까요?

신이 만든 인간 다음으로 완벽한 피조물

"예술의 신전에서 가장 높은 자리에 오른 자", "신과 대화한 예술가", "대리석에 생명을 불어넣은 조각가"…… 미켈란젤로를 상찬하는 수식어는 (조금 과장해서) 수백 쪽 분량의 책으로 묶을 정도입니다. 미켈란젤로는 다빈치와 함께 르네상스 시대에 가장 다재다능한 예술가로 꼽힙니다. 그는 회화, 조각, 건축 등 다방면에서 엄청난 성취를 거뒀지요.

서양미술사는 미켈란젤로를 "인간의 육체를 신성에 가까운 차원으로 끌어올린 완벽한 천재"로 기록합니다. 예술사에 수많은 완벽주의자들과 천재들이 존재하지만, 미켈란젤로는 '혹독한' 완벽주의자이자 독보적인 천재였습니다. 그는 예술에 자신의 정신과 육체를 온전히 갈아 넣고도 부족해 늘 안타까워했지요.

하지만 지독한 완벽주의적 성향은 종종 미켈란젤로의 작품활동에 발목을 잡았습니다. 본인이 세운 철저한 기준에 부합하지 않으면 약속한 납기일이 지나도 작품을 의뢰인에게 넘기지 않는 건 다반사였지요. 그의 작품 목록에 미완성작이 여럿 존재하는 까닭입니다. 그가 죽기 엿새 전까지 돌을 깎았던 〈론다니니 피에타〉도 미완성작입니다. 도입부의 질문에 대한 답변을 싱겁게 해버리고 말았습니다.

미켈란젤로는 평생 피에타를 주제로 세 개의 조각상을 제작했습니다. 첫 번째 작품은 바티칸시국 성 베드로 성당에 있는 〈피에타〉입니다. 세 개의 피에타 중에서 유일한 완성작으로, 스물네 살 조각가의 솜씨라고는 믿기 어려울 정도로 '완벽에 가까운' 조형미가 돋보입니다. 당시 미켈란젤로는 고향인 피렌체를 떠나 로마에 온지 겨우 2년 남짓한, 모든 게 어리둥절하던 청년이었지요. 이 신예조각가에게 대형 프로젝트를 맡기기엔 위험이 따랐지만, 비범한 천재를 알아본 의뢰인의 선택은 틀리지 않았습니다.

〈피에타〉는 성모마리아의 넓은 옷자락을 통해 안정적인 피라미드 구도를 형성합니다. 르네상스의 조화와 균형미가 응축되어 있습니다. 십자가에서 내려온 예수의 몸은 차갑고 무거운 대리석 소재임에도 사후강직의 징후는 찾아볼 수 없고, 살아 있는 근육처럼 부드럽고 생생한 모습이 곧 부활을 암시하는 듯 합니다.

성모마리아의 얼굴이 나이에 맞지 않게 앳되어 보인다거나, 예수의 몸에 비해 성모마리아의 신체가 크게 구현되어서 사실성이 떨어진다는 평가가 뒤따르지만, 이는

미켈란젤로, 〈피에타〉, 1499년, 대리석, 174×195cm, 성 베드로 성당, 바티칸시티

고전적인 이상미를 추구한 르네상스 예술의 특징으로 해석됩니다.

〈피에타〉에 나타난 섬세한 표현력과 조화로움에서 비롯한 숭고미의 열쇠는 단지 석조의 기술적인 능력만으로 설명할 수 없습니다. 〈피에타〉를 뇌과학적으로 살펴보면 새로운 해석이 가능합니다. 뇌에서 상두정소엽은 시각·운동·체성 감각정보를 통합해 손과 대상의 공간적 관계를 계산하고, 3차원 공간에서 인물의 위치를 정밀하게 파악합니다. 미켈란젤로의 뇌가 거대한 대리석 덩어리 속에서 신체 이미지를 미리 시뮬레이션한 것입니다. 여기에 전운동피질과 1차운동피질 그리고 후두엽시각피질과 두정엽 시각연합영역 간의 정교한 협응이 더해지고, 눈으로 본 대상을 손끝으로 옮기는 시각-운동 변환회로가 활성화됩니다. 이 신경회로는 아마도 당시 미켈란젤로의 뇌에서 최상의 상태였을 것으로 추정됩니다.

완벽주의, 미완성작의 숙명

스물넷에 제작한 성 베드로 성당의 〈피에타〉는 미켈란젤로의 생애에서 처음이자 마지막으로 '완성한' 피에타 조각상입니다. 피렌체 두오모 성당에 있는 〈반디니 피에타〉와 밀라노 스포르체스코 성에 있는 〈론다니니 피에타〉는 그의 나이 칠십대와 팔십대에 각각 작업한 것들로, 모두 미완성작이지요. 특히 〈반디니 피에타〉의 경우에는 미켈란젤로가 제작과정에서 형태가 마음에 들지 않아 작품의 일부를 망치로 부숴버렸다는 안타까운 기록도 전해집니다.

〈반디니 피에타〉에는 성모마리아, 예수, 막달라 마리아와 함께 니고데모라는 인물이 등장합니다. 십자가에서 내려진 예수의 시신을 수습하고 장례를 도운 노인입니다. 미켈란젤로는 니고데모의 얼굴에 본인의 모습을 조각해 넣었습니다. 훗날 자신의 무덤에 세워둘 의도로 이 작품을 제작했다는 후문도 있습니다. 그만큼 작품의 완성도에 더욱 집착했던 게 아닐까 싶습니다.

이처럼 미켈란젤로가 〈반디니 피에타〉를 완성하지 못한 데에는 완벽주의적 성향이 크게 작용한 것으로 해석됩니다. 그는 이 작품에 사용한 대리석이 너무 단단하고 결이 고르지 않다고 불평하며, 작업이 뜻대로 되지 않는 데 엄청난 스트레스를 받았습니다. 여기에 더해 노화와 고된 작업의 후유증으로 심한 관절염에 시달렸지요. 통증과 손의 떨림 현상으로 의도만큼 정밀한 작업이 불가능했습니다.

미켈란젤로, 〈반디니 피에타〉, 1555년, 대리석, 높이 226cm, 두오모 성당 오페라 뮤지엄, 피렌체 미켈란젤로는 완성하지 못할 바에야 아예 작품을 부숴버리려고 했는데, 주변의 만류로 다행히 일부만 훼손되었습니다. 이 사실을 알게 된 피렌체의 은행가 프란체스코 반디니는 손상된 작품을 인수한 뒤 다른 조각가에게 복원작업을 맡겼지만, 결국 온전한 미켈란젤로의 솜씨라고 보기 어려운 조각상이 되고 말았습니다. 반디니는 작품명에 자신의 이름이 붙는 것으로 만족해야 했지요.

미켈란젤로의 완벽주의적 성향은 그에게 양날의 검이었습니다. 다비드상이나 시스티나 성당의 천장화 같은 최고의 걸작을 탄생시켰지만, 수많은 미완성작과 예술적 번뇌로 자신의 삶에 깊은 상흔을 남겼지요.

뇌과학에서는 미켈란젤로처럼 지나친 완벽주의적 성향이 배외측전전두피질과 전측대상피질의 과도한 활성화와 밀접한 관련이 있다고 분석합니다. 이들 영역은 계획과 판단, 자기통제, 목표지향적 행동을 담당하는 곳으로, 과도하게 활성화되면 작은 오류에도 민감하게 반응하면서 완벽을 추구하는 행동패턴이 더욱 강화됩니다. 시스티나 성당의 천장화 같은 작품의 제작기록에서 알 수 있듯이, 수년간 반복된 세밀한 작업은 배외측전전두피질과 전측대상피질의 지속적인 활성화 없이는 불가능하지요.

"거대한 돌덩이에서 어떤 형상을 미리 본다"는 미켈란젤로의 말에서 짐작되듯이, 그는 시각정보 처리 및 공간인식에 탁월했는데, 이는 측두엽, 시각피질, 두정엽 시각연합영역의 정교한 협응의 결과로 해석됩니다. 하지만 완벽주의적 성향이 강해질수록 시각적 디테일에 대한 민감성이 지나치게 발현되어 작품의 미세한 균형과 비례를 집요하게 추구하게 되지요.

미켈란젤로는 편도체의 감정조절 실패로 작업의 불만족에서 오는 압박감과 엄청난 스트레스에 늘 힘겨워했습니다. 그는 자신의 천재성에 대해

"축복이 아닌 저주"라며 자주 한탄했다는 기록이 전해집니다. 이는 편도체의 과활성화로 인한 예술가의 심각한 내적갈등을 시사합니다.

미완성의 걸작, 삶의 본질에 대한 끝나지 않은 질문

〈반디니 피에타〉 이후 미켈란젤로는 다시 한 번 피에타 제작에 도전하지만, 팔십대에 접어든 그의 건강상태는 많이 쇠잔해 있었습니다. 미켈란젤로는 죽기 직전까지 거의 10년 가까이 제작에 매달렸지만, 끝내 완성하지 못합니다. 그의 유작이 된 〈론다니니 피에타〉입니다.

이 작품은 스물넷에 완성한 〈피에타〉하고는 여러 면에서 구별됩니다. 성모마리아가 십자가에서 내려진 예수를 안고 있는 전통적 피에타 구도를 취하고 있지만, 인물의 형태가 여러 면에서 불완전합니다. 팔과 다리는 비정상적으로 길고 가늘며, 근육의 질감도 투박합니다. 성모마리아와 예수 모두 표정에 초점이 없고, 윤곽선도 흐릿합니다. 늙은 미켈란젤로의 뇌가 작품에 새긴 세월의 흔적이지요.

노화된 뇌에서는 운동피질과 소뇌의 미세 운동제어 기능이 저하되고, 전두엽과 두정엽의 일부 영역에서는 신경세포 수와 시냅스의 연결밀도가 줄어듭니다. 이로 인해 미켈란젤로는 더 이상 복잡한 공간계산과 정교한 손동작의 계획능력이 불가능해진 것으로 해석됩니다. 노화로 인한 뇌신경 기능의 저하가 미켈란젤로의 예술시계를 멈춰 세운 것이지요.

이러한 뇌의 변화를 이해하기 위한 기본개념이 바로 시냅스입니다. 시냅스는 신경세포(뉴런)와 다른 뉴런 또는 근육세포 및 분비세포 사이에서 신

신경세포의 시냅스 구조

- 핵
- 세포체
- 미엘린
- 시냅스
- 수상돌기
- 신경전달물질
- 미토콘드리아
- 축삭
- 신경전달물질 주머니(소포)
- 액틴

- **시냅스** : 신경세포들 사이에서 신호를 전달하는 연결부위.
- **세포체** : 세포핵과 소기관을 포함하며, 신호를 통합·처리하는 중심부분.
- **축삭** : 세포체에서 나온 신호를 다른 뉴런이나 근육, 분비세포로 전달하는 긴 신경섬유.
- **수상돌기** : 다른 뉴런에서 오는 신호를 받아들이는 가지 모양의 돌기구조.
- **미엘린** : 축삭을 둘러싸고 신경신호의 전달속도를 빠르게 해주는 절연성 지방질 층.
- **미토콘드리아** : 신경신호 전달과 세포유지에 필요한 에너지를 공급하는 세포 내 발전소.
- **액틴** : 세포골격을 구성하여 신경세포 형태 유지, 시냅스 형성, 미세구조 변화에 관여하는 단백질.

호를 전달하는 접합부위를 말합니다. 신경세포의 축삭(전기신호를 다른 세포로 전달하는 긴 돌기) 끝에는 시냅스 말단이 있고, 다음 신경세포의 수상돌기나 세포체 표면에는 시냅스 후막이 있습니다. 이 두 부위 사이에는 매우 좁은 틈이 있는데, 이를 시냅스 간극이라고 부릅니다. 신경신호(전기신호)가 축삭 말단까지 도달하면, 시냅스 말단의 소포에서 신경전달물질이 방출되어 시냅스 간극으로 퍼집니다. 이 화학 물질이 다음 신경세포의 시냅스 후막에 있는 수용체와 결합하면, 새로운 전기신호가 발생하거나(흥분성 시냅스) 혹은 전기신호가 억제되기도(억제성 시냅스) 합니다.

시냅스는 고정된 구조가 아니라, 경험·학습·활동량에 따라 연결강도가 변화할 수 있습니다. 이를 시냅스 가소성이라 합니다. 뇌가 노화되면 시냅스 가소성이 저하되어 기억력, 학습능력, 인지기능이 저하됩니다.

뇌의 노화로 인해 미켈란젤로의 작품이 완성도가 떨어지는 왜곡된 형태가 된 것은 '분명한 사실'입니다. 하지만 작품의 완성도

미켈란젤로, 〈론다니니 피에타〉, 1564년, 대리석, 높이 195cm, 스포르체스코 성, 밀라노

와 예술적 가치가 늘 비례하는 것만은 아니지요. 미술사에서 〈론다니니 피에타〉는 미완성작도 걸작의 반열에 오를 수 있다는 새로운 지평을 연 작품으로 평가됩니다. 비록 〈론다니니 피에타〉는 조형의 완성도는 떨어지지만, 죽음을 앞둔 예술가의 인간적 고뇌와 자기성찰이 배어있음을 부정할 수 없습니다. 작품에서 르네상스적 형식미의 한계를 초월한 '형상의 해체'와 '영혼의 형상화'가 읽히는 까닭입니다. '르네상스의 이상주의'에서 '내면의 진실을 향한 예술적 전환'으로 평가될 만 하지요.

이러한 접근은 뇌과학적인 측면과도 조응합니다. 앞서 마티스와 티치아노에서 다뤘듯이, 노화로 인해 모든 뇌 기능이 동시에 쇠퇴하는 것은 아닙니다. 감정적 자기참조와 성찰적 사고를 담당하는 내측전전두피질, 정서조절과 공감반응에 관여하는 전측대상피질, 과거의 기억과 자아인식 및 시간의 흐름에 대한 해석을 통합하는 디폴트 모드 네트워크는 비교적 오래 유지되거나 나이가 들수록 오히려 선택적으로 활성화되기도 합니다.

미켈란젤로의 〈론다니니 피에타〉는 노화로 인해 재구성된 뇌의 감정회로가 만들어낸 마지막 고백입니다. 뭉개져 보이는 조각상의 모습은 대리석에서 깨어나지 못한 존재가 아니지요. 그것은 돌덩이로 스며드는 형상, 즉 자연으로 회귀하는 인간 삶의 유한성에 대한 자각으로 읽힙니다.

〈론다니니 피에타〉는 죽음을 앞둔 미켈란젤로에게, '예술이란 무엇인가?'에 대한 해답이기도 했습니다. 그에게 예술은 더 이상 자신의 완벽한 능력을 증명하는 수단이 아니라, 삶의 본질을 깨닫기 위한 통과의례인 것입니다.

뇌는 노화할 뿐 퇴화하지 않는다

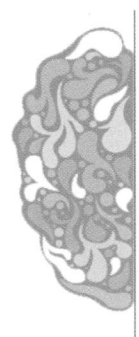 

예측가능성과 반복성으로 탄생한 세잔의 걸작들

겨울의 끝자락 늦은 오후, 금세 눈이라도 쏟아질 듯 잿빛하늘은 햇빛에 조금의 틈도 주지 않습니다. 궂은 날씨에도 파리의 번화가 오페라 가르니에 앞은 여느 때처럼 많은 사람들로 붐빕니다. 한 노인이 인파 속을 헤집고 힘겹게 발걸음을 옮기며 어디론가 향하고 있습니다. 어깨에 제법 무거워 보이는 이젤을 매고 있는 모습이 화가 같습니다. 그는 폴 세잔 Paul Cézanne, 1839-1906입니다.

언젠가부터 화가들은 이젤을 둘러메고 아틀리에를 나와 햇빛에 물든 바깥세상을 그리기 시작했습니다. 오랜만에 늙은 화가 세잔도 붓을 들고 문밖을 나섰지만, 먹구름이 해를 집어삼킨 거리는 어둡고 음습합니다.

그럼에도 번화가는 여전히 수많은 사람들로 북적거립니다. 그곳에 누가 나타날지, 어떤 일이 벌어질지 도무지 알 수 없습니다. 늘 변화무쌍하고 예측불가능한 도심 한복판에서 늙은 화가는 괜히 불안해집니다. 다시 이젤을 들고 작업실로 들어가 탁자 위에 놓인 어제 그리다만 사과와 오렌지를 바라봅니다. 시간을 멈춰 세운 듯 정지된 사물의 한결 같은 모습에 이내 마음이 놓입니다. 화구를 열어 물감을 짜는 순간, 복잡하게 얽힌 세상사는 사라지고 주변에는 오직 화가 자신과 정물만이 존재합니다.

세잔, 〈사과와 오렌지 정물〉, 1899년, 캔버스에 유채, 73×92cm, 오르세 뮤지엄, 파리

청년 세잔의 불안한 그림들

세잔은 부유한 금융인 아버지를 둔 덕분에 평생 경제적으로 풍족한 삶을 영위했습니다. 아버지는 법대를 그만두고 화가가 된 아들이 영 못마땅했지만 다행히 경제적 지원을 끊진 않았습니다. 세잔은 그런 아버지가 부담스러웠습니다. 그는 독립된 삶을 갈망했지만, 성인이 되어서도 경제적으로 아버지의 종속에서 벗어나지 못한 자신의 무능함에 절망했지요.

심리적인 위축감이 커질수록 청년 시절 세잔의 그림은 거칠고 어두웠습니다. 그림의 주제도 살인, 폭행, 납치 등 인간의 부정적인 측면을 다룬 것들로 채워졌지요. 스물아홉 살에 그린 〈납치〉를 보면, 짙은 색조와 투박한 붓

세잔, 〈납치〉, 1867년, 캔버스에 유채, 90×117cm, 피츠윌리엄 뮤지엄, 케임브리지

질로 화면 전체에 불안과 긴장이 고조됩니다. 온몸이 벌겋게 달아오른 근육질 남성이 강제로 여성을 데려가는 모습은 신화에서나 나올법한 광경으로, 바라보는 것조차 불편합니다.

세잔의 어두운 그림들을 호의로 봐줄 사람은 없었습니다. 그는 살롱전에 여러 차례 출품했지만 대부분 낙선했지요. 그런데 공교롭게도 그가 살롱전에서 처음으로 입선한 작품은 아버지를 모델로 그린 초상화입니다. 그림 속 아버지는 무표정한 얼굴로 신문을 보고 있는데, 하필이면 세잔의 절친인 에밀 졸라가 소설을 연재하는 「레벤망」이란 일간지입니다. 졸라는 세잔이 법학을 그만두고 화가가 되는데 많은 용기를 북돋

세잔, 〈아버지의 초상〉, 1866년, 캔버스에 유채, 198×119cm, 내셔널 아트 갤러리, 워싱턴D.C.

아준 친구로, 아버지가 몹시 싫어했던 인물이지요. 그림에는 평소 아들의 예술을 무시한 아버지를 비꼬는 세잔의 의도가 담겼는데요. 아이러니하게도 입상하지 못한 화가들의 패자부활전 성격의 낙선전에서 〈아버지의 초상〉이 뽑히게 됩니다. 아버지와 아들 모두에게 그다지 달가운 입선은 아니었습니다.

성인이 되는 이십대는 외부로부터의 인정욕구가 강하게 나타나는 시기

입니다. 이 시기의 뇌는 사회적 보상에 대한 도파민 시스템이 활발하게 작동합니다. 세잔도 다르지 않았을 것으로 추정됩니다. 청년 시절 세잔의 뇌는 감정을 처리하는 변연계, 특히 편도체의 활동이 상대적으로 강했고, 감정을 조절·억제하는 전전두피질 회로는 아직 충분히 안정적으로 작동하지 못했던 것으로 보입니다. 전전두엽은 이십대 중·후반까지 구조적·기능적 발달이 이어지지만, 잦은 실패로 좌절감과 열등감이 커질수록 편도체가 과도하게 활성화되어 불안, 분노, 열등감, 충동적 감정이 쉽게 일어납니다. 당시 세잔의 어둡고 격정적인 그림들은 감정조절에 어려움을 겪었던 그의 뇌 상태를 방증합니다.

뇌가 보낸 자연으로의 회귀신호

세잔은 삼십대에 이르러 카미유 피사로 Camille Pissarro, 1830-1903 와 교류하면서 자연의 빛과 색채를 탐구하는 방향으로 화풍을 전환합니다. 피사로와 함께 야외로 나가 그림을 그리면서 자연광과 색채변화에 깊이 경도되지요. 이를 계기로 그는 1874년 인상파 화가들이 주도해 개최한 전시회에 그림을 출품합니다. 하지만 화가로서의 입지는 크게 나아지지 않았습니다. 예술가로서의 자존감은 여전히 회복되지 못했지요.

파리를 중심으로 형성된 미술계의 치열한 경쟁과 냉혹한 평가 속에서 세잔의 불안감과 긴장감은 갈수록 커져만 갔습니다. 결국 그는 파리를 벗어나 고향인 엑상프로방스로 향합니다. 외부의 평가에서 벗어나 오직 그림에만 집중할 수 있는 곳을 찾아 나선거지요. 지나치게 활성화된 편도체

반응을 가라앉히고 전전두엽의 감정조절 기능을 회복하려는 일종의 자기조절 본능이 세잔의 뇌에서 발동한 게 아닐까 싶습니다. 중년의 변곡점에서 진정 중요한 게 무엇인지 깨닫게 된 것이지요.

세잔은 남프랑스의 맑은 공기와 고요한 풍광 속에서 사물과 자연에 깊이 몰입합니다. 소란스런 도심에서는 불가능한 일이지요. 그는 작업실에서 탁자 위에 놓인 사과와 오렌지, 화병을 뚫어지게 관찰했습니다. 밖으로 나가면 생트 빅투아르 산봉우리가 항상 같은 자리에서 세잔과 조우했습니다. 그렇게 안과 밖의 세상은 정지된 채 화가의 시선에 포착되었고, 그의 붓은 같은 정물과 같은 풍경을 반복해서 그렸습니다.

세잔의 주변환경은 불확실한 세상에 민감하게 반응하는 편도체를 더 이상 불필요하게 자극하지 않았을 것입니다. 오히려 전전두엽과 두정엽의 시공간 처리기능 및 시각적 주의 네트워크를 적절하게 활성화시켜 그의 캔버스에 생명력을 불어넣었지요. 예측가능한 환경이 주는 안정감이 세잔의 뇌를 변화시킨 것입니다.

이제 세잔의 눈에 비친 사물과 풍경은 더 이상 단순한 이미지가 아니었습니다. 그는 대상의 본질을 기하학적 형태로 환원해 바라보았고, 색과 면으로 물체의 구조를 인식해 구현하는 방법을 끊임없이 실험했습니다. 고정된 시선으로 그리는 대신, 여러 시점에서 본 인상이 겹쳐진 듯한 구성을 시도하기도 했는데, 이 방식은 훗날 피카소의 입체주의 사조가 탄생하는 데 중요한 계기가 되었습니다.

여러 번 반복한 습작을 통해 완성한 〈사과와 오렌지 정물〉을 다시 보겠습니다. 붓질은 여전히 투박해 보이지만 젊은 시절의 불안과 긴장은 찾아볼 수 없습니다. 화면 전체를 지배하는 것은 질서와 균형입니다. 편도체의 과활성화로 인한 감정의 격변 대신 전전두엽이 주도하는 시각적 조직화와 안정적인 패턴이 돋보이는 까닭입니다.

예측가능성과 반복성의 미학

"자연에서 원기둥과 구(球) 그리고 원뿔을 보라."
노년의 세잔이 자주 했던 얘기입니다. 이 말은 당시 세잔의 시각체계를 압축해 전달합니다. 그는 고향의 생트 빅투아르 산봉우리에서 원뿔 같은 도형을 봤습니다. 작업실 안에서는 탁자 위 사과를 관찰하며 창문으로 스며든 햇빛이 구의 면을 비추는 효과를 느꼈습니다. 사물과 풍경을 반복해서 바라볼수록 또 다른 면이 보이기 시작했지요. 그는 같은 대상을 여러 번 거듭해서 그렸습니다.

변함없는 사물과 풍경이 뇌를 안정시키는 것은 예측가능성 때문입니다. 또한 같은 대상을 반복해 그린다는 것은, 예측가능한 시각자극을 통해 전전두엽의 감정과 주의조절 회로를 활성화시키고, 변연계의 경계반응을 완화하여 명상효과를 향상시키지요. 젊은 시절 치열한 경쟁과 좌절, 아버지의 부담스런 시선으로 늘 불안과 긴장 속에 살았던 세잔은, 중년 이후 한결 같은 고향의 자연 속에서 자신의 내면을 재구성했습니다.

세월이 흐를수록 세잔의 화풍은 더욱 깊어졌습니다. 특히 '생트 빅투아르 산 연작'에서는 풍경을 모사하는 데 머물지 않고, 자연의 본질적 구조를 포착했습니다. 그는 멀리서 바라보며 장엄함을 느끼기도 하고, 산등성이까지 다가가 지형의 질감과 구조를 탐사하기도 했지요. 다양한 각도, 계절, 시간

세잔,
〈생트 빅투아르 산〉,
1906년, 캔버스에 유채,
84×65cm,
프린스턴대학교 아트 뮤지엄,
뉴저지

대에 따라 산을 반복적으로 그리며, 자연의 변화를 캔버스에 담아냈습니다.

'목욕하는 사람들 시리즈'는 '생트 빅투아르 산 연작'과 함께 세잔 후기 작품세계의 정점을 이룹니다. 세잔은 실제 모델이나 특정 장소를 참고하지 않고, 과거의 드로잉과 기억을 바탕으로 인물과 배경을 구성했습니다. 그는 특히 자연과 인간의 융합을 구현하고자 했는데요. 그림에는 대수욕장의 배경을 이루는 하늘과 나무, 물가 등이 인체와 유기적으로 연결되어 있습니다. 뿐만 아니라 삼각형 구도를 통해 화면 전체에 질서와 균형을 불어넣으며 하나의 구조로 통합했지요.

'목욕하는 사람들 시리즈'와 '생트 빅투아르 산 연작'은 마치 느리게 호흡하는 생명체들의 향연 같습니다. 늙어가는 세잔에게서 나타난 화풍의

세잔, 〈대수욕도〉, 1906년, 캔버스에 유채, 210×251cm, 필라델피아 아트 뮤지엄

변화를 뇌과학적으로 살펴보면, 감정-인지 조절회로의 사용방식이 달라진 결과로 해석됩니다. 젊은 시절 세잔을 힘들게 했던 것은 경쟁과 비교에서 촉발된 편도체 중심의 위협과 불안 반응이었습니다. 이로 인한 감정조절의 어려움이 젊은 세잔의 그림들을 거칠고 어둡게 채색한 것이지요.

뇌가 노화하면 도파민 신호가 전반적으로 감소하여 새로운 것을 탐색하기 보다는 이미 검증된 패턴을 재사용하는 성향이 강화됩니다. 세잔이 노년기에 사물과 풍경을 반복해서 그렸던 것은 단조로움을 좇았던 행동양태라기보다는, 그의 뇌가 예측과 오차 사이의 간극을 최소화하기 위해 스스로 조절한 것이라 하겠습니다.

이러한 반복행위는 뇌의 보상회로를 과도하게 자극하지 않으면서, 전측대상피질과 앞섬엽이 이끄는 살리언스 네트워크를 안정적으로 유지시킵니다. '살리언스 네트워크'란 뇌가 외부자극에서 '현재 가장 중요한 것'을 선택하여 주의집중을 조절하는 핵심 신경망입니다. 가령 갑자기 소음이 들리면 살리언스 네트워크가 작동하여 집중력이 흐트러지지 않게 돕습니다.

특히 세잔의 정물화와 풍경화가 균형 있는 안정감을 잃지 않았던 것은 장면문법(scene grammar)과 밀접한 관계가 있습니다. 세잔은 측두엽-전전두엽 네트워크를 활용해 익숙한 장소와 형태를 내측측두엽의 해마-내후각피질-해마곁이랑에서 수행하는 맥락처리와 결합시켜 화면 전체의 장면문법을 적절하게 컨트롤한 것으로 보입니다. '장면문법'이란 우리가 어떤 장면(장소, 상황, 시각적 환경)과 마주할 때 그 장면 속 요소들이 어떻게 배치되어야 자연스럽고 이해가능한지를 인지하는 뇌의 작동방식을 말합니다.

세잔은 늙어서 뇌 기능의 저하를 겪어야 했지만, 더 이상 불안과 긴장, 열등감으로 고통 받지 않았습니다. 자연으로 회귀해 삶과 예술의 본질을 깨닫게 된 것이지요. 세상을 향한 세잔의 시선이 변하자, 세상도 세잔을 달리 바라봤습니다. 1895년 오십대 중반을 훌쩍 넘은 세잔에게 한사람이 찾아옵니다. 앙브루아즈 볼라르Ambroise Vollard, 1866-1939라는 젊은 미술상이자 컬렉터였지요. 볼라르는 주류 미술계에서 외면 받는 실력파 예술가들을 발굴해 개인전을 열어주는 일을 해왔는데, 세잔의 작품들이 그의 눈에 띈 것입니다. 볼라르는 세잔의 작품 150점을 모아 대규모 개인전을 열었는데, 예상 밖의 큰 성공을 거둡니다. 이를 계기로 세잔의 명성은 파리는 물론, 프랑스를 넘어 유럽 전역으로 퍼집니다.

볼라르가 세잔의 성공에 혁혁한 기여를 한 건 분명하지만, 세잔 스스로 표변(豹變)하지 않았다면 바뀐 건 아무 것도 없었겠지요. 세월이 흘러 인간의 뇌도 몸도 늙는 건 인지상정이지만, 노화가 곧 퇴화를 의미하진 않습니다. 늙은 세잔의 그림들이 영원히 빛나는 이유입니다.

무뎌진 뇌신경, 왜곡된 선과 색

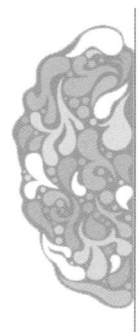
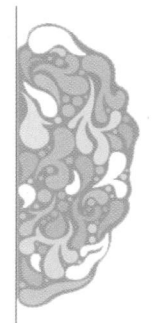

그림에 나타난 뇌신경 노화의 흔적들

오른쪽 이미지는 무엇일까요? 언뜻 봐선 고목(枯木)의 일부를 그린 것 같습니다. 푸른 잎들이 모두 떨어지고 앙상한 가지만 남은 것으로 봐서 한겨울에 그린 게 아닐까 싶습니다. 불규칙적인 잔가지들로 이뤄진 그로테스크한 형상이 마치 추상미술 같습니다. 그림을 그린 화가가 궁금합니다.

이미지의 정체를 알고 나면 눈을 크게 뜨고 다시 한 번 보게 됩니다. 그것은 '푸르키네 뉴런'이란 신경세포(뉴런)입니다. 소뇌에 위치해 운동조절과 균형유지에 핵심 역할을 하는 조직입니다. 이미지를 그린 사람은 물론 화가가 아닙니다. 그는 '현대 신경과학의 아버지'라 불리는 스페인 출신의 산티아고 라몬 이 카할 Santiago Ramón y Cajal, 1852-1934 입니다.

카할은 뉴런이론을 확립하고 신경세포의 미세구조를 정밀하게 시각화한 공로로 1906년 노벨 생리의학상을 수상했습니다. 신경세포 하나하나

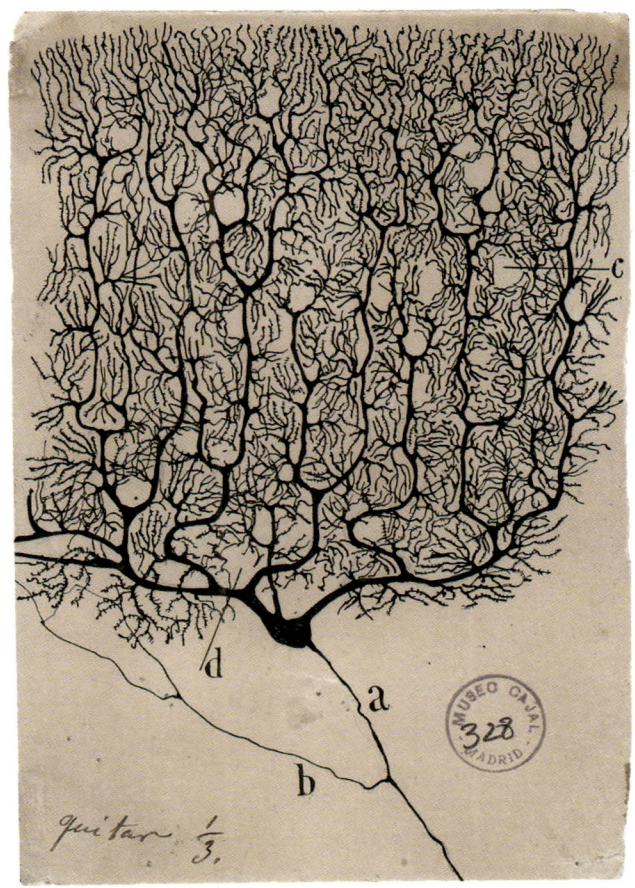

카할, 〈소뇌의 푸르키녜 뉴런〉, 1890년대 추정, 스페인 국립연구위원회(CSIC), 마드리드

를 염색하고, 현미경으로 관찰한 구조를 손으로 직접 그렸지요. 위 이미지에는 푸르키녜 뉴런의 넓게 펼쳐진 수상돌기와 세포체, 축삭 그리고 주변의 과립세포까지 섬세하게 묘사되어 있는데요. 이 그림은 신경세포를 통해 운동 및 감각 정보가 어떻게 전달되고 통합되는지를 보여준 빼어난 과학 일러스트이자 뉴런의 아름다움을 예술적으로 시각화한 '메디컬 아트'의 전범으로 꼽힙니다.

신경세포 일러스트를 예술로 만든 뇌신경의 정체

카할이 정밀하게 시각화한 신경계는 크게 중추신경계와 말초신경계로 나뉩니다. 중추신경계는 뇌와 척수로 구성되어 자극을 판단하고 명령을 내리며, 말초신경계는 뇌신경과 척수신경으로 나뉘어 중추신경계와 온몸을 연결하고 감각 및 운동 기능을 수행합니다. 이 중에서 '뇌신경계'는 말 그대로 뇌에서 직접 나오는 신경으로 모두 12쌍이 존재합니다. 이들은 시각, 청각, 미각, 안면감각, 내장기관 조절 등 다양한 감각과 운동 기능의 통로 역할을 합니다.

뇌신경은 흔히 오케스트라의 지휘자가 다양한 악기를 다루는 연주자들을 조율하는 데 사용하는 지휘봉으로 비유됩니다. 지휘자는 뇌, 연주자는 눈·귀·코·입과 근육이라면, 뇌신경은 지휘자의 의도를 정확히 전달해 음악을 완성하는 도구에 해당하지요.

뇌신경은 화가들의 창작활동에도 매우 중요한 영향을 미칩니다. 화가는 그림을 그릴 때 뇌신경을 통해 감각정보의 수집과 해석, 감정의 표현, 창의적 사고의 실행을 조율합니다. 카할이 그린 신경계 구조가 예술적으로 높게 평가받는 데 있어서도 뇌신경의 역할을 빼놓을 수 없습니다. 과학자로서의 관찰력과 예술가의 감성이 그의 뇌 속에서 정교하게 협응한 것입니다.

화가가 그림을 그릴 때 미치는 뇌신경의 기능을 주요 부위별로 살펴보면, 먼저 2번 시각신경은 색채와 형태, 공간인식 등 시각정보를 전달합니다. 운동신경에 해당하는 3번 동안신경과 4번 활차신경, 6번 외전신경은 눈의 움직임과 손의 제어를 통해 세밀한 묘사와 붓터치를 가능하게 합니다. 5번 삼차신경과 7번 안면신경은 감각조절 및 감정표현에 관여합니다.

뇌신경계 12쌍 구조 및 기능

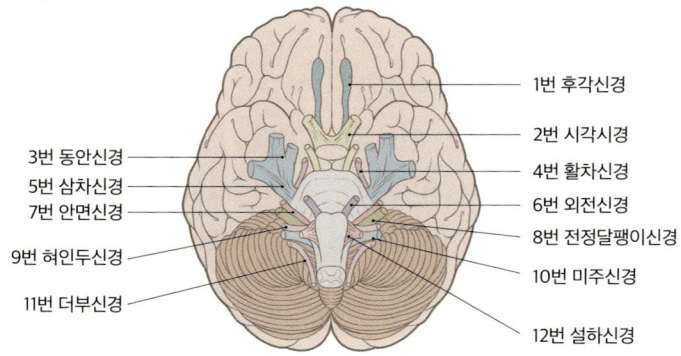

- **1번 후각신경** : 냄새인식
- **2번 시각시경** : 시각정보 전달
- **3번 동안신경** : 대부분의 안구운동, 눈꺼풀 올림, 동공수축 조절
- **4번 활차신경** : 눈돌림 근육 중 위빗근 지배
- **5번 삼차신경** : 얼굴, 각막, 비강 및 입에서 감각정보 전달, 저작근 운동
- **6번 외전신경** : 눈돌림 근육 중 가쪽곧은근 지배
- **7번 안면신경** : 표정근 운동 및 일부 미각, 눈물, 침분비, 등골근 관여
- **8번 전정달팽이신경** : 청각, 평형감각 관여
- **9번 혀인두신경** : 일부 미각, 인두반사, 침 분비
- **10번 미주신경** : 발성과 연하, 후두 및 인두 운동, 내장운동, 심박 및 호흡 조절
- **11번 더부신경** : 목, 어깨 들기 관련 근육 지배
- **12번 설하신경** : 혀운동, 발음 관여, 삼킴 보조

10번 미주신경은 자율신경계와 연결되어 심박 수와 호흡, 긴장도를 조절하며 창작의 몰입상태에 영향을 미칩니다. 흥미로운 건 1번 후각신경입니다. 얼핏 보기에 냄새와 미술은 연관성이 없는 것 같지만 그렇지 않습니다(58쪽). 노화로 후각이 둔화되면 감정자극이 감소해 화가의 감성이 떨어질 수 있습니다. 가령 향기에서 영감을 받아 색채나 형태를 선택해온 화가의 경우, 후각자극의 감소로 표현방식이 변화할 수도 있지요.

그림에서 관찰된 시신경 손상의 흔적들

뇌신경 역시 노화를 피해갈 수 없습니다. 나이가 들면 신경세포 위축, 혈류량 감소, 신경전달물질 변화 등으로 뇌신경의 기능이 저하될 수 있습니다. 다만 12쌍의 뇌신경이 동일한 속도로 노화하는 것은 아닙니다. 개인의 건강상태, 질병이력, 생활습관에 따라 변화에 큰 차이를 보이지요. 이러한 기능저하는 뇌신경 자체의 변성뿐 아니라, 해당 경로에 속한 감각기관(눈·귀·코·입 등)이나 중추신경계 구조의 노화로 인해서 발생할 수도 있습니다.

화가 역시 뇌신경의 노화로 창의성, 감정표현, 시각처리 능력 등에 변화를 겪게 됩니다. 미술관을 둘러보면, 여러 작품에서 화가의 뇌신경 노화로 인한 다양한 흔적들이 관찰되곤 합니다. 화가의 뇌신경 노화 중에서 작품에 가장 뚜렷하게 영향을 미치는 부위는 단연 시각신경(시신경)입니다. 시신경은 망막의 광수용체가 받아들인 빛을 전기신호로 변환해 시각로를 거쳐 후두엽의 시각피질로 전달합니다. 뇌신경의 노화로 인해 망막이나 수정체 또는 시각경로의 일부 기능이 떨어지면 시각신호의 질이 저하되어 윤곽인식이 흐려지고 색채구별에 어려움을 겪게 됩니다.

스페인 국민화가 프란시스코 고야 Francisco Goya, 1746-1828는 사십대 중반 청력을 상실한 데 이어, 칠십대 이후 급격한 시력저하를 겪게 됩니다. 고야가 노년기에 그린 그림들을 살펴보면, 과거 궁정화가 시절 세밀한 묘사는 사라지고 어두운 배경에 단순한 형태만 남아있습니다. 고야에게 시신경 손상이 공식적으로 보고된 바는 없지만, 고혈압성 망막병증, 백내장, 노인성 황반변성 등으로 망막과 시신경을 통한 시각정보의 질이 떨어진 흔적들이 노년의 작품들에서 관찰됩니다. 이로 인해 시각피질에서 색상대비 및 윤곽정보를 정밀하게 재구성하는 기능이 저하되었을 가능성이 높습니다.

고야가 77세에 그린 〈개〉를 보면, 황토색의 넓은 배경을 뒤로 하고 작은 개 한 마리가 고개만 삐죽 내밀고 있습니다. 그림을 자세히 살펴보면 개의 표정조차 뭉개져 보입니다. 이는 시신경을 포함한 시각계 전반의 노화로 시각정보의 해상도가 저하되고 형태구분이 어려워진 것으로 해석됩니다. 〈개〉는 고야가 세상과 단절한 채 고독한 말년을 보내던 시기에 그린 작품으로, 침묵으로 점철된 화가 본인의 모습을 은유합니다.

고야, 〈개〉, 1823년, 캔버스에 유채, 131×79cm, 프라도 뮤지엄, 마드리드

앞서 다뤘듯이 모네도 노년기에 백내장을 심하게 앓았지요. 백내장은 수정체의 혼탁으로 빛이 산란되어 망막에 도달하는 영상의 선명도가 떨어지고, 색이 붉거나 탁하게 보이는 변화를 일으킵니다. 모네의 경우 시신경 자체의 손상이라기보다 수정체의 혼탁으로 망막에 전달되는 빛의 질이 저하되어 후두엽 시각피질에서 이미지를 섬세하게 인식하지 못하게 된 것으로

해석됩니다. 백내장이 악화된 이후 그린 '수련 연작'을 보면, 특유의 섬세한 붓터치가 돋보였던 화폭은 붉은 계열의 색으로 물들었고, 형태는 번지듯 무너졌으며, 수면 위의 반짝임도 점차 사라졌습니다(26쪽).

청각과 균형감각을 상실한 드가의 그림

에드가 드가 Edgar Degas, 1834-1917 는 나이가 들수록 여러 지병에 시달리며 고달픈 삶을 살아야 했습니다. 앞서 황반변성으로 시야에서 빛과 색이 번져나가 경계가 뭉개지는 흔적들을 확인했는데요(38쪽). 그는 중년 이후 청력저하가 시작되어 말년에는 거의 아무 것도 들을 수 없게 되었습니다. 정확한 진단기록은 없지만 청각신경의 퇴행성 변화나 내이질환이 원인일 가능성이 높습니다.

또한 드가는 노년에 유독 오랫동안 서 있는 것을 힘들어했다고 전해지는데, 전정기능 저하로 인한 평형감각 약화가 의심됩니다. 전정기능이란 몸의 균형과 공간인식을 조절하는 생리적 시스템으로, 귀 속의 전정기관이 중심 역할을 합니다. 전정기능 덕분에 우리는 똑바로 서 있고, 움직일 때 방향을 인식하며, 눈과 몸의 움직임을 조화롭게 유지할 수 있습니다.

뇌신경 중에서 8번 전정달팽이신경은 청각 및 균형감각 정보를 뇌간으로 전달합니다. 청각신호는, 외이와 중이를 거쳐 내이 달팽이관의 유모세포에서 전기신호로 변환되어 달팽이신경섬유를 따라 뇌간의 달팽이핵으로 들어갑니다. 이후 양측상올리브핵과 하구, 시상의 내측슬상체를 거쳐 측두엽 1차청각피질로 전달됩니다.

드가, 〈발레수업〉, 1874년, 캔버스에 유채, 85×75cm, 오르세 뮤지엄, 파리

전정경로는, 반고리관과 구형낭, 난형낭에서 감지한 머리 위치와 가속도 정보를 전정신경섬유가 뇌간의 전정핵으로 전달합니다. 전정핵은 다시 소뇌와 활차, 외전신경핵으로 보내 시선을 안정시키고, 시상 및 척수로 분기되어 자세와 평형조절에 관여합니다.

8번 뇌신경의 노화로 청각경로가 손상되면 소리인지 기능이 저하되어 사람들과의 소통에 장애가 생깁니다. 특히 전정경로가 훼손될 경우, 전정-안구반사가 약화되어 시선고정이 어려워져 그림을 그릴 때 물체 윤곽이 흔들려 보이거나 손의 안정감이 떨어져 선과 구도가 균형을 잃게 되지요. '전정-안구반사'란 머리가 움직일 때도 눈이 고정된 시야를 유지할 수 있도록 도와주는 자동반사 작용을 말합니다.

드가가 중년기에 그린 '발레리나 시리즈'를 보면, 역동적인 동작보다 정지된 순간의 균형자세가 강조됩니다. 또한 넓은 원근 대신 닫힌 실내구도가 많아집니다. 청각정보가 줄어들면 동작의 시각적 연속성 예측이 어려워지는 대신, 시각과 촉각, 전정 정보를 활용해 '현재의 자세'에 집중하는 경향이 짙어집니다. 드가의 후기작품에서 색상대비, 표면질감, 형태의 덩어리가 강조된 것은 청각상실 이후 시각과 촉각 처리가 상대적으로 강화되는 '감각대체', 즉 청각피질 일부가 시각과 촉각 처리에 재배정되는 피질 가소성 현상과 관련이 있는 것으로 해석됩니다.

매너리즘 예술이냐, 사시와 복시의 결과물이냐

엘 그레코 El Greco, 1541-1614 의 그림들은 참 독특합니다. 그 중에서도 특히 〈라오콘〉은 400여 년 전 그림이라고는 믿기지 않을 정도로 초현실주의적 감각이 돋보입니다. 엘 그레코는 트로이 신화에서 제사장 라오콘과 그의 아들들이 신이 내린 징벌로 뱀에게 공격당하는 장면을 그렸습니다. 라오콘과 아들들의 몸을 길쭉하게 늘려 왜곡된 형태로 묘사했지요. 배경에 트로이

엘 그레코, 〈라오콘〉, 1614년, 캔버스에 유채, 137×172cm, 내셔널 아트 갤러리, 워싱턴D.C.

대신 그가 평생 머물렀던 스페인 톨레도의 풍경을 넣은 것도 이색적입니다. 어두운 배경과 대비되는 인물들의 창백한 피부색, 뱀의 혐오스런 모습에서 비극적인 긴장감이 느껴집니다.

　미술사가들은 유난히 길고 왜곡된 인물들의 형태, 원근감의 무시 등 엘 그레코의 그림 스타일을 두고 '매너리즘'이라는 개념으로 설명합니다. 매너리즘은 16세기 중반부터 시작된 예술사조로, 르네상스의 고전적 비례와 조화 대신 인위적으로 비틀고 과장해서 이른바 '부조화의 미학'을 추구합니다.

그런데 일각에서는 엘 그레코에게 사시나 복시가 있었을 가능성을 제기합니다. 두 눈의 정렬이 맞지 않으면 뇌의 시각피질에서 상(象)을 하나로 합치는 과정에서 지각이 변형될 수 있고, 그 결과 화면 속 인물과 풍경이 비정상적으로 묘사될 수 있다는 것이지요. 만약 엘 그레코의 왜곡된 묘사가 사시나 복시가 원인이라면, 그의 작품세계를 매너리즘으로 다룬 견해는 넌센스가 됩니다. 다만 이를 확정할만한 의학사적 기록은 없기에 해석의 영역으로 남겨둬야겠습니다.

사시와 복시는 뇌신경과 밀접한 관계가 있습니다. 동안신경(3번 뇌신경), 활차신경(4번 뇌신경), 외전신경(6번 뇌신경)은 모두 안구를 움직이는 외안근육을 지배합니다. 이 중 하나라도 기능이 저하되면 두 눈이 같은 지점을 정확히 바라보지 못해 사시가 생기고 이로 인해 복시가 나타날 수 있습니다. 복시가 지속되면 뇌는 한쪽 눈의 상을 억제하거나 비정상적으로 융합함에 따라 거리감과 형태인식이 왜곡될 수 있습니다.

화가에게 이러한 시각이상이 생기면 적절한 원근과 비례를 구현할 수 없게 됩니다. 이로써 그림의 구도가 기울어지거나 인물을 왜곡된 형태로 묘사하게 되지요. 원근과 비례가 무시된 엘 그레코의 그림들에서 화가의 사시나 복시 가능성이 의심되는 까닭입니다.

숨이 차오르던 피사로가 본 창밖의 풍경

19세기 인상주의 화가들이 확립한 화풍 가운데 플레네르가 있습니다. '플레네르(Plein-air)'란 프랑스어로 '열린 공기', 즉 '야외'를 뜻하는데요. 이젤을 작업실 밖으로 들고 나가 자연풍광을 직접 관찰하며 그리는 회화기법을 말합니다. 인상파의 거장 카미유 피사로 Camille Pissarro, 1830-1903는 평생 야외의 햇빛과 공기를 쫓아다닌 화가입니다. 그는 항상 빛과 대기의 변화, 자연의 순간적 인상을 포착하는 데 집중했지요.

하지만 칠십을 앞두고 피사로는 더 이상 들판의 바람을 견딜 수 없게 됩니다. 만성 기관지염과 천식이 심해지면서 공기가 차가워지고 바람이 부는 날이면 호흡이 가빠지고 기침이 거칠어졌지요. 결국 피사로는 호텔 방이나 아틀리에 안에서 창문을 통해 풍경을 그리는 화가가 되고 말았습니다.

호흡은 단순한 '숨쉬기'가 아니라, 뇌간의 호흡중추 및 여러 뇌신경과 척수신경이 정교하게 협응하는 생리과정입니다. 연수와 교뇌의 호흡중추가 호흡의 기본적인 리듬을 조율하고, 횡격막신경이 횡격막 수축을, 늑간신경이 늑간근 움직임을 담당합니다. 미주신경(10번 뇌신경)은 폐와 기도의 팽창 정도와 기계적 자극 및 점막의 감각을 뇌간에 전달하며 후두근육을 움직여 기도를 열어줍니다. 혀인두신경(9번 뇌신경)은 경동맥소체의 화학수용기를 통해 혈액의 산소 및 이산화탄소 농도를 감지해 호흡반사를 조절합니다.

호흡이 가빠지면 더부신경(11번 뇌신경)이 지배하는 흉쇄유돌근·승모근이 보조호흡근으로 동원되어 목과 어깨 움직임을 통해 흉곽을 들어올립니다. 설하신경(12번 뇌신경)은 혀의 위치와 긴장을 조절하며 혀밑근의 수축을 통해 기도개방을 돕는 역할을 합니다.

늙은 피사로는 복잡한 신경과 근육의 협응이 제대로 이뤄지지 않았던 모양입니다. 숨이 차오를수록 어깨와 목이 긴장되고 손의 세밀한 조정이 이뤄지지 않았지요. 결국 그는 바깥에서 역동적인 장면을 포착하는 대신 정적인 시야와 안정적인 손동작에 좀더 의존했습니다. 그의 노년기 작품

피사로, 〈몽마르트르 대로, 봄〉, 1897년, 캔버스에 유채, 75×85cm, 이스라엘 뮤지엄, 예루살렘

들에서 화면의 구도와 색감에 이러한 변화가 감지됩니다.

  피사로가 73세에 완성한 〈몽마르트르 대로, 봄〉에서 화가의 시선은 거리가 아니라 창틀 너머에서 비스듬히 내려다보는 구도로 바뀌었습니다. 피사로는 바람과 소음이 차단된 고요한 실내에서 시각정보에만 의존하여 그렸지요. 그림은 피사로가 야외에서 직접 햇빛과 공기의 질감을 느끼며 캔버스에 투영했던 플레네르 화풍의 작품들과 구별됩니다. 화면에는 거리의 현장감 대신 정돈된 구도와 차분한 색감이 배어 있습니다. 건물들의 창문배열, 나무의 반복, 마차와 사람들의 움직임이 도심의 조화로운 질서와 리듬을 형성합니다.

호흡이 힘들어지면 혈중 산소농도가 떨어져, 세밀한 운동조절과 창작적 집중을 담당하는 전전두피질 및 운동피질의 기능이 저하됩니다. 이로 인해 섬세한 붓터치가 어려워지지요. 아울러 보조호흡근들은 호흡곤란으로 과도하게 활성화되어 목과 어깨 근육이 지속적으로 긴장됩니다. 또한 숨이 차면 교감신경이 항진되면서 심박 수가 올라가고 근육에 혈류를 우선 공급하려는 반응이 일어납니다. 이런 상태에서는 오랜 시간 작업에 집중할 수 없게 되고, 미세한 손놀림이 필요한 상황에서 손떨림이 나타날 수 있습니다.

호흡곤란은 뇌에서 변연계, 특히 편도체를 자극해 불안과 긴장을 높입니다. 이때 전측대상피질이 과도한 각성과 주의분산 상태를 조절하기 어려워지면서, 집중력이 요구되는 세밀한 작업보다는 고정된 시선으로 전체적인 균형을 유지하게 되지요. 피사로가 〈몽마르트르 대로, 봄〉에서 복잡한 장면 묘사 대신 창가에서 내려다본 안정된 구도로 원근감을 강조한 까닭입니다.

이젤을 들고 밖으로 나가 빛의 순간을 포착했던 인상주의의 거장은, 병세가 심해지면서 다시 작업실로 들어와야 했습니다. 비록 호흡기질환은 피사로를 실내에 가뒀지만, 그의 시선은 창문 밖 세상을 향해 더욱 깊어지고 고요해졌습니다. 바깥 공기를 체화할 순 없었지만, 다시 한 번 새로운 관점으로 세상을 관찰하게 된 것이지요. 밖에서의 '인상'이 안으로의 '깊이'로 전환된 셈입니다. 노화로 인한 신체적 제약은 '한계'가 아니라 변화에 '순응'하는 과정임을 피사로의 그림에서 배우게 됩니다.

위대한 유작을 그린 주름진 뇌

늙은 화가의 뇌가 선택한 전략

나이가 들수록 '무엇을 채우느냐'보다 '무엇을 비우느냐'가 더 중요해집니다. 젊었을 땐 갖고 싶고, 하고 싶고, 되고 싶은 것들로 머리가 복잡합니다. 풍선처럼 부풀어 오르는 욕망으로 마음에 빈 여백이 없지요. 나이가 들면 알게 됩니다. 원하는 대로 가질 수도, 할 수도, 될 수도 없는 게 인생이라는 것을. 물론 사람마다 이것을 깨닫는 시기는 다르겠지요.

피에트 몬드리안 Piet Mondrian, 1872-1944 은 아마도 중년을 훌쩍 넘기면서 '비움의 가치'를 터득한 모양입니다. 젊어서는 한 화면에 수많은 색과 선을 복잡하게 조합했다면, 나이가 들수록 꼭 필요한 것만 남기고 나머지는 덜어냈습니다. 불필요한 것을 비워낸 공간에는 의외로 더 강한 울림과 감동이 피어났습니다.

'비움의 가치'를 터득한 화가

서양미술사는 몬드리안을 가리켜 20세기 추상미술의 선구자이자 네오-플라스티시즘(Neo-Plasticism)이라 불리는 신조형주의를 창시한 인물로 기억합니다. '신조형주의'란 수직·수평선에 기본 삼원색(빨강·파랑·노랑)과 흑백·회색만을 사용하여 보편적 조화와 질서 그리고 단순함의 미학을 추

몬드리안, 〈회색나무〉, 1911년, 캔버스에 유채, 78×107cm, 헤이그 쿤스트 뮤지엄

몬드리안, 〈빨강, 노랑, 파랑의 구성〉, 1930년, 캔버스에 유채, 46×46cm, 쿤스트하우스, 취리히

구한 예술사조입니다. 몬드리안은 나무와 바다 같은 자연에서 숨어 있는 구조적 질서를 찾고자 했습니다. 다만 초기 작품들은 구도가 복잡했지요. 그가 삼십대 후반에 완성한 〈회색나무〉는 화면 전체가 빈틈없이 채워져 있습니다. 이 그림은 몬드리안이 자연의 형태를 점차 기하학적 구조로 해석해 구현한 초기 추상화에 해당합니다.

그즈음 몬드리안은 고향인 암스테르담에서 파리로 이주한 뒤 피카소의 큐비즘(입체파)에 경도됩니다. 이후 1920년대에서 1930년대로 이어지면서

몬드리안, 〈브로드웨이 부기-우기〉, 1943년, 캔버스에 유채, 127×127cm, 모마, 뉴욕

주로 직선과 수평선, 삼원색(빨강·파랑·노랑)과 무채색(흰색·검정·회색) 등을 사용하여 조화와 균형미를 강조했습니다. 그의 대표작 〈빨강, 노랑, 파랑의 구성〉은 신조형주의적 면구성과 색채실험이 절정에 다다른 작품으로 평가됩니다.

그리고 노년의 몬드리안은 뉴욕으로 이주한 뒤 맨해튼의 격자형 거리 구조와 다운타운가 클럽에서 흘러나오는 재즈음악에 매료됩니다. 그가 사망하기 바로 전 해인 1943년에 완성한 〈브로드웨이 부기-우기〉는 뉴욕에 대한 헌정작이라 해도 무방하지요. 그림은 마치 도시의 블록과 교차로를 수직선과 수평선으로 구현한 지도 같습니다. 그림의 제호에는 뉴욕의 번화가인 브로드웨이와 경쾌한 재즈리듬인 부기-우기를 붙여 넣었습니다. 제호의 영향인지 그림을 보고 있으면, 재즈리듬에 맞춰 번쩍이는 네온사인의 브로드웨이 거리를 뉴욕의 마천루 위에서 내려다보는 느낌이 듭니다.

〈브로드웨이 부기-우기〉를 〈빨강, 노랑, 파랑의 구성〉과 비교해 살펴보면, 굵고 뚜렷했던 검은 경계선은 사라지고, 작은 색면들이 캔버스 전체에 반복적으로 나타납니다. 언뜻 봐선 구도가 복잡해진 것 같지만, 화면을 자세히 들여다보면 그림에 적용되는 조형규칙은 여전히 단순한 질서에서 벗어나지 않습니다. 선의 방향은 수직과 수평으로만 제한되었고, 색채도 기존의 삼원색과 무채색의 범위를 유지하고 있습니다.

노화로 인한 '인지적 결핍'을 '사고의 경제성'으로 전환하는 전략

뇌과학적인 측면에서 몬드리안이 나이가 들수록 단순한 조형규칙을 고수한 이유가 매우 흥미롭습니다. 조형규칙의 단순화는 뇌에서 배외측전전두피질과 전두-두정 제어 네트워크가 처리해야 할 선택지와 의사결정 경로를 줄여 불필요한 대안탐색을 자제하고, 작업기억과 주의전환에 필요한 신경자원을 절약하는 전략이었을 가능성이 높습니다.

노화는 당연히 여러 인지기능에 변화를 초래합니다. 전두엽을 포함한 여러 대뇌 영역을 연결하는 주요 백질경로에서는 신경세포의 축삭을 감싸는 수초(미엘린, myelin)의 무결성이 서서히 저하됩니다. 백질경로란 뇌의 서로 다른 영역을 연결하는 신경섬유 다발로, 축삭이라는 신경세포 돌기를 통해 정보를 전달합니다. 여기서 수초는 전기신호가 빠르고 정확하게 전달되도록 돕습니다. 그런데 수초의 무결성이 저하되면, 얇아지거나 손상되어 균일성을 잃게 됩니다. 이로 인해 신경신호의 전달속도가 느려지고, 정보처리의 정확성과 효율이 떨어지게 되지요.

전두엽의 측면에 위치한 배외측전전두피질은 인간의 고차원적 사고와 계획수립, 의사결정, 작업기억 등을 담당하는 핵심 영역인데, 노화로 이곳의 기능이 저하되면 여러 시각정보를 조작하고 유지하기가 곤란해집니다. 전두-두정 네트워크의 기능적 유연성이 떨어지는 점도 간과할 수 없습니다. 이로 인해 뇌가 새로운 규칙이나 시각적 전략으로 빠르게 전환하거나 적응하는 속도가 느려지지요.

뇌신경의 노화도 인지기능 변화에 많은 영향을 미칩니다. 특히 시냅스 가소성이 저하되면 새로운 정보를 기존 지식과 유연하게 조합하는 능력을 약화시킵니다. 시냅스는 뉴런과 뉴런 사이의 연결부위로 신경전달물질을 통해 정보를 주고받으며, 가소성은 이 연결이 강화되거나 약화되는 성질을 의미합니다.

뇌의 전반적인 노화는 전두엽과 두정엽에 국한하지 않습니다. 기저핵과 시상, 소뇌, 변연계 등 광범위한 영역에서도 변화가 찾아오지요. 기저핵에서는 흑색질-선조체 경로의 도파민 신경전달 효율이 감소해, 새로운 행동패턴 생성과 전략전환 능력이 둔화됩니다. 시상은 감각정보와 운동정보를 정교하게 걸러 전두엽으로 전달하지만, 노화가 진행되면 중요한 신호와 불필요한 잡음이 섞여 전달되면서 정보처리에 곤란을 초래합니다. 소뇌는 신체의 움직임을 조절하고, 균형과 자세를 유지하며, 운동학습과 감각통합에도 기여하는데, 노화로 인해 손의 미세조작 능력이 떨어지고 운동반응이 무뎌지게 되지요. 그리고 변연계에서 전측대상피질로 이어지는 동기·보상 회로의 민감도가 떨어지면 새로운 시도를 지속할 추진력이 약화됩니다. 특히 뇌의 노화가 진행되면 복잡한 상황에 처했을 때 익숙한 규칙이나 단순화된 스키마에 의존하는 경향이 강해집니다. 스키마는 과거 경험과 학습을 통해 형성된 인지구조로, 새로운 정보를 해석하거나 행동계획을 세울 때 기준점이 됩니다.

하지만 노화에 따른 이러한 변화가 반드시 부정적인 것만은 아닙니다. 가령 몬드리안이 채택한 '수직·수평선과 제한된 색상'은 선택지를 줄여 조형규칙을 단순화한 것입니다. 이는 노화로 인한 인지적 부담을 본능적으로 인식하고, 이를 구성의 단순화로 전환한 몬드리안 뇌의 전략적 선택인 셈이지요. 복잡한 조형결정을 매 순간 내리지 않고 뇌의 작동가능한 범위 안에서 창의적 운용의 묘를 살려낸 것입니다.

이는 단순화한 조형작업을 통해 뇌 회로의 에너지 소모를 줄이면서도, 예술적 가치를 최대한 이끌어내는 전략입니다. 마치 한정된 색의 무대조명으로 공연을 연출하듯, 몬드리안은 〈브로드웨이 부기-우기〉에서 단순한 색상과 선의 조합만으로도 변화무쌍한 뉴욕의 생동감 넘치는 리듬을 변주해낸 것입니다.

노년기의 몬드리안은 '덜 생각하는' 것이 아니라, 덜 흩어지고 더 응축하는 방식으로 창작활동에 임했습니다. 노화로 인한 '인지적 결핍'을 '사고의 경제성'으로 바꿔 예술적 자산으로 일궈낸 것이지요. 점·선·면의 간결한 미학은 그의 캔버스 위에서 더욱 눈부시게 발화했습니다.

클레의 굵어진 선에 담긴 함의

창가로 들어오는 햇빛이 하얀 벽을 부드럽게 쓸어내립니다. 책상 위에는 마르지 않은 물감냄새가 은은하게 퍼지고, 붓끝에는 여전히 선을 그리려는 작은 떨림이 남아 있습니다. 그렇게 화가의 고요한 작업실에는 눈에 보이지 않는 리듬과 숨결이 흐릅니다. 노년에 접어든 파울 클레(Paul Klee, 1879-1940)의 작업실 풍경입니다. 그는 스위스의 '무랄토'라는 시골마을에서 여생을 보냈는데요. 이곳에서 병마와 싸우며 작품활동을 이어갔지요.

클레는 음악적 감성과 추상적 사고가 결합된 독창적인 시각언어로 공감각의 세계를 탐미한 화가입니다. 그가 막 사십대에 접어들어 완성한 대표작 〈지저귀는 기계〉(52쪽)를 보면, 새와 기계가 뒤섞인 형상들에서 경쾌한 울림이 전해집니다. 그림 속 가느다란 선들은 서로 교차하면서 마치 음악의 음표처럼 리듬을 탑니다. 이 시기에 클레는 손끝의 미세한 근육조절 및 시각적 요소 간의 정교한 조율이 가능했기에, 캔버스 위에 다층적인 변주와 섬세한 리듬을 실어낼 수 있었습니다.

클레는 오십대를 보내던 중 전신성경화증(피부경화증)으로 추정되는 희귀 질환을 앓게 됩니다. 피부가 두꺼워지고, 관절의 가동 범위는 좁아졌으며, 호흡도 얕아졌습니다. 갈수록 병환이 깊어지면서 팔과 어깨의 움직임이 둔해져 오랜 시간 붓을 쥐고 선을 그리는 것조차 버거워졌지요. 말초근육에서 시작된 증상은 손놀림을 부자연스럽게 하는 데 그치지 않고 전신에 영향을 미치며 그의 작업활동을 제한했습니다.

클레는 모든 게 불편해졌지만 그림 그리기를 멈추지 않았습니다. 캔버스 앞에서의 자세를 바꾸고, 구상과 밑그림에서부터 붓질에 이르기까지 전반적인 작업방식을 조절하는 등 변화한 신체리듬에 맞춰 나갔습니다. 이후 클레의 그림들은 달라져갔습니다. 날렵한 선은 굵고 거칠어진 반면, 형태는 좀더 간결해졌습니다. 하나의 기호 안에 의미와 감정을 압축하는 방식이 더욱 두드러졌지요.

클레, 〈죽음 그리고 불〉, 1940년, 종이에 유채, 47×45cm, 파울 클레 센터, 베른

죽음에 임박한 클레가 완성한 유작 〈죽음 그리고 불〉에는 독일어로 죽음을 뜻하는 'Tod'의 스펠링을 얼굴 형상 안에 배치해, 문자와 개념, 이미지를 하나의 제스처로 결합했습니다. 이는 감각과 상징을 한 번의 동작에 응축시키는 전략으로 해석됩니다.

클레는 '선의 화가'로 불릴 만큼 평소 선을 중요하게 여겼는데요. 그림에서도 굵고 단순한 선을 통해 감정의 흐름을 표현했습니다. 화면은 전체적으로 뿌옇게 채색되어 죽음을 앞둔 침울한 분위기를 자아냅니다. 꺼져가는 불꽃을 상징하는 빛바랜 붉은 색조와 죽음을 암시하는 기호가 뒤엉켜 생성과 소멸의 경계에 선 클레의 감정을 전달합니다.

병환이 깊어진 상태에서 완성된 그림에는 뇌과학적으로 기저핵과 운동계의 기능변화가 읽힙니다. 기저핵은 소뇌, 보조운동 영역과 함께 절차적 기억의 형성과 습관화된 동작패턴을 유지하는 데 관여합니다. 더 이상 섬세한 작업이 어려워져 붓질은 투박해졌지만, 평생 반복해온 선긋기와 형태감각은 여전히 안정적으로 유지됩니다. 클레는 몸에 익은 손의 리듬과 형태감각을 통해 단순한 형상 속에서 강렬한 상징을 담아냈습니다. 여기서 '절차적 기억'이란 반복을 통해 몸에 익힌 기술이나 습관을 저장하고 자동화된 방식으로 불러내는 뇌의 회로를 의미합니다.

호흡곤란 및 체력저하로 작업시간이 줄어들면 긴 호흡이 필요한 세밀한 묘사보다는 단숨에 그려내는 형태와 색면을 선호하게 됩니다. 특히 피로가 누적되면 뇌에서 변연계, 특히 편도체와 복측선조체의 보상회로 활성도가 낮아져 새로운 시도보다 익숙하고 안정적인 표현방식을 지속하는 경향이 짙어집니다.

몬드리안의 유작에서 나타났듯이, 클레의 유작에서도 전두-두정 네트워크의 기능저하가 의심됩니다. 화가는 전두-두정 네트워크의 처리속도와 유연성이 떨어지면서 복잡한 시각적 전략을 유지하기보다, 현재 가용할 수 있는 신경자원의 범위 내에서 단순한 조형규칙을 선택해 본인이 구현하고자 하는 예술적 가치를 극대화한 것이지요.

기교가 줄었다고 해서 예술성까지 퇴화하는 것은 아닙니다. 죽음을 앞둔 화가의 붓질은 거칠어지고 채색도 탁해졌지만, 화면에 나타난 메시지는 오히려 클레 특유의 기호와 상징들로 더욱 선명해졌습니다. 병마로 인한 물리적 제약이 오히려 표현의 밀도를 높여, 감정과 사유의 깊은 울림을 자아낸 것입니다.

작품 찾아보기

작가명 및 작품명 가나다순

고야

〈개〉, 1823년, 캔버스에 유채, 프라도 뮤지엄, 마드리드 ········· 377
〈광인의 뜰〉, 1794년, 주석으로 도금한 철판에 유채, 메도스 뮤지엄, 댈러스 ········· 315
〈두 노인〉, 1823년, 캔버스에 유채, 프라도 뮤지엄, 마드리드 ········· 316
〈아들을 잡아먹는 사투르누스〉, 1823년, 캔버스에 유채, 프라도 뮤지엄, 마드리드 ········· 313

고흐

〈노란집〉, 1888년, 캔버스에 유채, 반 고흐 뮤지엄, 암스테르담 ········· 031
〈밀짚모자를 쓴 자화상〉, 1888년, 캔버스에 유채, 메트로폴리탄 뮤지엄, 뉴욕 ········· 034
〈밤의 테라스〉, 1888년, 캔버스에 유채, 크륄러 뮐러 뮤지엄, 오테를로(네덜란드) ········· 168
〈별이 빛나는 밤〉, 1889년, 캔버스에 유채, 모마, 뉴욕 ········· 139
〈씨 뿌리는 농부〉, 1888년, 캔버스에 유채, 크륄러 뮐러 뮤지엄, 오테를로(네덜란드) ········· 029
〈아를 병원의 병동〉, 1889년, 캔버스에 유채, 암뢰머홀츠 뮤지엄, 취리히 ········· 140
〈자화상〉, 1889년, 캔버스에 유채, 오르세 뮤지엄, 파리 ········· 135

다비드

〈나폴레옹 대관식〉, 1807년, 캔버스에 유채, 루브르 뮤지엄, 파리 ········· 249
〈호라티우스 형제의 맹세〉, 1785년, 캔버스에 유채, 루브르 뮤지엄, 파리 ········· 279

다빈치

〈뇌신경〉, 1508년, 종이에 잉크, 로열 컬렉션 트러스트, 런던 ········· 079
〈뇌와 두개골 연구〉, 1508년, 종이에 잉크, 슐로스 뮤지엄, 바이마르 ········· 078
〈모나리자〉, 1519년, 패널에 유채, 루브르 뮤지엄, 파리 ········· 091
〈비트루비우스 인간〉, 1490년, 종이에 잉크, 아카데미아 갤러리, 베니스 ········· 092
〈최후의 만찬〉, 1498년, 회벽에 템페라, 산타 마리아 델레 그라치에 성당, 밀라노 ········· 102

대드

〈나무꾼 요정의 숙련된 도끼질〉, 1855년, 캔버스에 유채, 테이트 브리튼 뮤지엄, 런던 ········· 151
〈잠자는 티타니아〉, 1841년, 캔버스에 유채, 루브르 뮤지엄, 파리 ········· 154

뒤러

〈멜랑콜리아 I〉, 1514년, 동판화, 빅토리아 내셔널 갤러리, 멜버른 ········· 118

396

드가
〈목욕 후 몸을 말리는 여인〉, 1895년, 종이에 파스텔, 내셔널 갤러리, 런던 ······ 038
〈목욕통을 닦는 여인〉, 1886년, 종이에 파스텔, 힐 스테드 뮤지엄, 코네티컷(미국) ······ 037
〈발레수업〉, 1874년, 캔버스에 유채, 오르세 뮤지엄, 파리 ······ 379

들라크루아
〈민중을 이끄는 자유의 여신〉, 1830년, 캔버스에 유채, 루브르 뮤지엄, 파리 ······ 271

들로네
〈원형의 리듬〉, 1937년, 캔버스에 유채, 개인 소장 ······ 099

라 투르
〈참회하는 막달레나〉, 1637년, 캔버스에 유채, 로스앤젤레스 카운티 아트 뮤지엄 ······ 291

렘브란트
〈1629년 자화상〉, 1629년, 패널에 유채, 인디애나폴리스 아트 뮤지엄 ······ 345
〈1640년 자화상〉, 1640년, 캔버스에 유채, 내셔널 갤러리, 런던 ······ 347
〈두 개의 원과 자화상〉, 1665-1669년, 캔버스에 유채, 켄우드 하우스, 런던 ······ 350

루소
〈꿈〉, 1910년, 캔버스에 유채, 모마, 뉴욕 ······ 303
〈나 자신, 풍경과 초상〉, 1890년, 캔버스에 유채, 프라하 내셔널 갤러리 ······ 070
〈열대 폭풍 속의 호랑이〉, 1891년, 캔버스에 유채, 내셔널 갤러리, 런던 ······ 068
〈잠자는 집시여인〉, 1897년, 캔버스에 유채, 모마, 뉴욕 ······ 072

르누아르
〈물랭 드 라 갈레트의 무도회〉, 1876년, 캔버스에 유채, 오르세 뮤지엄, 파리 ······ 228
〈뱃놀이 파티에서의 오찬〉, 1881년, 캔버스에 유채, 필립스 컬렉션, 워싱턴D.C. ······ 223
〈시골무도회〉, 1883년, 캔버스에 유채, 오르세 뮤지엄, 파리 ······ 299

르브룅
〈딸과의 자화상〉, 1789년, 캔버스에 유채, 루브르 뮤지엄, 파리 ······ 253

마티스
〈삶의 기쁨〉, 1906년, 캔버스에 유채, 반스 파운데이션, 필라델피아 ······ 323
〈이카루스〉, 1946년, 종이에 구아슈, 퐁피두 센터, 파리 ······ 329
〈춤〉, 1910년, 캔버스에 유채, 에르미타주 뮤지엄, 상트페테르부르크 ······ 321
〈푸른 누드 II〉, 1952년, 종이에 구아슈, 퐁피두 센터, 파리 ······ 328

메시나
〈성 제롬의 서재〉, 1474년, 패널에 유채, 내셔널 갤러리, 런던 ······ 120

모네

〈루앙 대성당〉, 1892년, 캔버스에 유채, 마르모탕 모네 뮤지엄, 파리 ······ 018
〈루앙 대성당〉, 1894년, 캔버스에 유채, 폴라 아트 뮤지엄, 하코네(일본) ······ 018
〈루앙 대성당〉, 1893년, 캔버스에 유채, 오르세 뮤지엄, 파리 ······ 019
〈루앙 대성당〉, 1894년, 캔버스에 유채, 클라크 아트 인스티튜트, 윌리엄스타운(매사추세츠) ······ 019
〈수련〉, 1907년, 캔버스에 유채, 휴스턴 파인 아트 뮤지엄 ······ 104
〈인상, 해돋이〉, 1872년, 캔버스에 유채, 마르모탕 모네 뮤지엄, 파리 ······ 017
〈일본풍 다리〉, 1899년, 캔버스에 유채, 프린스턴 대학교 아트 뮤지엄, 뉴저지 ······ 027
〈일본풍 다리〉, 1899년, 캔버스에 유채, 프린스턴 대학교 아트 뮤지엄, 뉴저지 ······ 027

모딜리아니

〈잔느 에뷔테른의 초상〉, 1918년, 캔버스에 템페라, 노턴 사이먼 뮤지엄, 패서디나(캘리포니아) ······ 209

모리조

〈요람〉, 1873년, 캔버스에 유채, 오르세 뮤지엄, 파리 ······ 255

몬드리안

〈브로드웨이 부기-우기〉, 1943년, 캔버스에 유채, 모마, 뉴욕 ······ 389
〈빨강, 노랑, 파랑의 구성〉, 1930년, 캔버스에 유채, 쿤스트하우스, 취리히 ······ 388
〈큰 붉은 면과 노랑, 검정, 회색, 파랑의 구성〉, 1921년, 캔버스에 유채, 헤이그 쿤스트 뮤지엄 ······ 124
〈회색나무〉, 1911년, 캔버스에 유채, 헤이그 쿤스트 뮤지엄 ······ 387

뭉크

〈불안〉, 1894년, 캔버스에 유채, 뭉크 뮤지엄, 오슬로 ······ 176
〈절규〉, 1893년, 보드에 템페라와 크레용, 노르웨이 내셔널 뮤지엄, 오슬로 ······ 176

미켈란젤로

〈다비드〉, 1504년, 대리석, 아카데미아 갤러리, 피렌체 ······ 246
〈론다니니 피에타〉, 1564년, 대리석, 스포르체스코 성, 밀라노 ······ 360
〈반디니 피에타〉, 1555년, 대리석, 두오모 성당 오페라 뮤지엄, 피렌체 ······ 356
〈아담의 창조〉, 1512년, 프레스코화, 시스티나 성당, 바티칸시티 ······ 247
〈피에타〉, 1499년, 대리석, 성 베드로 성당, 바티칸시티 ······ 354

밀레

〈만종〉, 1859년, 캔버스에 유채, 오르세 뮤지엄, 파리 ······ 268
〈수확하는 농부〉, 1867년, 판지에 파스텔, 히로시마 아트 뮤지엄 ······ 064
〈이삭 줍는 여인들〉, 1857년, 캔버스에 유채, 오르세 뮤지엄, 파리 ······ 062

벨리니

〈황홀경에 빠진 성 프란체스코〉, 1480년, 목판에 템페라와 유채, 프릭 컬렉션, 뉴욕 ······ 116

보티첼리
〈비너스의 탄생〉, 1485년, 캔버스에 템페라, 우피치 갤러리, 피렌체 ······· 130
〈아펠레스의 중상모략〉, 1495년, 패널에 템페라, 우피치 갤러리, 피렌체 ······· 086

뵐플리
〈Neveranger 섬의 전경〉, 1911년, 종이에 색연필, 쿤스트 뮤지엄, 베른 ······· 161

블레이크
〈거대한 홍룡과 해를 걸친 여인〉, 1810년, 캔버스에 유채, 내셔널 아트 갤러리, 워싱턴D.C. ······· 307
〈벼룩의 유령〉, 1820년, 패널에 템페라와 금, 테이트 브리튼 뮤지엄, 런던 ······· 109
〈태고의 나날〉, 1794년, 에칭 후 채색, 피츠윌리엄 뮤지엄, 케임브리지 ······· 122

세잔
〈납치〉, 1867년, 캔버스에 유채, 피츠윌리엄 뮤지엄, 케임브리지 ······· 364
〈대수욕도〉, 1906년, 캔버스에 유채, 필라델피아 아트 뮤지엄 ······· 370
〈사과와 오렌지 정물〉, 1899년, 캔버스에 유채, 오르세 뮤지엄, 파리 ······· 363
〈생트 빅투아르 산〉, 1906년, 캔버스에 유채, 프린스턴대학교 아트 뮤지엄, 뉴저지 ······· 369
〈아버지의 초상〉, 1866년, 캔버스에 유채, 내셔널 아트 갤러리, 워싱턴D.C. ······· 365

쇠라
〈그랑드 자트 섬에서의 일요일 오후〉, 1886년, 캔버스에 유채, 시카고 아트 인스티튜트 ······· 107
〈그랑드 자트 섬의 흐린 날씨〉, 1888년, 캔버스에 유채, 메트로폴리탄 뮤지엄, 뉴욕 ······· 260

실레
〈자화상〉, 1910년, 종이에 연필, 목탄, 구아슈, 알베르티나 뮤지엄, 빈 ······· 137

앙소르
〈1889년 브뤼셀에 입성한 예수〉, 1889년, 캔버스에 유채, 게티 센터, 로스앤젤레스 ······· 337
〈가면 속 자화상〉, 1899년, 캔버스에 유채, 메나드 아트 뮤지엄, 고마키(일본) ······· 338
〈하모니엄 앞의 앙소르〉, 1933년, 캔버스에 유채, 메나드 아트 뮤지엄, 고마키(일본) ······· 340

앵그르
〈발팽송의 목욕하는 여인〉, 1808년, 캔버스에 유채, 루브르 뮤지엄, 파리 ······· 128

엘 그레코
〈라오콘〉, 1614년, 캔버스에 유채, 내셔널 아트 갤러리, 워싱턴D.C. ······· 381

워터하우스
〈에코와 나르키소스〉, 1903년, 캔버스에 유채, 워커 아트 갤러리, 리버풀 ······· 181

웨인
〈익살꾸러기들〉, 1898년, 컬러 석판화, 조세프 레보빅 갤러리, 시드니 ········· 156

위트릴로
〈물랭 드 라 갈레트와 사크레쾨르 대성당〉, 창작연도 미상, 캔버스에 유채, 개인 소장 ········· 219
〈사크레쾨르 대성당이 보이는 생뤼스티크 거리〉, 1937년, 종이에 구아슈,
　　　인디애나폴리스 아트 뮤지엄 ········· 213
〈코탱의 막다른 골목〉, 1911년, 종이에 구아슈, 퐁피두 센터, 파리 ········· 212

제리코
〈메두사의 뗏목〉, 1819년, 캔버스에 유채, 루브르 뮤지엄, 파리 ········· 275

젠틸레스키
〈유디트와 아브라〉, 1625년, 캔버스에 유채, 디트로이트 아트 인스티튜트 ········· 204
〈홀로페르네스의 목을 베는 유디트〉, 1620년, 캔버스에 유채, 우피치 갤러리, 피렌체 ········· 200

체이스
〈살색과 금색에 관한 연구〉, 1888년, 종이에 파스텔, 내셔널 아트 갤러리, 워싱턴D.C. ········· 287

카라바조
〈골리앗의 목을 벤 다비드〉, 1605년, 캔버스에 유채, 보르게세 갤러리, 로마 ········· 197
〈메두사〉, 1598년, 캔버스에 유채, 우피치 갤러리, 피렌체 ········· 195
〈홀로페르네스의 목을 베는 유디트〉, 1599년, 캔버스에 유채, 국립 고전 회화관, 로마 ········· 203

카사트
〈모성〉, 1890년, 종이에 파스텔, 개인 소장 ········· 238
〈아이의 목욕〉, 1893년, 캔버스에 유채, 시카고 아트 인스티튜트 ········· 233
〈화가의 노모〉, 1889년, 캔버스에 유채, 샌프란시스코 파인 아트 뮤지엄 ········· 243

카할
〈소녀의 푸르키녜 뉴런〉, 1890년대 추정, 스페인 국립연구위원회(CSIC), 마드리드 ········· 373

칸딘스키
〈Composition VII : 구성 7〉, 1913년, 캔버스에 유채, 트레티야코프 갤러리, 모스크바 ········· 043
〈Composition VIII : 구성 8〉, 1923년, 캔버스에 유채, 구겐하임 뮤지엄, 뉴욕 ········· 111
〈Improvisation 28 : 즉흥 28〉, 1912년, 캔버스에 유채, 구겐하임 뮤지엄, 뉴욕 ········· 046

칼로
〈꿈 : 취침〉, 1940년, 캔버스에 유채, 네수이 에르테군 컬렉션, 뉴욕 ········· 174
〈두 명의 프리다〉, 1939년, 캔버스에 유채, 멕시코 모던 아트 뮤지엄, 멕시코시티 ········· 148
〈부서진 기둥〉, 1944년, 메이소나이트에 유채, 돌로레스 올메도 뮤지엄, 멕시코시티 ········· 057

〈상처 입은 사슴〉, 1946년, 메이소나이트에 유채, 개인 소장 ·········· 126
〈헨리 포드 병원〉, 1932년, 메탈에 유채, 돌로레스 올메도 뮤지엄, 멕시코시티 ·········· 055
〈희망 없이〉, 1945년, 캔버스에 유채, 돌로레스 올메도 뮤지엄, 멕시코시티 ·········· 113

클레
〈다성〉, 1932년, 린넨에 템페라, 쿤스트 뮤지엄, 바젤 ·········· 051
〈붉은 푸가〉, 1921년, 수채화, 파울 클레 센터, 베른 ·········· 050
〈성과 태양〉, 1928년, 캔버스에 유채, 개인 소장 ·········· 094
〈죽음 그리고 불〉, 1940년, 종이에 유채, 파울 클레 센터, 베른 ·········· 394
〈지저귀는 기계〉, 1922년, 종이에 잉크, 모마, 뉴욕 ·········· 052

클림트
〈다나에〉, 1907년, 캔버스에 유채, 개인 소장 ·········· 187
〈여성의 세 단계 시기〉, 1905년, 캔버스에 유채, 국립 고전 회화관, 로마 ·········· 241
〈키스〉, 1908년, 캔버스에 유채, 벨베데레 궁전, 빈 ·········· 189

티치아노
〈바쿠스와 아리아드네〉, 1523년, 캔버스에 유채, 내셔널 갤러리, 런던 ·········· 332
〈피에타〉, 1576년, 캔버스에 유채, 아케데미아 갤러리, 베니스 ·········· 334

페르메이르
〈우유를 따르는 여인〉, 1660년, 캔버스에 유채, 라익스 뮤지엄, 암스테르담 ·········· 296
〈진주귀고리를 한 소녀〉, 1665년, 캔버스에 유채, 마우리츠하위스, 헤이그 ·········· 283

프란체스카
〈브레라 마돈나〉, 1472년, 패널에 유채, 브레라 갤러리, 밀라노 ·········· 089

프리드리히
〈안개바다 위의 방랑자〉, 1817년, 캔버스에 유채, 함부르크 쿤스트할레 ·········· 264

피사로
〈몽마르트르 대로, 봄〉, 1897년, 캔버스에 유채, 이스라엘 뮤지엄, 예루살렘 ·········· 385

피카소
〈아비뇽의 여인들〉, 1907년, 캔버스에 유채, 모마, 뉴욕 ·········· 185
〈자화상〉, 1907년, 캔버스에 유채, 프라하 내셔널 갤러리 ·········· 183

호퍼
〈밤을 지새우는 사람들〉, 1942년, 캔버스에 유채, 시카고 아트 인스티튜트 ·········· 170
〈오토매트〉, 1927년, 캔버스에 유채, 디모인 아트센터, 아이오와(미국) ·········· 171

참고문헌

작가명 가나다순, ABC순

[국내 단행본]

김미라 지음, 『색채심리학』, 신광출판사, 2021.
대한신경정신의학회 지음, 『신경정신의학 (개정판3판)』, 아이엠이즈컴퍼니, 2017.
데이비드 바드르 지음, 『생각은 어떻게 행동이 되는가』, 해나무, 2022.
데이비드 이글먼 지음, 『브레인』, 해나무, 2017.
래리 W. 스완슨 외 공저, 『이토록 아름다운 뇌』, 아몬드, 2025.
레온 바티스타 알베르티, 『회화론』, 기파랑, 2011.
리안 스프릿거버 지음, 『스넬 임상신경해부학』, 신흥메드싸이언스, 2020.
매슈 워커 지음, 『우리는 왜 잠을 자야 할까』, 열린책들, 2019.
바실리 칸딘스키 지음, 『예술에서의 정신적인 것에 대하여』, 열화당, 2021.
빈센트 반 고흐, 『반 고흐, 영혼의 편지』, 위즈덤하우스, 2024.
수잔 매그새먼 지음, 『뇌가 힘들 땐 미술관에 가는 게 좋다』, 월북, 2025.
애나 렘키 지음, 『도파민네이션』, 흐름출판, 2022.
에릭 캔델 지음, 『미술, 마음, 뇌』, 프시케의 숲, 2025.
에릭 캔델 지음, 『어쩐지 미술에서 뇌과학이 보인다』, 프시케의 숲, 2019.
에릭 캔델 지음, 『통찰의 시대 : 뇌과학이 밝혀내는 예술과 무의식의 비밀』,
    알에이치코리아, 2016.
올리비아 랭 지음, 『외로운 도시』, 어크로스, 2020.
이선 크로스 지음, 『감정의 과학』, 웅진지식하우스, 2025.
제이미 워드 지음, 『인지신경과학입문』, 시그마프레스, 2017.
존 폴 민다 지음, 『인지심리학』, 웅진지식하우스, 2023.

카미유 주노 지음, 『미술관 여행자를 위한 도슨트 북』, 월북아트, 2025.

터러 피츠제럴드 지음, 『FitzGerald's 임상 신경해부학 신경과학』,
　　범문에듀케이션, 2017.

프란체스카 마푸아 필비 지음, 『중독의 신경과학』, 에코리브르, 2025.

한종만 지음, 『알기 쉬운 신경 해부생리학』, 범문에듀케이션, 2021.

[해외 단행본]

Barker, Roger A, *Neuroanatomy and neuroscience at a gland*, Wiley-blackwell, 2017.

Cornelia Elbrecht, *Healing trauma with guided drawing : A sensorimotor art therapy approach to bilateral body mapping*, North atlantic books, 2018.

Dahlia Zaidel, *Neurophychology of art : neurological, cognitive and evolutionary perspectives*, Psychology press, 2005.

Hayes Lavoie, *Addiction and brain reward circuits*, Independently published, 2025.

Joseph R. Cortex, *Dopamine and Behavior : The Science of Decision-Making and Desire*, Independently published, 2025.

Michael S. Gazzaniga, *Cognitive neuroscience (Fifth Edition)*, MIT Press, 2014.

Nicole M. Gage and Bernard J. Baars, *Fundamentals of cognitive neuroscience : a beginner's guide (2nd Edition)*, Academic press, 2018.

Peter A. Levine, *Trauma and Memory : Brain and Body in a Search for the Living Past : A Practical Guide for Understanding and Working with Traumatic Memory*, North atlantic books, 2015.

Tamas L. Horvath, *Body, Brain, Behavior : Three Views and a Conversation*, Academic Press, 2022.

V. S. Ramachandran, *The tell-tale brain unlocking the mystery of human nature*, Windmill, 2012.

[국내 논문]

강그림, "뇌파분석을 이용한 시각 심리안정 영상의 우울감 완화 효과에 대한 연구",
「문화기술의 융합, 9권, 5호」, 2023.

김교옥, "미술치료에 대한 뇌과학적 이해", 「인문사회 21, 7권, 2호」, 2016.

김채연, "신경미학의 현황 – 발전과 전망",
「한국심리학회지 : 인지 및 생물, 27권, 3호」, 2015.

손정우, "신경미학이란 무엇인가? : 정신의학에서의 새로운 패러다임",
「신경정신의학, 52권 1호」, 2013.

이애영, "컬러가 인간의 생리·정서적 반응에 미치는 효과 : 컬러 자극유형에 따른
뇌파분석을 중심으로", 「창원대학교 상담심리전공」, 2011.

조연경, "미술치료의 인지기능 영역에 대한 효과 : 메타분석",
「한국미술치료학회, 29권, 5호」, 2022.

지훈, "뇌파를 통한 감정상태 인식에 관한 연구",
「한국정보통신학회, 춘계학술대회」, 2015.

추정숙, "우울과 불안의 뇌기능 – EGG, ERP, Functionalneuroimaging,
HRV 소견을 중심으로", 「대한불안의학회지, 4권 1호」, 2008.

한규만, "우울증의 신경회로 모형과 인지행동치료의 치료효과 : 기능적 뇌 자기공명
영상연구를 중심으로", 「인지행동치료 21권 4호」, 2021.

황미경, "색상자극에 대한 EEG 각성효과에 관한 연구 – 베타파에 대한 알파파
측정을 중심으로", 「인제대학교 디자인 연구소, 17권, 4호」, 2018.

[해외 논문]

Jeremy R. Gray, "Integration of emotion and cognition in the lateral prefrontal cortex", PNAS, 99 (6), 2002, 4115-20.

Edmund T. Rolls, "Multiple cortical visual streams in humans", Cereb Cortex, 33 (7), 2023, 3319-3349.

Edmund T. Rolls, "The human orbitofrontal cortex, vmPFC, and anterior cingulate cortex effective connectome : emotion, memory, and action", Cereb Cortex, 33 (2), 2022, 330-356.

Jingxuan Hu, "Art Therapy : A Complementary Treatment for Mental Disorders", Front Psychol, 12 (12), 2021, 686005.

Lisiê Valéria Paz, "Contagious depression : Automatic mimicry and the mirror neuron system - A review", Neurosci Biobehav Rev, 134, 2022, 104509.

Nathaniel G. Harnett, "Affective Visual Circuit Dysfunction in Trauma and Stress-Related Disorders", Biol Psychiatry, 97 (4), 2025, 405-416.

P. F. Ferrari, "Two different mirror neuron networks : The sensorimotor (hand) and limbic (face) pathways", Neuroscience, 1 (358), 2017, 300-315.

Stephen Stapleton, "Visualising relationships between the arts and health", Lancet, 23, 2025, S0140-6736(25)01918-X.

Yulong Zhao, "Visual art therapy for cognitive and emotional enhancement in aging and dementia : A structured narrative review", J Alzheimers Dis Rep, 29 (9), 2025, 25424823251383728.

Zixuan Guo, "Neural Activity Alterations and Their Association With Neurotransmitter and Genetic Profiles in Schizophrenia : Evidence From Clinical Patients and Unaffected Relatives", CNS Neurosci Ther, 31 (2), 2025, e70218.

ⓒ 2025 Succession Pablo Picasso / Licensed by SACK, Seoul
ⓒ 2025 Heirs of Josephine Hopper / Licensed by ARS, NY-SACK, Seoul

* 이 책에 사용된 일부 작품은 SACK를 통해 Succession Pablo Picasso, ARS(New York)와
  저작권 계약을 맺은 것입니다.
  저작권법에 의하여 한국 내에서 보호를 받는 저작물이므로 무단 전재 및 복제를 금합니다.

미술관에 간 뇌과학자

초판 1쇄 발행 | 2025년 12월 10일

지은이 | 송주현
펴낸이 | 이원범
기획 · 편집 | 김은숙
마케팅 | 안오영
표지 및 본문 디자인 | 강선욱
펴낸곳 | 어바웃어북 about a book
출판등록 | 2010년 12월 24일 제2010-000377호
주소 | 서울시 강서구 마곡중앙로 161-8(마곡동, 두산더랜드파크) C동 808호
전화 | (편집팀) 070-4232-6071 (영업팀) 070-4233-6070
팩스 | 02-335-6078

ⓒ 송주현, 2025

ISBN | 979-11-92229-73-7 03400

* 이 책은 어바웃어북이 저작권자와의 계약에 따라 발행한 것이므로 본사의 서면 허락 없이는
  어떠한 형태나 수단으로도 책의 내용을 이용할 수 없습니다.

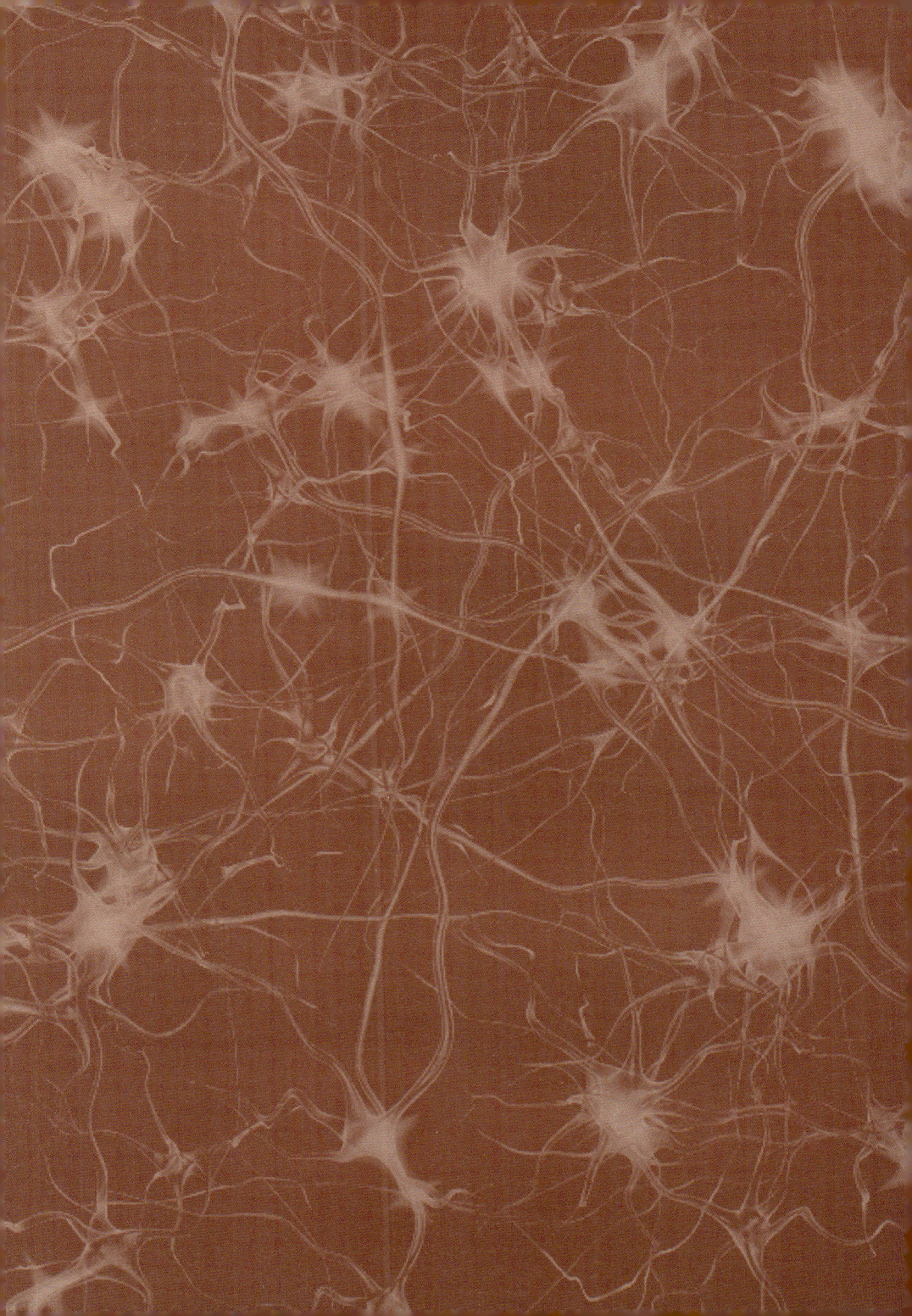

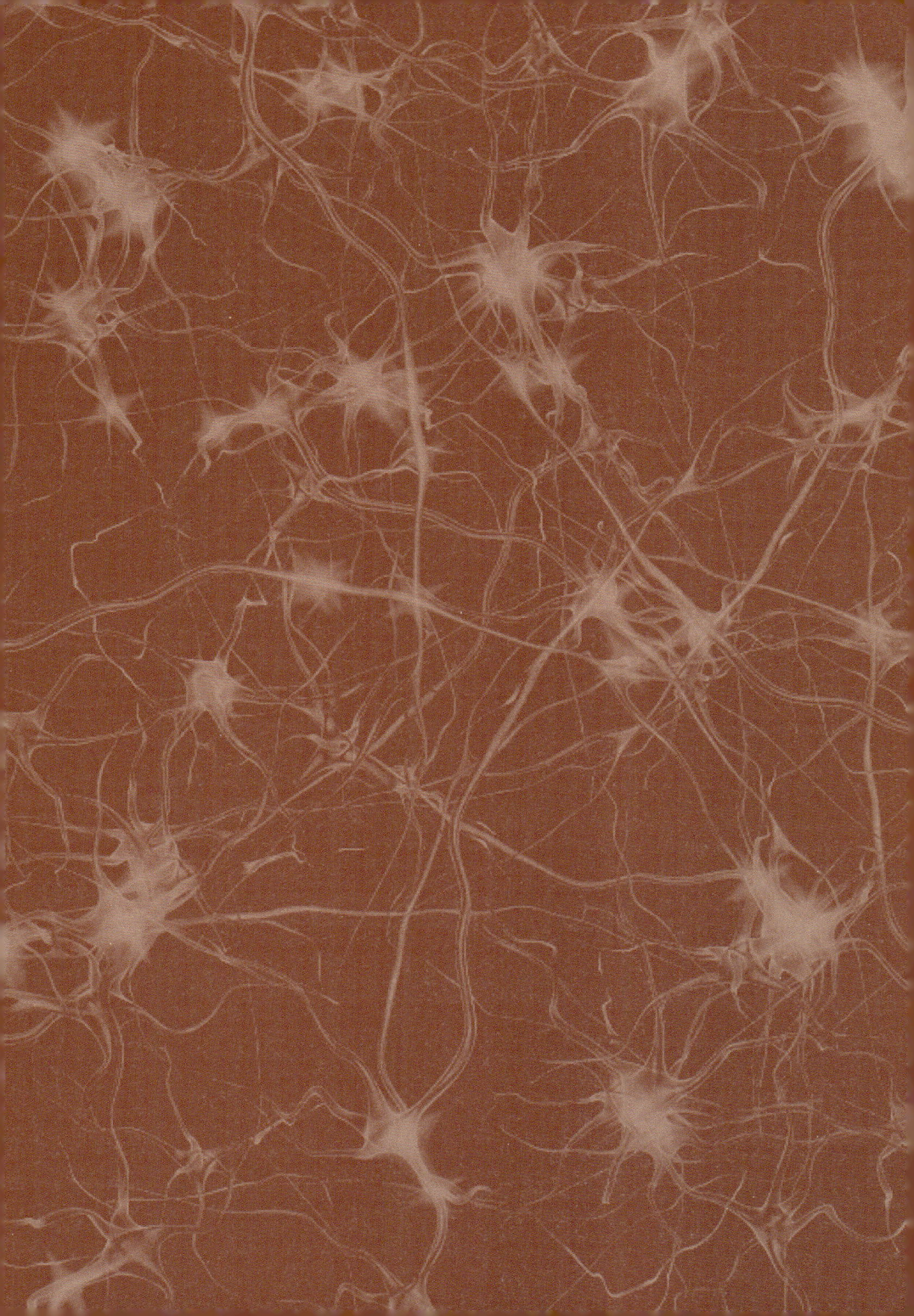

| 어바웃어북의 지식 교양 총서 |

캔버스에 숨겨진 수학의 묘수를 풀다 | 개정증보판 |
미술관에 간 수학자
| 이광연 지음 | 400쪽 | 22,000원 |

점과 선, 면과 색, 대칭과 비율, 원근법과 점묘법 등
미술의 모든 요소와 기법에 관한 수학적 발상과 원리

나는 이 책을 읽는 내내 명화 속에서 수학 원리를 발견하는 신기한 경험을 만끽했다. 이 책을 다 읽고 나니 수학책 속 어떤 도형에서 불쑥 모나리자의 미소가 겹쳐진다. _ 신항균(서울교육대학교 수학교육과 교수)

- 과학기술정보통신부 '우수과학도서' 선정 -

명화에서 찾은 물리학의 발견 | 개정증보판 |
미술관에 간 물리학자
| 서민아 지음 | 446쪽 | 23,000원 |

· 과학기술정보통신부 '우수과학도서' 선정
· 문화체육관광부 '세종도서' 선정
· 서울대 영재교육원 '추천도서' 선정
· 행복한아침독서 '추천도서' 선정
· 국립중앙도서관 사서 추천도서 선정
· KIST 우수과학도서 선정

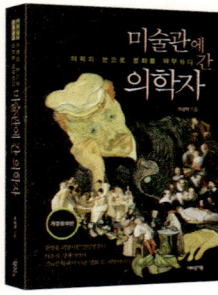

의학의 눈으로 명화를 해부하다 | 개정증보판 |
미술관에 간 의학자
| 박광혁 지음 | 424쪽 | 22,000원 |

문명을 괴멸시킨 전염병부터 마음속 생채기까지
진료실 밖에서 만난 명화 속 의학이야기

- 행복한아침독서 '추천도서' 선정 -

의대 MMI 면접 필독서

의대 자소서 필독서

의학논술 대비 필독서

| 어바웃어북의 지식 교양 총서 |

화가의 날선 붓으로 그린 판결문
미술관에 간 법학자
| 김현진 지음 | 421쪽 | 22,000원 |

법은 사회현상에 대한 전체적인 조망도 필요하지만 구석구석을 바라보는 섬세함이 요구된다. 밝고 따뜻한 쪽 말고도 어두운 음지까지 살피는 포용력이 필요하다. 그림 또한 그렇다. 전체와 부분, 밝은 쪽과 어두운 면을 오래도록 깊이 들여다보는 안목이 있어야 한다. 그런 눈으로 그림과 법을 엮어서 들려주는 저자의 이야기는 무척이나 깊고 풍성하다.
_ 박시환 (인하대학교 석좌교수, 전 대법관)

| 문화체육관광부 '세종도서' 선정 | 행복한아침독서 '추천도서' 선정 |

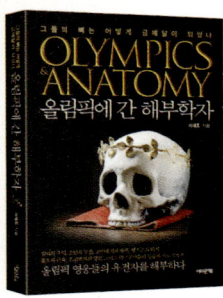

그들의 뼈는 어떻게 금메달이 되었나
올림픽에 간 해부학자
| 이재호 지음 | 407쪽 | 22,000원 |

고대 올림픽에서는 선수들이 벌거벗은 채로 경기에 출전했다. 체조를 뜻하는 gymnastics는 '벌거숭이'를 뜻하는 고대 그리스어 gymnos에서 유래했다. 해부학의 탐구대상도 벌거벗은 인간의 몸이다. 그렇게 올림픽과 해부학은 인간 본연의 몸이라는 근원적인 공통분모 위에서 진화해 왔다. 올림픽이 인간이 표출하는 가장 이상적인 몸짓의 향연이라면, 해부학은 인간의 상처가 시작되는 통증유발점을 찾는 여정이다.
_ 최형진 (서울대학교 의과대학 해부학교실 교수)

| 문화체육관광부 '세종도서' 선정 | 행복한아침독서 '추천도서' 선정 |

문학의 숲에서 경제사를 산책하다
개츠비의 위험한 경제학
| 신현호 지음 | 352쪽 | 20,000원 |

'인간은 왜 욕망하는가'란 질문에서 문학이 출발한다면, 경제학은 욕망의 효용가치를 계측하는 도구로 작용한다. 19세기 마르크스에서 20세기 케인스, 21세기 피케티에 이르기까지 경제학자들은 인간의 욕망이 지나치게 비대해지면서 시장이 과열되고 세상이 혼돈에 빠질 때마다 잠시 경제학적 사고(思考)를 멈추고 문학의 숲을 산책했다. 마르크스는 발자크의 '인간희극'에서 자본과 계급의 본질을 되새겼고, 케인스는 블룸즈버리그룹에서 디킨스를 읽으며 '절약의 역설'과 소비 진작을 위한 정부 역할에 대해 논쟁했다. 그리고 양극화와 불평등에 대한 피케티의 연구는 디지털 소외계층의 디스토피아적 삶으로 향한다.